JN040860

MATLAB対応

ディジタル信号処理

樋口龍雄／監修　川又政征・阿部正英・八巻俊輔／共著

DIGITAL SIGNAL PROCESSING

森北出版株式会社

●本書のサポート情報を当社Webサイトに掲載する場合があります．
下記のURLにアクセスし，サポートの案内をご覧ください．

https://www.morikita.co.jp/support/

●本書の内容に関するご質問は，森北出版 出版部「(書名を明記)」係宛に書面にて，もしくは下記のe-mailアドレスまでお願いします．なお，電話でのご質問には応じかねますので，あらかじめご了承ください．

editor@morikita.co.jp

●本書により得られた情報の使用から生じるいかなる損害についても，当社および本書の著者は責任を負わないものとします．

第2版まえがき

ディジタル信号処理は，ディジタルシステムによって信号の分析・加工・変形などを行うための計算技術である．この技術は，情報通信や音響・音声処理，計測制御，画像・映像，ロボット，さらには物理学，天文学，医学など，幅広い分野で利用されている．この背景には，シグナルプロセッサやマイクロプロセッサ，専用 VLSI にみられる集積回路技術の著しい進展があったことはいうまでもない．

いまやディジタル信号処理は，科学技術のあらゆる分野における必要不可欠な技術となっている．とくに，文書，音情報，画像・映像情報などの通信を統合するマルチメディア情報通信や発展著しい移動体通信に必須の基幹技術となる点で，今後の高度情報化社会の形成におけるディジタル信号処理の重要性は増すばかりである．最近ではセンサーとネットワーク技術の発展により，ビッグデータとよばれる一般の計算機では処理不可能なほどの膨大な音情報，画像・映像情報，科学計測情報などが取得可能となり，これらの処理のために人工知能システムが利用される．これを効率的に実現し性能向上を図るために，ビッグデータに対してのディジタル信号処理による不要情報の除去や特徴の強調，主要成分の抽出，情報の圧縮などの前処理と後処理が必要不可欠である．

本書は，おもに大学の理工系学部電子・通信・情報分野の講義の教科書としての利用を目的として執筆されたものである．また，理工系の他の分野においては，学部 4 年次あるいは大学院修士課程の専門科目の教科書，さらに一般技術者の独習書としての利用も可能である．ディジタル信号処理の多岐にわたる分野を網羅することはもとより困難であるものの，ディジタル信号処理の分野がいかに発展するにせよ，ディジタルフィルタリングおよび離散フーリエ変換が最も重要な信号処理手法であることは将来においても変わらないであろう．そこで本書では，まずこれら二つの手法を中心としてディジタル信号処理の基礎理論の習得を目的としている．

最近の四半世紀において，電子・通信・情報分野の教育と科学技術において以下の点で大きな変化があった．すなわち，電子・通信・情報分野の教育においてはディジタル信号処理の重要性の認識が高まり，ほとんどの大学においてこの科目が専門科目として取り上げられている．さらに，ディジタル信号処理は電気回路学や電磁気学，論理回路，情報理論，離散数学などと同様に重要な基礎科目であると考えられるようになってきた．一方，科学技術の面ではパーソナルコンピュータ（PC）の高性能化が継続しているだけではなく，タブレット PC やスマートフォンなどの新しいディジタル情報端末が現れて急速に普及し，有線・無線のインターネット環境が充実し，必要不可欠の社会基盤となった．ディジタル情報端末とインターネット環境を利用しない教育はもはや不可能であるとの社会的な了解も生まれている．

以上の変化は今後とも加速されるとの考えに立ち，本書は以下のような執筆の方針をとっている．

(1) ディジタル信号処理の概念や技法を具体的に理解するために，筆算や電卓などで解ける多くの例題を取り入れる．また，実際の信号処理例のグラフや画像を数多く掲載し，信号処理の物理的意味を直観的に把握できるようにする．

(2) パーソナルコンピュータ上でプログラミングし，これを実行することでディジタル信号処理の理解と興味を深めるために，MATLAB のプログラミング例を数多く取り入れる．MATLAB によるプログラミングと実行は，学生や一般技術者が独習する際にも大きな助けになるであろう．

(3) 本書とインターネットのウェブページとを連携させることで本書の内容を補完し，より深く学習したい読者はウェブページから詳しい情報を入手できるようにする．本書で扱われている信号や画像データ，MATLAB のプログラムはウェブページ

`https://www.morikita.co.jp/books/mid/079212`

からダウンロードできる．

本書は，樋口，川又著 “MATLAB 対応 ディジタル信号処理”（2000 年 昭晃堂，2015 年 森北出版）の改訂版である．全体の基本構成は変えていないものの，数式と記述の誤り，記述の不統一などは修正し，脚注に多数の補足を追加したことにより，前著より正確でわかりやすくなったものと考えている．また，最近の研究成果や技術動向にも配慮した．本書の執筆のために多くの書籍と論文を参考にしているものの，本書は学部向けの教科書として執筆されていることもあり，将来にわたっても入手しやすい書籍を巻末に引用している．参考にした書籍の著者の方々には深甚の謝意を表する次第である．

本書の出版にあたり多大のご尽力をいただき，原稿の完成を辛抱強く待っていただいた森北出版株式会社の藤原祐介氏ならびに富井晃氏に心より感謝する．本書の草稿の校正にあたり，東北大学大学院工学研究科および工学部の学生諸君には多くの助言をいただいたので，ここに深く感謝する次第である．

2021 年 9 月 仙台にて

川又政征，阿部正英，八巻俊輔，樋口龍雄

目　次

1 序　論

本章ではまず，導入として様々な形態の信号を定義し，簡単な例を用いてディジタル信号処理の基本的な概念とシステム構成を説明する．また，ディジタル信号処理の特徴と歴史的・技術的背景についても言及する．本章の末尾では，本書における実習に用いるプログラミング言語 MATLAB の特長およびディジタル信号処理との関連について述べる．

1.1 信号の分類と表現

我々の周辺には，時間的に変化する様々な量が数多く存在する．このような物理量を本書では**信号** (signal) とよぶ．たとえば，人が発する**音声** (speech) は空気の圧力の微小変化による波であり，これをマイクロホンによって電気的に記録すると，図 1.1(a) のような時間的に変化する波形が得られる．また，人の心臓からは，その活動のために微弱な電流が発生しており，これを体の表面でとらえて記録したものが図 1.1(b) のような**心電図** (electrocardiogram：ECG) である．ディジタルシステムや通信システムでは図 1.1(c) のような電子的あるいは電磁気的 **2 値信号** (binary signal) が用いられるが，しばしば不規則な**雑音** (noise) が混入した状態で取得される．不規則な雑音も信号の一つである．図 1.1(a) と (b), (c) のような信号は一つの座標軸（時間軸）上で定義されるため，**1 次元信号** (one-dimensional signal) とよばれる†．そのほかにも，音波や電波，電圧，電流，温度，株価，人口など，時間的に変化する量は枚挙にいとまがない．信号処理の分野では，このような時間的に変化する量をすべて信号とよんでいる．

一方，図 1.1(d) のような**画像** (image) では，画像中のある位置の輝度（濃淡）は空間的に（平面上で）変化する．このような画像も信号の一つである．空間的に変化する信号は記述のために二つの座標軸を必要とするため，**2 次元信号** (two-dimensional signal) ともよばれる．本書の対象はおもに 1 次元信号である．2 次元信号は第 12 章と第 13 章で取り扱われる．

図 1.2(a) のように連続な時間軸上で定義される信号を**連続時間信号** (continuous-time signal) という．連続時間信号は，数学的には $x(t)$ のように連続変数 t の関数として表され，実数あるいは複素数の値をとる．変数 t は物理的な意味での時間を表すとは限らないが，慣習上，t を**時間変数** (time variable) という．連続時間信号で振幅が連続的である信号を**アナログ信号** (analog signal) といい，振幅が離散的な信号を**多値信号** (multi-level signal) という．

† 信号 (a) と (b) のデータは，それぞれ鈴木陽一・東北大学名誉教授，東北大学データ駆動科学・AI 教育研究センター・湯田恵美助教のご好意による．

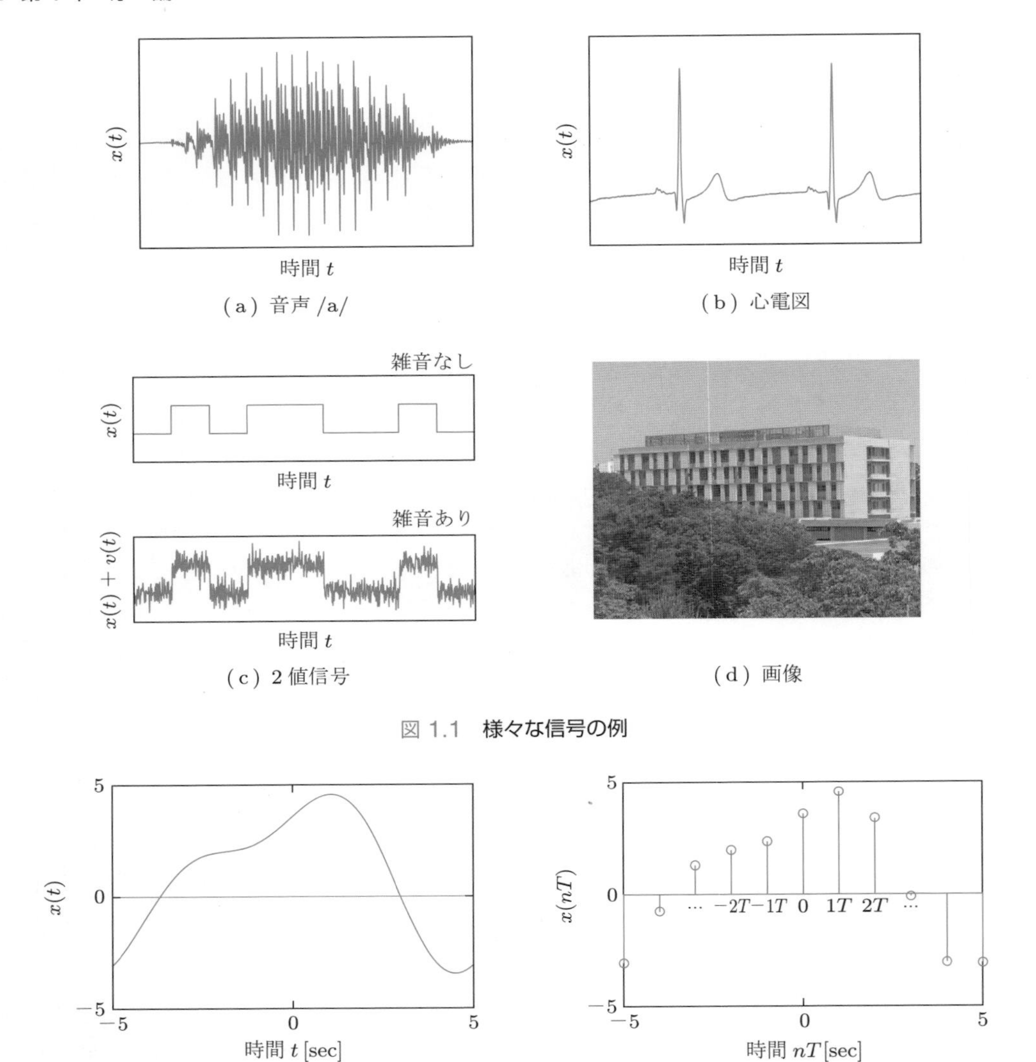

(a) 音声 /a/　(b) 心電図　(c) 2値信号　(d) 画像

図 1.1　**様々な信号の例**

(a) 連続時間信号 $x(t)$　(b) 離散時間信号 $x(nT)$

図 1.2　**連続時間および離散時間の信号**

これに対して，**離散時間信号** (discrete-time signal) は，図 1.2(b) のように離散的な時間軸上で定義される信号である．時間間隔を T とするとき，離散時間信号は実数あるいは複素数の**数列** (sequence)

$$\{\cdots, x(-2T), x(-T), x(0), x(T), x(2T), \cdots, x(nT), \cdots\} \tag{1.1}$$

で表される．離散時間信号の記述として，以下の表記がよく用いられる．

$$x(nT) \tag{1.2}$$

$$x[n] \tag{1.3}$$

$$x_n \tag{1.4}$$

ただし，n は整数である．

本書ではとくに断らない限り $T = 1$ と考え，離散時間信号の表記として "$x[n]$" を用いる．n は上記のとおり整数とする．時間間隔 T について考慮する必要があるときには，記法 "$x(nT)$" を用いることにする．

有限の区間の離散時間信号は，以下のように**ベクトル** (vector) として表すと都合がよいことがある．

$$x[n] = [-2, \underline{3}, 2, 1, -3] \tag{1.5}$$

ここで，$x[n]$ の値は左から右に時間的に並べられており，下線のついている値が時刻の原点 $n = 0$ の信号 $x[0]$ を表している．上の例では，$x[-1] = -2$，$x[0] = 3$，$x[1] = 2$，$x[2] = 1$，$x[3] = -3$ である．ベクトルの中に表示されていない時刻の信号の値は零であるとする．

離散時間信号の中でも振幅が連続値である信号を**サンプル値信号** (sampled-data signal) といい，振幅が離散値である信号を**ディジタル信号** (digital signal) という†．

以上の信号の分類を表 1.1 に示す．

表 1.1 信号の分類

	連続振幅	離散振幅
連続時間	連続時間信号	
	アナログ信号	多値信号
離散時間	離散時間信号	
	サンプル値信号	ディジタル信号

1.2 ディジタル信号処理とその目的

ディジタル信号処理 (digital signal processing：DSP) はディジタル的手段によって信号を分析・加工・変形する技術である．ここで，対象となる信号は音声・音響，音楽情報，画像，さらには生体信号，地震波などに見られる各種計測信号や，ディジタル通信におけるデータなど様々である．ディジタル的手段とは，ディジタルのコンピュータ，集積回路，プロセッサやプログラムなどである．したがって，対象とする信号がアナログ信号である場合には，これをアナログ－ディジタル変換器によってディジタル信号に変換した後，ディジタル演算による信号処理操作を行い，信号を所望の形に加工・変形したり，あるいは信号から有用な情報を得たり，信号を分析したりする．このような信号処理操作として，**ディジタルフィルタリング** (digital filtering) と**離散フーリエ変換** (discrete Fourier transform：DFT) の二つの基本アルゴリズムがよく知られている．

† ディジタル信号処理では，振幅が離散的であるディジタル信号が処理の対象である．しかし，振幅の離散性を正確に記述してディジタル信号処理の基礎理論を組み立てることは数学的にきわめて煩雑となる．このため，本書では振幅の離散性については考慮せずに議論を進めることにする．

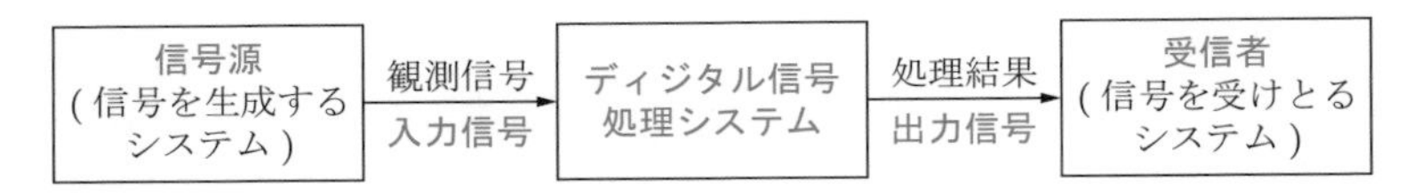

図 1.3 **信号処理の基本的な考え方**

図 1.3 に示されるように，**信号源**（信号を発生するシステム）から**信号受信者**（信号を受けとるシステム）への橋渡しのために信号処理は行われる．信号受信者は観測信号をそのままの状態で受けとるよりも，適切に加工・分析された信号を受けとることが望ましい場合が多い．観測信号はそのままでは受信者には受けつけにくい性質をもち，また観測信号には受信者にとって不要な成分を含んでいる場合があるからである．以下では，信号処理の目的・意義を少し詳しく述べる．

(1) 信号を分析すること：

信号は複雑な形をもっていても，様々な周波数をもつ単純な三角関数の重ね合わせによって構成される．このため，信号を三角関数に分解（分析）することで，信号の性質を知ることができる．信号を三角関数に分解することは最も重要な信号処理法の一つである．この目的のためにフーリエ変換がよく用いられる．

(2) 信号から雑音を取り除くこと：

信号源から発生する信号には不要な**雑音** (noise) が入ることが多く，その結果が実際の観測信号となる．また，信号に様々な**ひずみ** (distortion) が加わった結果として観測信号が得られることが多い．観測信号から雑音やひずみの影響を取り除くことは**雑音除去** (noise reduction) とよばれる．これはフィルタリングあるいはフーリエ変換によって行われる．

(3) 信号を生成するシステムを知ること：

信号は，特定の物理法則や回路，アルゴリズムなどによって生成される．信号を生成する物理法則や回路，アルゴリズムなどを総称して，**システム** (system) とよんでおく．信号は一般には複雑でその量は多いが，これを生成するシステムは比較的単純に記述されることが多い．このため，信号そのものを記述する代わりに，信号を生成するシステムに関する情報を記述するほうが都合がよいことがある．観測信号から，これを生成するシステムの性質を決定することは**システム同定** (system identification) とよばれる．これはフィルタリングによって行われる．

(4) 信号を合成すること：

適切なシステムを作り，これを動作させることで信号を作ることができる．信号を作り出すことは信号の**合成** (synthesis) とよばれる．これはフィルタリングによって実行される．一方，様々な周波数の三角関数の重ね合わせとして信号を合成することもできる．これはフーリエ変換によって行われる．

1.3 ディジタル信号処理の簡単な例

ここでは，ディジタル信号処理の基礎概念を理解するために，**アナログフィルタ** (analog filter) と**ディジタルフィルタ** (digital filter) を例にとり，比較しながら説明する．まず，図 1.4(a) の簡単な 1 次のアナログフィルタは，次の**線形微分方程式** (linear differential equation) で記述される．

$$RC\frac{dy(t)}{dt} + y(t) = x(t) \tag{1.6}$$

いま，時刻 $t = 0$ において，キャパシタンス C に電荷がなく，**単位ステップ入力** (unit step input) $x(t) = 1$ $(t \geq 0)$ を印加するとき，その応答，すなわち**単位ステップ応答** (unit step response) は，上式を解くことにより以下のように与えられる．

$$y(t) = 1 - \exp\left(-\frac{t}{RC}\right), \quad t \geq 0 \tag{1.7}$$

たとえば，$RC = 1$ の場合，単位ステップ応答は図 1.4(b) に示されるような過渡応答を示す．

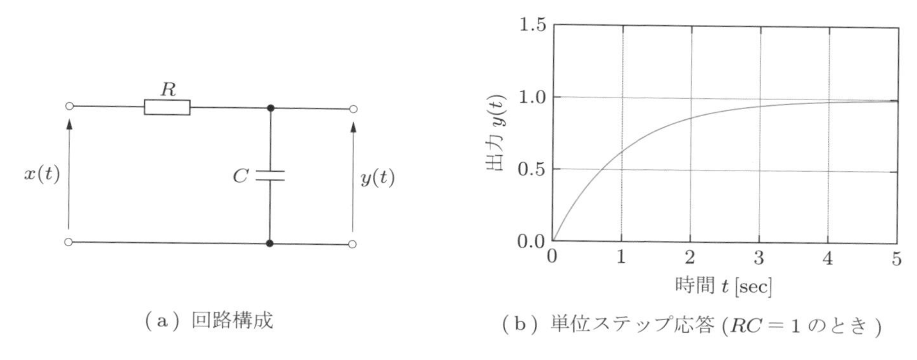

(a) 回路構成　　(b) 単位ステップ応答 ($RC = 1$ のとき)

図 1.4　アナログフィルタ

一方，これに対応するディジタルフィルタのブロック図は図 1.5(a) で表される．この回路は**遅延素子** (unit delay)，**加算器** (adder)，**係数乗算器** (coefficient multiplier) からなり，次の**線形差分方程式** (linear difference equation) で記述される．

$$y[n] = \alpha y[n-1] + \beta x[n] \tag{1.8}$$

初期値を $y[-1] = 0$ とし，単位ステップ入力 $x[n] = 1$，$n = 0, 1, 2, \cdots$ を印加することで，単位ステップ応答は以下のように求められる†．

$$\begin{aligned} y[0] &= \alpha y[-1] + \beta x[0] \\ &= \alpha \cdot 0 + \beta \cdot 1 \end{aligned}$$

---

† 式 (1.12) において等比級数列の和の公式 $1 + \alpha + \alpha^2 + \cdots + \alpha^n = (1 - \alpha^{n+1})/(1 - \alpha)$，$\alpha \neq 1$ を利用している．

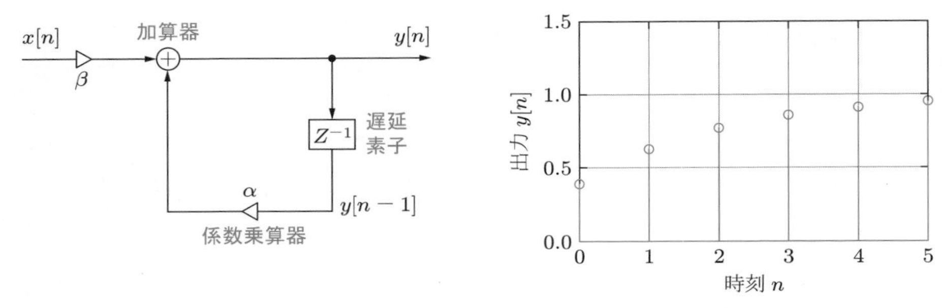

(a) 回路乗構成　　(b) 単位ステップ応答 ($\alpha = 0.61, \beta = 0.39$)

図 1.5 ディジタルフィルタ

$$
\begin{aligned}
&= \beta && (1.9)\\
y[1] &= \alpha y[0] + \beta x[1]\\
&= \alpha \cdot \beta + \beta \cdot 1\\
&= (\alpha + 1)\beta && (1.10)\\
y[2] &= \alpha y[1] + \beta x[2]\\
&= \alpha \cdot (\alpha + 1)\beta + \beta \cdot 1\\
&= (\alpha^2 + \alpha + 1)\beta && (1.11)\\
&\vdots\\
y[n] &= (\alpha^n + \alpha^{n-1} + \cdots + \alpha^2 + \alpha + 1)\beta\\
&= \begin{cases} (n+1)\beta, & \alpha = 1 \\ \dfrac{(1-\alpha^{n+1})\beta}{1-\alpha}, & \alpha \neq 1 \end{cases}, \quad n = 0, 1, 2, \cdots && (1.12)
\end{aligned}
$$

たとえば，$\alpha = 0.61$，$\beta = 0.39$ の場合，この単位ステップ応答は図 1.5(b) のように得られる．図 1.4(b) と図 1.5(b) の応答波形を比べると，ディジタルフィルタはアナログフィルタと類似の機能をもっていることがわかる．

このように対応するアナログフィルタとディジタルフィルタについて，取り扱う信号，表現，構成要素の点から整理すると表 1.2 のようになる．

表 1.2 アナログフィルタとディジタルフィルタの比較

項　目	アナログフィルタ	ディジタルフィルタ
信号	時間・振幅ともに連続値	時間・振幅ともに離散値
表現	線形微分方程式	線形差分方程式
構成要素	抵抗，インダクタンス，キャパシタンス	遅延素子，加算器，係数乗算器

1.4 ディジタル信号処理システムの基本構成

図 1.6 に，ディジタルフィルタを用いる場合のディジタル信号処理システムの基本構成図を示す．この図では，入力信号はアナログ信号であり，最終的な出力信号もアナログ信号である．まず，アナログ信号 $x(t)$ は標本化による**エイリアシング** (aliasing) の発生を防ぐために**アナログプリフィルタ** (analog prefilter) を通される．この出力を一定間隔 T で標本化して得られた標本が **A/D 変換器** (analog-to-digital converter) を通り，ディジタル信号 $x(nT)$ が得られる．このディジタル信号 $x(nT)$ がディジタルフィルタの入力信号となる．ディジタルフィルタは入力信号 $x(nT)$ に対してフィルタリングを実行し，出力信号 $y(nT)$ を得る．出力信号 $y(nT)$ は一定間隔 T のディジタル信号であるから，これを **D/A 変換器** (digital-to-analog converter) と**サンプルホールド回路** (sample hold circuit) に通し，アナログ信号を得る．このアナログ信号は不要な高周波雑音をもっているため，**アナログポストフィルタ** (analog postfilter) によって高周波雑音が取り除かれ，最終的なアナログ出力 $y(t)$ が得られる†．

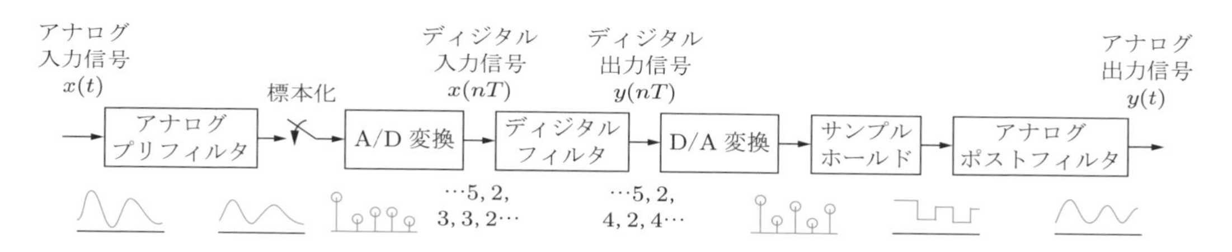

図 1.6 ディジタル信号処理システムの基本構成

1.5 ディジタル信号処理の利点

さて，一見すると複雑そうに見えるディジタルフィルタを使用するのは，それだけの優れた特長があるからにほかならない．そこで，従来のアナログフィルタと比べて，ディジタルフィルタの特長を次に挙げてみよう．

(1) 精度と柔軟性：

要求される精度に応じてディジタルフィルタの係数語長と信号語長を長くすれば，高精度のフィルタ特性が得られ，アナログフィルタでは実現できないきわめて急峻なフィルタ特性の実現も可能である．また，ディジタルフィルタを実現するプログラムやハードウェアを変更することなく，フィルタ係数の値を変えることにより，様々な特性のフィルタが容易に実現できる．

(2) 再現性と安定性：

ディジタルフィルタを構成するディジタル回路では，アナログ回路の場合のような素子値のばらつきの影響が少ないため，再現性の高い性能が保証される．ま

† ディジタル信号処理システムにおける標本化やアナログプリフィルタ，アナログポストフィルタ，およびエイリアシングの問題などに関しては，第 2 章を参照されたい．

た，アナログ素子ではとくに問題となる温度変化と経年変化による品質の劣化が生じない．

(3) 経済性と汎用性：

ディジタル集積回路技術の急激な進歩により集積化が容易となり，ディジタル回路の価格は指数関数的に減少しつづけている．また，音声，画像，文字，データなどの様々な信号をディジタル信号として表現することで，これらの処理を統合化できる．すなわち，ディジタル信号処理はマルチメディア情報通信の基幹技術である．

以上を要約すれば，ディジタルフィルタの特長は，アナログ技術では従来実現不可能な多様な機能が高精度，高安定，低価格で実現されることである．

1.6 ディジタル信号処理の歴史的・技術的背景

ディジタル信号処理の起源は，1600 年代初めの天文学の分野における数値解析に端を発するとされている．19 世紀初めには，数学者フーリエ (J. B. J. Fourier) によりフーリエ解析法が発見されている．今日的意味でのディジタル信号処理の出現は，汎用コンピュータを背景とする 1960 年代といえよう．1964 年には，大型コンピュータ IBM システム/360 シリーズが発表された．このシステムは現在稼動しているほとんどの汎用大型コンピュータの源流となるものであり，これによって今日のコンピュータ時代の幕が開けられた．これに先立ち，科学技術計算用言語の FORTRAN が 1950 年代に提案されている．

1963 年に**双 1 次 z 変換** (bilinear z-transformation) による**ディジタルフィルタ** (digital filter) の設計理論がカイザー (J. Kaiser) により発表された．さらに，1965 年，クーリーとチューキー (J. W. Cooley and J. W. Tukey) による**高速フーリエ変換** (fast Fourier transform, FFT) のアルゴリズムが発見された．これらが端緒となり，ディジタル信号処理の研究が盛んに行われるようになった．

ディジタル信号処理の実行に際しては，当初，音声情報処理の分野で汎用コンピュータが用いられていたが，応用分野が拡大し，さらに処理速度向上の要求もあり，信号処理専用コンピュータやハードウェアが注目されるようになった．しかし，当時集積回路技術はまだ十分とはいえず，ディジタル信号処理の実現はきわめて高価なものであり，特別に高性能を必要とする分野にディジタル信号処理の用途は限られていた．

ところが，1958 年に集積回路が発明されて以来，集積回路に搭載される素子数は，3 年間で 4 倍に増加する傾向が続いてきたため†，ディジタル集積回路のメモリ容量や計算速度も年々指数関数的に増加し，逆に価格は減少しつづけてきた．1971 年には**マイクロプロセッサ** (microprocessor) が開発され，また 1980 年代初めから，ディジタル信号処理専用のプロセッサである**ディジタルシグナルプロセッサ** (digital signal processor) が相次いで発表された．その結果，性能，価格ともに優れたディジタルシグナルプロセッサが容

† これはムーアの法則として知られている経験則である．

易に入手可能となっている．いまやディジタル信号処理は，きわめて広範な分野で手軽に利用することができ，1.5節において説明したディジタル信号処理の特徴は，様々な応用分野において遺憾なく発揮されている．

ディジタル信号処理は小型高性能のディジタルハードウェア，あるいはディジタルシグナルプロセッサやコンピュータ上のソフトウェアによって実現されるものである．このため，非線形性や時変特性，可変特性，適応的特性が実現容易であり，対象として画像・映像などの多次元信号も処理することができる．しかし，以上のような機能を実現するディジタル信号処理のアルゴリズムや，それを実現するためのプロセッサの能力はまだ十分ではない．新しいディジタル信号処理のアルゴリズムとその実現技術にもまだまだ未開拓の領域が多く，理論面と実現技術のますますの発展が期待される．

一方，マルチメディア情報通信や移動体通信などの基幹技術であるディジタル信号処理の性能に対する要求がますます高くなり，ディジタル信号処理システムが大規模・複雑化することが予想される．このため，ディジタル信号処理システムに対する要求は一層の小型・高精度化，高速化，低消費電力化に向かう．そのためには，ディジタル信号処理のアルゴリズムの研究だけではなく，高性能なディジタルシグナルプロセッサのアーキテクチャとソフトウェアの研究が必要とされる．

さらに，大規模・複雑化するディジタル信号処理においては，ディジタル信号処理のアルゴリズムやシステムに対する明確な数学的モデルや定式化が困難となる場合があろう．この点から，人間の知識と経験や，生物モデルなどを利用した知的ディジタル信号処理の発展が望まれる．このため，非線形理論やニューラルネットワーク，ファジィ理論，進化論的計算手法などの，従来の線形的・定常的な数値計算手法には捉われないディジタル信号処理の研究が盛んに行われるようになっている．最近ではセンサーとネットワーク技術の発展により，ビッグデータとよばれる一般の計算機では処理不可能なほどの膨大な音情報，画像・映像情報，科学計測情報などが取得可能となり，これらの処理のために人工知能システムが利用される．これを効率的に実現し性能向上を図るために，ビッグデータに対してのディジタル信号処理による不要情報の除去や特徴の強調，主要成分の抽出，情報の圧縮などの前処理と後処理に関心が高まっている．

1.7 MATLABの利用

1.7.1 MATLABとツールボックスについて

本書で用いる MATLAB は，米国 MathWorks 社が販売している，アルゴリズム開発，データ解析，可視化，数値計算のための統合開発環境であり，その中心的なプログラミング言語の名称でもある．MATLAB は数値計算やグラフィックスのための多数の関数を標準で備えているが，特定分野向けの関数群であるツールボックス (Toolbox) とよばれる拡張パッケージを組み込むことで，MATLAB の機能を高め，応用範囲を広げることができる．

本書のプログラムを動作させるためには，MATLAB 本体のほかに，信号処理と画像処理のための以下のツールボックスが必要である．

Signal Processing Toolbox: 第 1 章から第 13 章のプログラムに対して

Image Processing Toolbox: 第 12 章と第 13 章のプログラムに対して

本書では，MATLAB R2021a（または MATLAB online R2021a）および上記のツールボックスを用いてプログラムが作成され，動作が確認されている．

また，本書で使われている MATLAB の関数の中で，以下のように先頭が `my` となっているものは自作関数である．

`mycircconv.m`，`myconv.m`，`mydirect.m`，`myfilter.m`，`mydft.m`，`myfft.m`，

`myfreqztrans.m`，`myimpinvar.m`

1.7.2 MATLAB の特長

MATLAB はユーザインタフェイスに優れた数値計算のための対話型プログラミング言語である．とくに，スカラー，ベクトル，行列，複素数演算などの数値計算のプログラムが数式と同じように簡潔な形式で記述され，高速に実行される点に大きな特長がある．後に見るように，ディジタル信号処理の計算は実数または複素数のスカラーやベクトル，行列演算として定式化されるものが多い．このため，MATLAB によってディジタル信号処理のアルゴリズムがきわめて単純に記述され，高速に実行される．

MATLAB のもう一つの特長として，ユーザインタフェイスに優れた視覚化の機能がある．この機能によって，数値計算の結果を容易にグラフとして表示することができる．本書の数値例やグラフ，信号処理例のほとんどのものが MATLAB を用いて得られたものである．

本書では，ディジタル信号処理の理解のために以下の点を重視し，MATLAB によるプログラム例と実行例を多数与えている．

(1) ディジタル信号処理の学習においては，フーリエ変換（離散時間フーリエ変換，離散フーリエ変換，高速フーリエ変換）やディジタルフィルタの動作原理の数式を理解するだけではなく，数値およびグラフ，波形，画像などによって物理的意味を深く理解することが重要である．

(2) 計算機上で実際にプログラミングをしてディジタルフィルタを設計・実現し，フーリエ変換を行って実際に信号処理を体験することは，この分野の理解と興味を深めることにつながる．MATLAB はスクリプト言語であるため，フィルタリングやフーリエ変換の対象の信号やパラメータの変更などが容易に行うことができ，様々な信号処理を体験できる．

(3) MATLAB ではきわめて容易に信号処理を実行できる反面，信号処理のアルゴリズムがブラックスボックス化してしまう懸念がある．そこで，本書では，たたみこみやフィルタリング，離散フーリエ変換などのきわめて重要な信号処理手法については，MATLAB に備わっている関数を単に利用するだけではなく，そのアルゴリズムが具体的に明らかになるように MATLAB によるプログラムを新た

に組んでいる.

ただし，筆算や電卓で解くことができる例題を多数用意し，またこの例題と MATLAB のプログラム例を対応させることで，MATLAB を利用できない学習者にとっても学習に支障がないように本書は配慮されている.

1.7.3 MATLAB のプログラミング例

次のプログラミング例は，前述の図 1.4(b) と図 1.5(b) を図示するためのプログラムとその実行例である†. ただし，本書を通じてプログラム例の中の灰色の網かけはディスプレイに表示される文字と数値である.

プログラム 1.1 アナログフィルタの単位ステップ応答（図 1.4）

```
RC = 1;                                            % アナログフィルタの時定数
tend = 5;                                          % 終了時刻
t = 0 : 0.1 : tend;                                % 0から刻み0.1でtendまでの時刻の範囲
y = 1 - exp(-t / RC)                               % 出力信号の計算
plot(t, y);                                        % 出力信号の図示
axis([0, tend, 0, 1.5]); grid;                     % x-y座標軸の範囲の指定; 格子の図示
xlabel('Time t [sec]'); ylabel('Output y(t)');    % x軸の名前; y軸の名前
```

ディスプレイの表示

```
y =
  1 列から 8 列
         0    0.0952    0.1813    0.2592    0.3297    0.3935    0.4512    0.5034
   (中略)
  49 列から 51 列
    0.9918    0.9926    0.9933
```

プログラム 1.2 ディジタルフィルタの単位ステップ応答（図 1.5）

```
beta = 0.39; alpha = 0.61;                     % パラメータの設定
b = [beta];                                    % フィードフォワード係数
a = [1, -alpha];                               % フィードバック係数
nend = 5;                                      % 終了時刻
n = 0 : nend;                                  % 0から刻み1でnendまでの時刻の範囲
x = ones(1, nend + 1);                         % 単位ステップ入力
y = filter(b, a, x)                            % 差分方程式による出力の計算
stem(n, y);                                    % 出力の茎状の図示
axis([0, nend, 0, 1.5]); grid;                 % x-y座標軸の範囲の指定; 格子の図示
xlabel('Time n'); ylabel('Output y[n]');      % x軸の名前; y軸の名前
```

ディスプレイの表示

```
y =
    0.3900    0.6279    0.7730    0.8615    0.9155    0.9485
```

---

† 紙面の都合上，グラフや数値の表示などの MATLAB プログラムの実行例は，実際のディスプレイの表示とはいくぶん異なっている.

演習問題

1.1 日常生活や趣味，仕事，講義，実験，研究などにおいて見出すことができる信号をできるだけ数多く挙げよ．また，これらの信号を表 1.1 に従って分類せよ．

1.2 ディジタル信号処理が用いられている民生用の電子機器には，どのようなものがあるか挙げよ．

1.3 信号の記録や再生，伝送などのためのアナログ的方法がディジタル的方法に置き換わった例を挙げよ．また，アナログ的方法からディジタル的方法に置き換わった際に得られた利点と発生した問題点について検討せよ．

1.4 上記の問題とは逆に，信号の記録や再生，伝送などのためのアナログ的方法がディジタル的方法に置き換わっていない例を挙げよ．また，ディジタル的方法に置き換わらない理由を検討せよ．

1.5 ディジタルシグナルプロセッサとパーソナルコンピュータに用いられているプロセッサのアーキテクチャやソフトウェア，処理能力，消費電力などについて調査し，比較せよ．

2 離散時間信号

本章では，ディジタル信号処理において用いられる重要な離散時間信号を取り上げ，その性質を説明する．また，離散時間信号の分析法である離散時間フーリエ変換を導入し，その性質を与える．ディジタル信号処理の対象とする信号はもともと連続時間信号であることが多い．このため，連続時間信号を等間隔で標本化して離散時間信号を得る必要がある．本章では，ある条件の下で連続時間信号を標本化して離散時間信号に変換すれば，この過程においてもとの連続時間信号の情報はなんら失われないことを示す．これは標本化定理として知られており，ディジタル信号処理の正当性の理論的根拠を与えている．

2.1 重要な離散時間信号

2.1.1 基本的な信号

以下に示す離散時間信号は単純な数式によって容易に記述され，またディジタル信号処理の基礎理論においてとくに重要なものである．

(1) 単位インパルス：

$$\delta[n] = \begin{cases} 1, & n = 0 \\ 0, & n \neq 0 \end{cases} \tag{2.1}$$

(2) 単位ステップ：

$$u_0[n] = \begin{cases} 1, & n \geq 0 \\ 0, & n < 0 \end{cases} \tag{2.2}$$

(3) ランプ信号：

$$r[n] = \begin{cases} n, & n \geq 0 \\ 0, & n < 0 \end{cases} \tag{2.3}$$

(4) 実数値の指数関数（α は実数）

$$a[n] = \begin{cases} \alpha^n, & n \geq 0 \\ 0, & n < 0 \end{cases} \tag{2.4}$$

以上の離散時間信号を図 2.1 に示す．

単位インパルス (unit impulse) $\delta[n]$ は**ディジタルインパルス** (digital impulse)，**単位サンプル** (unit sample)，または単に**インパルス** (impulse) とよばれる．これは**クロネッ**

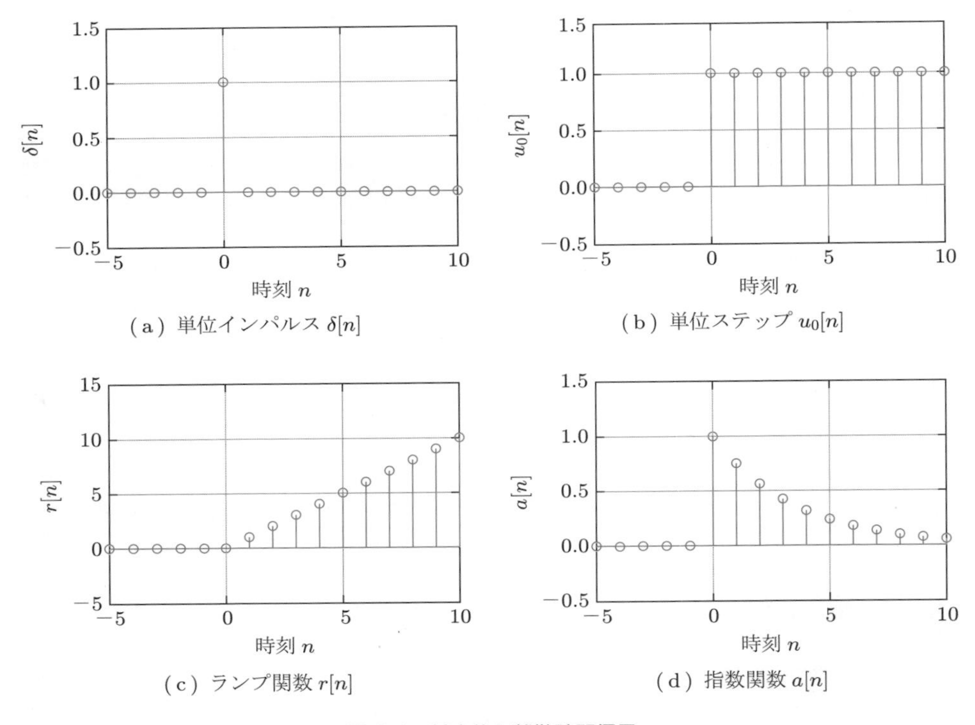

(a) 単位インパルス $\delta[n]$　(b) 単位ステップ $u_0[n]$

(c) ランプ関数 $r[n]$　(d) 指数関数 $a[n]$

図 2.1　基本的な離散時間信号

カーのデルタ関数 (Kronecker delta function) ともよばれ，アナログの信号処理やシステム理論における**ディラックのデルタ関数** (Dirac delta function) $\delta(t)$ と同じ役割を果たす．

任意の離散時間信号 $x[n]$ は，$\delta[n]$ を時間的に推移し，これに重みをつけた信号の和として，次式のように表現される．

$$x[n] = \sum_{k=-\infty}^{\infty} x[k]\delta[n-k] \tag{2.5}$$

ただし，

$$\delta[n-k] = \begin{cases} 1, & n = k \\ 0, & n \neq k \end{cases} \tag{2.6}$$

である．

式 (2.5) において $x[n] = u_0[n]$ とすれば，**単位ステップ** (unit step) $u_0[n]$ は，以下のように時間的に推移した単位インパルスの無限和として表される．

$$u_0[n] = \sum_{k=0}^{\infty} \delta[n-k] \tag{2.7}$$

単位ステップは，時刻 0 から実質的に開始する信号を表現するために用いることができる．たとえば**ランプ関数** (ramp function) は，$r[n] = n \cdot u_0[n]$ のように簡潔に表現され，また**指数関数** (exponential function) は，$a[n] = \alpha^n \cdot u_0[n]$ のように表現される．

これら基本的な離散時間信号の実行例を，プログラム 2.1 に示す．

プログラム 2.1 基本的な離散時間信号（図 2.1）

```
n = -5 : 10;  % 時刻の範囲

% 単位インパルス
delta = [zeros(1, 5), 1, zeros(1, 10)];  % 時刻n=0で1, その他で0
subplot(2, 2, 1);                        % 画面を2x2に分割し, 位置1に設定
stem(n, delta);                          % 単位インパルスを図示
axis([-5, 10, -0.5, 1.5]);
xlabel('Time n'); ylabel('\delta[n]'); grid;

% 単位ステップ
unitstep = [zeros(1, 5), ones(1, 11)];  % 時刻n>=0で1, その他で0
subplot(2, 2, 2);                       % 画面を2x2に分割し, 位置2に設定
stem(n, unitstep);                      % 単位ステップを図示
axis([-5, 10, -0.5, 1.5]);
xlabel('Time n'); ylabel('u_0[n]'); grid;

% ランプ関数
ramp = n .* unitstep;  % 時刻n>=0でランプの値, その他で0
subplot(2, 2, 3);      % 画面を2x2に分割し, 位置3に設定
stem(n, ramp);         % ランプ関数を図示
axis([-5, 10, -5, 15]);
xlabel('Time n'); ylabel('r[n]'); grid;

% 指数関数
alpha = 0.75;
a = (alpha .^ n)  .* unitstep;  % 時刻n>=0で指数関数, その他で0
subplot(2, 2, 4);               % 画面を2x2に分割し, 位置4に設定
stem(n, a);                     % 指数関数を図示
axis([-5, 10, -0.5, 1.5]);
xlabel('Time n'); ylabel('a[n]'); grid;
```

2.1.2 周期的信号，三角関数，複素指数関数

正整数 P に対して

$$x[n] = x[n+P] \tag{2.8}$$

となるとき，信号 $x[n]$ は時刻 n に関して**周期的** (periodic) であるという．この関係を満たす最小の正整数 P を信号の基本周期，あるいは単に**周期** (period) という．

重要な周期的信号として，**余弦波** (cosine wave) $\cos\omega n$ と**正弦波** (sine wave) $\sin\omega n$ がある．ここで注意しなければならないことは，離散時間の余弦波と正弦波は，ある特定の周波数 ω [rad] をもつときに限って周期的となることである†．すなわち，

† 厳密には，ラジアン (rad) の単位をもつ ω を角周波数とよび，ヘルツ (Hz) の単位をもつ $f = \omega/2\pi$ を周波数とよぶ．本書では，周波数 f [Hz] と角周波数 ω [rad] は，記号と単位によって十分に区別されるため，記述を単純にするために ω を周波数とよんでいる．周波数と角周波数の区別が必要な場面において，これらの用語を使い分けることにする．

$$\cos\omega n = \cos\{\omega(n+P)\}$$
$$= \cos(\omega n + \omega P) \quad (2.9)$$

の関係から，$\omega P = 2\pi k$ [rad]（k は非零整数）であるときに限って（すなわち $2\pi/\omega = P/k$ が有理数であるときに限って）$\cos\omega n$ は時刻 n に関して周期的であり，このとき $P = 2\pi/\omega$ が周期となる．$\sin\omega n$ についても同様である．この点は連続時間の余弦波 $\cos\Omega t$ と正弦波 $\sin\Omega t$ が，すべての周波数 Ω [rad/sec] で時刻 t に関して周期的であることと異なっている．

整数 m に対して

$$\cos\omega n = \cos\{(\omega + 2\pi m)n\} \quad (2.10)$$

の関係が成立することから，$\cos\omega n$ は周波数 ω に関して周期的であり，2π が周期であることに注意する必要がある．$\sin\omega n$ についても同様である．

次に示す周波数 ω の離散時間の**複素指数関数** (complex exponential function) $e^{j\omega n}$ は†，その実部が $\cos\omega n$ であり，虚部が $\sin\omega n$ の信号である．

$$e^{j\omega n} = \cos\omega n + j\sin\omega n \quad (2.11)$$

上式は**オイラーの公式** (Euler's formula) としてよく知られている．ここで，記号 j は**虚数単位** (imaginary unit) とよばれ，$j = \sqrt{-1}$ である．記号 e は**ネピアの定数** (Napier's constant) とよばれ，$e = 2.718281828\cdots$ である．複素指数関数 $e^{j\omega n}$ は $\exp(j\omega n)$ とも書かれる．この複素指数関数 $e^{j\omega n}$ も $2\pi/\omega$ が有理数であるときに限って時刻 n に関して周期的となり，$P = 2\pi/\omega$ が周期となる．複素指数関数は，本章で示す離散時間フーリエ変換や次章で示す離散フーリエ変換，後に示すディジタルフィルタの周波数応答を定義するための核となる信号として重要である．

複素指数関数 $e^{j\omega n}$ は周波数 ω に関して周期的であり，2π が周期であることに注意する必要がある．すなわち，整数 m に対して

$$e^{j\omega n} = \cos\omega n + j\sin\omega n$$
$$= \cos\{(\omega+2\pi m)n\} + j\sin\{(\omega+2\pi m)n\}$$
$$= e^{j(\omega+2\pi m)n} \quad (2.12)$$

である．この周期性を考慮すると，離散時間の三角関数と複素指数関数に対しては $0 \le \omega < 2\pi$ あるいは $-\pi \le \omega < \pi$ の範囲を基本区間として取り扱えば十分である．とくに対称性の観点から $-\pi \le \omega < \pi$ を基本区間とすると都合がよい．この点は連続時間の三角関数 $\cos\Omega t, \sin\Omega t$ と複素指数関数 $e^{j\Omega t}$ では，周波数 Ω として実数の全範囲を考慮しなければならないことと対照的である．

例題 2.1　周波数が $\omega = \pi/8$ [rad] のときの余弦波 $\cos\omega n$，正弦波 $\sin\omega n$，複素指数関数 $e^{j\omega n}$ を描け．また，これらの信号は周期的であるかどうかを検討せよ．

† 複素変数 z に対して複素指数関数は $e^z = \sum_{k=0}^{\infty} z^k/k!$ と定義されている．

解答　図 2.2 (a) と (b) にそれぞれ余弦波 $\cos \omega n$，正弦波 $\sin \omega n$ を示す．図 2.2 (c) は複素指数関数 $e^{j\omega n}$ の複素平面上の表示であり，複素指数関数が単位円上に現れる．図 2.2 (d) は複素指数関数 $e^{j\omega n}$ の立体表示である．$2\pi/\omega = 16$ であるため，これらの信号は周期 16 の周期的信号である．実行例をプログラム 2.2 に示す．

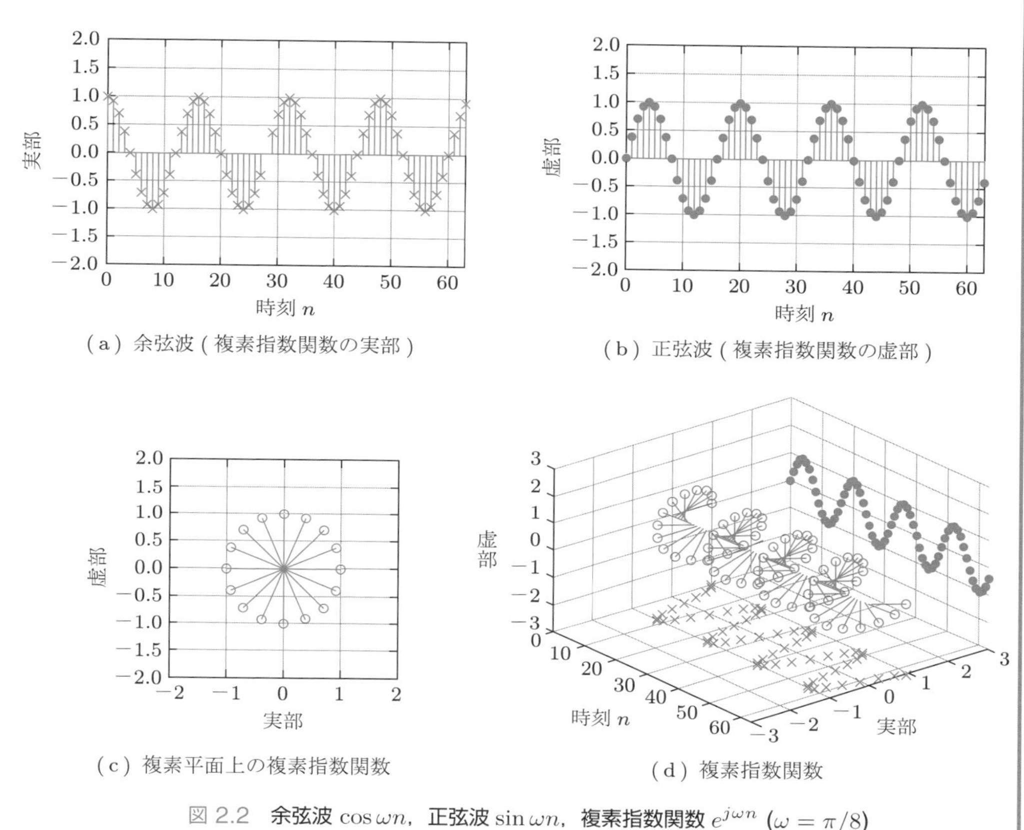

(a) 余弦波 (複素指数関数の実部)

(b) 正弦波 (複素指数関数の虚部)

(c) 複素平面上の複素指数関数

(d) 複素指数関数

図 2.2　**余弦波** $\cos \omega n$，**正弦波** $\sin \omega n$，**複素指数関数** $e^{j\omega n}$ $(\omega = \pi/8)$

プログラム 2.2　**余弦波と正弦波，複素指数関数の図示（例題 2.1，図 2.2）**

```
nend = 63; n = 0 : nend;  % 時間の範囲
w = pi / 8;               % 周波数
ejwn = exp(1j * w * n);   % 複素指数関数の計算
coswn = real(ejwn);       % 複素指数関数の実部
sinwn = imag(ejwn);       % 複素指数関数の虚部

% 余弦波の図示
figure(1);
stem(n, coswn, 'x');
xlabel('Time n'); ylabel('Real part'); grid;
axis([n(1), n(end), -2, 2]);

% 正弦波の図示
figure(2);
stem(n, sinwn, '.');
xlabel('Time n'); ylabel('Imaginary part'); grid;
```

```
axis([n(1), n(end), -2, 2]);

% 複素平面上の複素指数関数の図示
figure(3);
plot(coswn, sinwn, 'o');                          % 実部と虚部の複素平面上の図示
for k = 0 : n(end)
    line([0, coswn(k + 1)], [0, sinwn(k + 1)]);  % 原点からcoswn, sinwnへの直線
end
xlabel('Real part'); ylabel('Imaginary part'); grid;
axis([-2, 2, -2, 2]); axis square;

% 複素指数関数の3次元図示
figure(4);
plot3(n, coswn, sinwn, 'o');                        % 複素指数関数の3次元図示
hold on;                                            % 画面の保持
view(50, 35);                                       % 視線（方位角，仰角）
for k = 0 : n(end)                                  % 離散時間の複素指数関数の立体的図示
    line([k, k], [0, coswn(k+1)], [0, sinwn(k+1)]); % 時間軸からcoswn, sinwnへの直線
end
rmax = 3; imax = 3;                         % 実軸と虚軸の範囲
rplane = -rmax * ones(1, length(n));        % 実部を投影する面を定義
iplane = imax * ones(1, length(n));         % 虚部を投影する面を定義
plot3(n, coswn, rplane, 'x');               % 実部の図示
plot3(n, iplane, sinwn, '.');               % 虚部の図示
axis([n(1), n(end), -rmax, rmax, -imax, imax]);
xlabel('Time n'); ylabel('Real part'); zlabel('Imaginary part'); grid;
hold off;                                   % 画面保持を解除
```

オイラーの公式 (2.11) を用いて，二つの複素指数関数 $e^{j\omega n}$ と $e^{-j\omega n}$ の和と差を求めることにより，余弦波 $\cos\omega n$ と正弦波 $\sin\omega n$ が，周波数 ω の複素指数関数 $e^{j\omega n}$ と周波数 $-\omega$ の複素指数関数 $e^{-j\omega n}$ の線形結合として次式のように表されることがわかる．

$$\cos\omega n = \frac{1}{2}(e^{j\omega n} + e^{-j\omega n}) \tag{2.13}$$

$$\sin\omega n = \frac{1}{2j}(e^{j\omega n} - e^{-j\omega n}) \tag{2.14}$$

上の二つの式が示すことは，余弦波 $\cos\omega n$ と正弦波 $\sin\omega n$ は周波数 ω の三角関数であるものの，上式右辺の複素指数関数を用いた表現の観点からは，$\cos\omega n$ と $\sin\omega n$ は正の周波数 ω と負の周波数 $-\omega$ の二つの周波数をもっていることである．このため，本章で示す信号の離散時間フーリエ変換や後に示すディジタルフィルタの周波数応答の計算と表示において，正と負の双方の周波数の範囲を考慮することが必要となってくる．信号の周波数の高低は ω の絶対値によって定まることに留意する必要がある．すなわち，$-\pi \leq \omega < \pi$ の基本区間において，$|\omega|$ が相対的に小さいとき ω は低い周波数であり，$|\omega|$ が相対的に大きいとき ω は高い周波数を表す．

2.2 離散時間フーリエ変換

2.2.1 離散時間フーリエ変換の定義

信号 $x[n]$ を一般には複素数である離散時間信号とする．信号 $x[n]$ の**離散時間フーリエ変換** (discrete-time Fourier transform) $X(e^{j\omega})$ は，次のように定義される．

$$X(e^{j\omega}) = \sum_{n=-\infty}^{\infty} x[n]e^{-j\omega n}, \quad -\pi \leq \omega < \pi \quad \text{あるいは} \quad 0 \leq \omega < 2\pi \tag{2.15}$$

離散時間フーリエ変換はまた，$x[n]$ から $X(e^{j\omega})$ を求める上式のような演算の名称でもある．$X(e^{j\omega})$ は一般には複素数であり，**フーリエスペクトル** (Fourier spectrum) あるいは**周波数スペクトル** (frequency spectrum) ともよばれる．$|X(e^{j\omega})|$ は**振幅スペクトル** (magnitude spectrum) とよばれ，$\angle X(e^{j\omega})$ は**位相スペクトル** (phase spectrum) とよばれる．

信号 $x[n]$ の離散時間フーリエ変換 $X(e^{j\omega})$ は，信号 $x[n]$ に関して以下のことを表す．すなわち，$x[n]$ は様々な周波数の複素指数関数の重ね合わせによって構成されるが，$x[n]$ を構成する複素指数関数の中で周波数 ω の複素指数関数の振幅は $|X(e^{j\omega})|$ であり，位相は $\angle X(e^{j\omega})$ である．よって，$x[n]$ には複素指数関数 $|X(e^{j\omega})|e^{j(\omega n+\angle X(e^{j\omega}))}$ が含まれている．この複素指数関数は，周波数スペクトル $X(e^{j\omega})$ を用いれば単純に $X(e^{j\omega})e^{j\omega n}$ と記述される．

例題 2.2 次の信号に対する離散時間フーリエ変換を求め，その振幅スペクトルを図示せよ．

(1) 単位インパルス $\delta[n]$

(2) 矩形波 $r_c[n] = [\underline{1}, 1, 1, 1, 1, 1, 1, 1]$

(3) 指数関数 $a[n] = (0.5)^n \cdot u_0[n]$

解答 (1) 単位インパルス：

$\delta[0] = 1, \delta[n] = 0 \ (n \neq 0)$ であることを利用して

$$\begin{aligned} D(e^{j\omega}) &= \sum_{n=-\infty}^{\infty} \delta[n]e^{-j\omega n} = 1 \cdot e^{-j\omega \cdot 0} \\ &= 1 \end{aligned} \tag{2.16}$$

よって，

$$|D(e^{j\omega})| = 1, \quad \angle D(e^{j\omega}) = 0, \quad -\pi \leq \omega < \pi \tag{2.17}$$

となる．上式は，単位インパルスの振幅スペクトルにはすべての周波数成分が等しく入っていることを示している．

(2) 矩形波：

$$R_c(e^{j\omega}) = \sum_{n=0}^{7} 1 \cdot e^{-j\omega n} \tag{2.18}$$

$\omega = 0$ のとき，$e^{-j\omega} = 1$ であるから $R_c(e^{j\omega}) = 8$ となる．よって，次のようになる．

$$|R_c(e^{j\omega})| = 8, \quad \angle R_c(e^{j\omega}) = 0 \tag{2.19}$$

$\omega \neq 0$ のとき，$e^{-j\omega} \neq 1$ であり，等比級数列の和の公式[†]を利用すると

$$R_c(e^{j\omega}) = \frac{1 - e^{-j8\omega}}{1 - e^{-j\omega}} = \frac{e^{j4\omega} - e^{-j4\omega}}{e^{j\omega/2} - e^{-j\omega/2}} \cdot \frac{e^{-j4\omega}}{e^{-j\omega/2}} = \frac{\sin 4\omega}{\sin(\omega/2)} \cdot e^{-j7\omega/2} \tag{2.20}$$

よって，

$$|R_c(e^{j\omega})| = \left|\frac{\sin 4\omega}{\sin(\omega/2)}\right|, \quad \angle R_c(e^{j\omega}) = -\frac{7}{2}\omega, \quad -\pi \leq \omega < \pi, \text{ ただし } \omega \neq 0 \tag{2.21}$$

となる．

(3) 指数関数：

$$A(e^{j\omega}) = \sum_{n=0}^{\infty} (0.5)^n \cdot e^{-j\omega n} = \frac{1}{1 - 0.5e^{-j\omega}} = \frac{1}{1 - 0.5\cos\omega + j0.5\sin\omega} \tag{2.22}$$

よって，

$$|A(e^{j\omega})| = \frac{1}{\sqrt{1.25 - \cos\omega}}, \quad \angle A(e^{j\omega}) = -\tan^{-1}\frac{0.5\sin\omega}{1 - 0.5\cos\omega}, \quad -\pi \leq \omega < \pi \tag{2.23}$$

となる．

それぞれの振幅スペクトルを図 2.3 に示す．ただし，単位インパルスに対する振幅スペクトルは省略されている．図から，矩形波と指数関数は低い周波数成分を多くもち，高い周波数領域に進むに従って周波数成分が少なくなる傾向があることが読みとれる．実行例をプログラム 2.3 に示す．

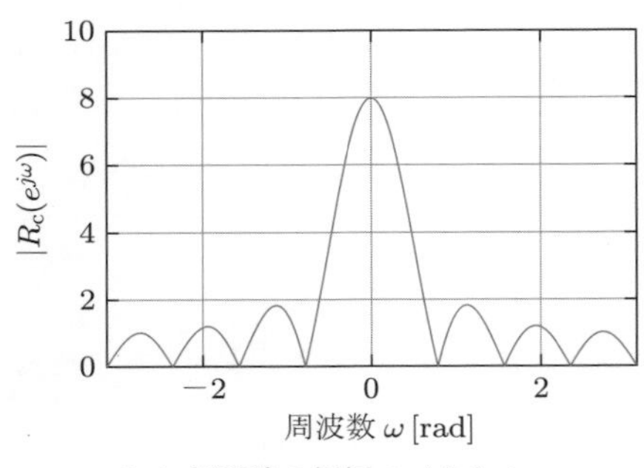

(a) 矩形波の振幅スペクトル

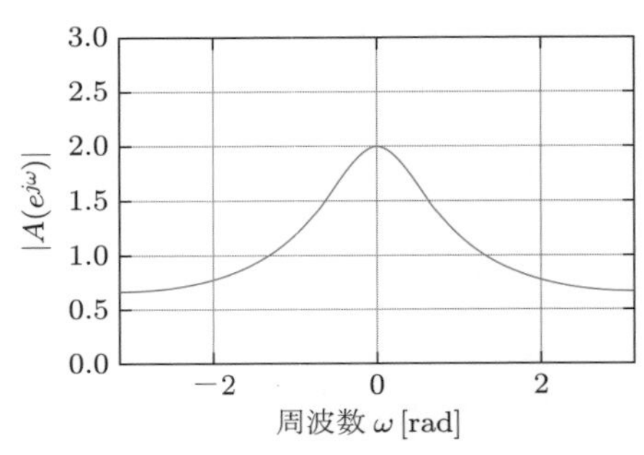

(b) 指数関数の振幅スペクトル

図 2.3 基本的信号の振幅スペクトル

† 等比級数列の和の公式 $\sum_{k=0}^{N-1} r^k = (1 - r^N)/(1 - r)$，ただし $r \neq 1$ のとき．

プログラム 2.3 基本的信号の振幅スペクトル（例題 2.2，図 2.3）

```
% 矩形波
w = linspace(-pi, pi - 2 * pi / 1024, 1024);  % 周波数の範囲と刻み
rc = ones(1, 8);                              % 矩形波
Rc = freqz(rc, 1, w);                         % 矩形波の離散時間フーリエ変換
subplot(2, 2, 1);
plot(w, abs(Rc));                             % 矩形波の振幅スペクトルの図示
axis([-pi, pi, 0, 10]); grid;
xlabel('Frequency \omega [rad]');
ylabel('|R_c(e^{j\omega})|');

% 指数関数
n = 0 : (2 ^ 12 - 1);  % 時刻を十分大きな値までとる
a = 0.5 .^ n;          % 指数関数
A = freqz(a, 1, w);    % 指数関数の離散時間フーリエ変換
subplot(2, 2, 2);
plot(w, abs(A));       % 指数関数の振幅スペクトルの図示
axis([-pi, pi, 0, 3]); grid;
xlabel('Frequency \omega [rad]');
ylabel('|A(e^{j\omega})|');
```

2.2.2 逆変換

離散時間フーリエ変換 $X(e^{j\omega})$ からもとの信号 $x[n]$ を求める演算は**離散時間フーリエ逆変換** (inverse discrete-time Fourier transform) とよばれ，次式で与えられる．

$$x[n] = \frac{1}{2\pi}\int_{-\pi}^{\pi} X(e^{j\omega})e^{j\omega n}d\omega \tag{2.24}$$

離散時間フーリエ逆変換はまた，$X(e^{j\omega})$ から求められる $x[n]$ の名称でもある．上式が逆変換であることは次のように証明される．すなわち，$X(e^{j\omega}) = \sum_{k=-\infty}^{\infty} x[k]e^{-j\omega k}$ を上式の右辺に代入すると

$$\begin{aligned}\frac{1}{2\pi}\int_{-\pi}^{\pi} X(e^{j\omega})e^{j\omega n}d\omega &= \frac{1}{2\pi}\int_{-\pi}^{\pi}\sum_{k=-\infty}^{\infty} x[k]e^{-j\omega k}e^{j\omega n}d\omega \\ &= \sum_{k=-\infty}^{\infty} x[k]\left\{\frac{1}{2\pi}\int_{-\pi}^{\pi} e^{j\omega(n-k)}d\omega\right\} \\ &= \sum_{k=-\infty}^{\infty} x[k]\delta[n-k] \\ &= x[n]\end{aligned} \tag{2.25}$$

となる．ここで，複素指数関数の以下の性質を利用している．

$$\frac{1}{2\pi}\int_{-\pi}^{\pi} e^{j\omega m}d\omega = \delta[m], \quad m：整数 \tag{2.26}$$

例題 2.3 次式あるいは図 2.4(a) で表される離散時間フーリエ変換 $X(e^{j\omega})$ を考える.

$$X(e^{j\omega}) = \begin{cases} 1, & |\omega| \leq \omega_c \\ 0, & \text{その他} \end{cases} \tag{2.27}$$

上式において, 周波数 ω_c より高い周波数（すなわち $|\omega| > \omega_c$）では $X(e^{j\omega}) = 0$ である. このような離散時間フーリエ変換の周波数帯域は ω_c に制限されているという. この離散時間フーリエ逆変換 $x[n]$ を求めよ. また, $\omega_c = \pi/4$ [rad] のときの $x[n]$ を図示せよ.

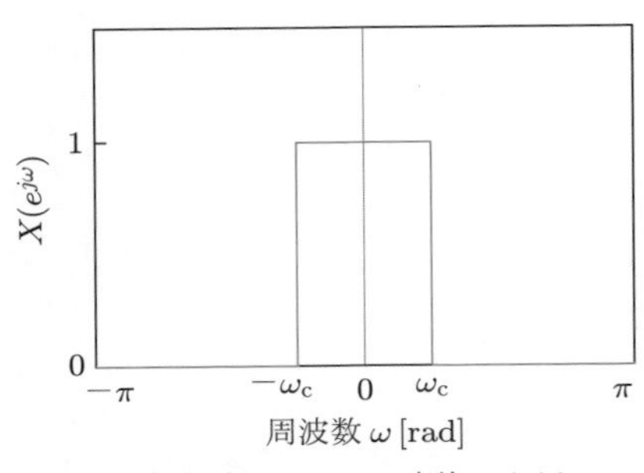

(a) 離散時間フーリエ変換 $X(e^{j\omega})$

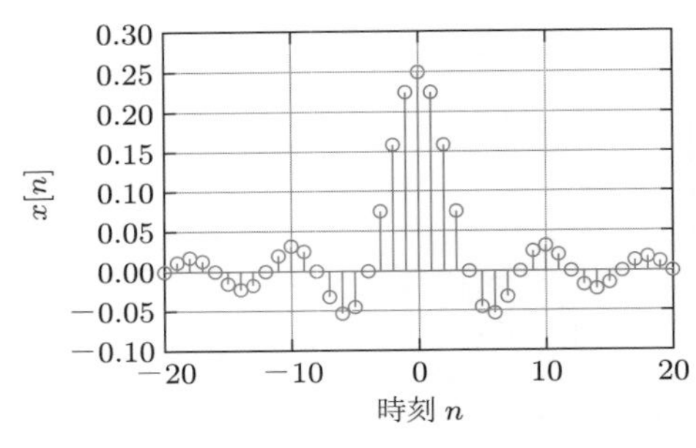

(b) 信号 $x[n]$

図 2.4 帯域制限された離散時間フーリエ変換と信号

解答 離散時間フーリエ逆変換 (2.24) から

$$x[n] = \frac{1}{2\pi}\int_{-\omega_c}^{\omega_c} 1 \cdot e^{j\omega n} d\omega \tag{2.28}$$

である. $n = 0$ のとき, $e^{j\omega n} = 1$ であるので

$$x[n] = \frac{\omega_c}{\pi} = \frac{1}{4} \tag{2.29}$$

で, $n \neq 0$ のとき

$$\begin{aligned} x[n] &= \frac{1}{2\pi}\left[\frac{e^{j\omega n}}{jn}\right]_{-\omega_c}^{\omega_c} \\ &= \frac{\omega_c}{\pi}\frac{\sin\omega_c n}{\omega_c n} \\ &= \frac{\omega_c}{\pi}\text{sinc}\,\frac{\omega_c n}{\pi} \end{aligned} \tag{2.30}$$

と求められる. ただし, $\text{sinc}\, t = (\sin\pi t)/(\pi t)$ とおいた†. 式 (2.30) で $\omega_c = \pi/4$ とすると

$$\begin{aligned} x[n] &= \frac{1}{4}\frac{\sin\{(\pi/4)n\}}{(\pi/4)n} \\ &= \frac{1}{4}\text{sinc}\,\frac{n}{4} \end{aligned} \tag{2.31}$$

が得られる. 図 2.4(b) に信号 $x[n]$ を示す. また, 実行例をプログラム 2.4 に示す.

† 関数 $\text{sinc}\, t = (\sin\pi t)/(\pi t)$ はカーディナルサイン関数とよばれる. 詳しくは第9章の演習問題 9.4 を参照されたい.

プログラム 2.4 帯域制限された離散時間フーリエ変換の信号（例題 2.3, 図 2.4(b)）

```
n = -20 : 20;                           % 信号の時間の範囲
wc = pi / 4;                            % 周波数の帯域幅
x = (wc / pi) * sinc(n * wc / pi);     % 信号の計算
stem(n, x);                             % 信号の図示
axis([-20, 20, -0.1, 0.3]); grid;
xlabel('Time n'); ylabel('x[n]');
```

2.2.3 離散時間フーリエ変換の性質

離散時間フーリエ変換の性質として重要なものを以下に挙げておく．証明は演習問題として残されている．以下では，信号 $x[n]$ などは一般には複素数であり，“$*$” は複素共役を表す．

（1）線形性 (linearity)：

$$a_1 x_1[n] + a_2 x_2[n] \longleftrightarrow a_1 X_1(e^{j\omega}) + a_2 X_2(e^{j\omega}) \tag{2.32}$$

（2）周期性 (periodicity)：

整数 m に対して

$$X(e^{j\omega}) = X(e^{j(\omega+2\pi m)}) \tag{2.33}$$

（3）共役性 (conjugation)：

$$x^*[n] \longleftrightarrow X^*(e^{-j\omega}) \tag{2.34}$$

（4）対称性 (symmetry)：

実数信号 $x[n]$ に対して（すなわち $x[n] = x^*[n]$ であるとき），$X(e^{j\omega})$ は**共役対称** (conjugate symmetric) である†1．すなわち，

$$X(e^{j\omega}) = X^*(e^{-j\omega}) \tag{2.35}$$

である．したがって，以下のように振幅特性は**偶対称** (even symmetric) であり，位相特性は**奇対称** (odd symmetric) である†2．

$$|X(e^{j\omega})| = |X(e^{-j\omega})| \tag{2.36}$$

$$\angle X(e^{j\omega}) = -\angle X(e^{-j\omega}) \tag{2.37}$$

（5）推移 (shift)：

整数 m に対して

$$x[n-m] \longleftrightarrow e^{-j\omega m} X(e^{j\omega}) \tag{2.38}$$

---

†1 複素関数 $f(x)$ は，$f(x) = f^*(-x)$ であるとき共役対称であるという．

†2 実関数 $g(x)$ は，$g(x) = g(-x)$ であるとき偶対称であるという．$g(x) = -g(-x)$ であるとき奇対称であるという．

(6) 変調 (modulation)：

実数 α に対して

$$e^{j\alpha n}x[n] \longleftrightarrow X(e^{j(\omega-\alpha)}) \tag{2.39}$$

(7) たたみこみ (convolution)：

$$y[n] = \sum_{k=-\infty}^{\infty} h[k]x[n-k] \longleftrightarrow Y(e^{j\omega}) = H(e^{j\omega})X(e^{j\omega}) \tag{2.40}$$

(8) 積 (product)：

$$y[n] = h[n]x[n] \longleftrightarrow Y(e^{j\omega}) = \frac{1}{2\pi}\int_{-\pi}^{\pi} H(e^{j\theta})X(e^{j(\omega-\theta)})d\theta \tag{2.41}$$

(9) 内積 (inner product)：

$$\sum_{n=-\infty}^{\infty} h[n]x^*[n] = \frac{1}{2\pi}\int_{-\pi}^{\pi} H(e^{j\omega})X^*(e^{j\omega})d\omega \tag{2.42}$$

(10) パーセバルの関係 (Parseval's relation)：

信号 $x[n]$ のエネルギーは次式で表される．

$$\sum_{n=-\infty}^{\infty} x[n]x^*[n] = \frac{1}{2\pi}\int_{-\pi}^{\pi} X(e^{j\omega})X^*(e^{j\omega})d\omega \tag{2.43}$$

2.3 標本化定理

2.3.1 連続時間信号の標本化

離散時間信号 $x[n]$ は，図 2.5 のような一定の**標本化周期** (sampling period) T [sec] で連続時間信号 $x_\mathrm{a}(t)$ を**標本化** (sampling) して得られることが多い．このとき標本化により得られる離散時間信号 $x[n]$ は，以下のように記述される．

$$x[n] = x_\mathrm{a}(nT) \tag{2.44}$$

こうして得られた離散時間信号 $x[n]$ は，$x_\mathrm{a}(t)$ の**標本** (sample) とよばれる．ここで，$F_\mathrm{s} = 1/T$ [Hz] は**標本化周波数** (sampling frequency) とよばれ，$\Omega_\mathrm{s} = 2\pi/T$ [rad/sec] は**標本化角周波数** (sampling angular frequency，あるいは単に標本化周波数）とよばれる．

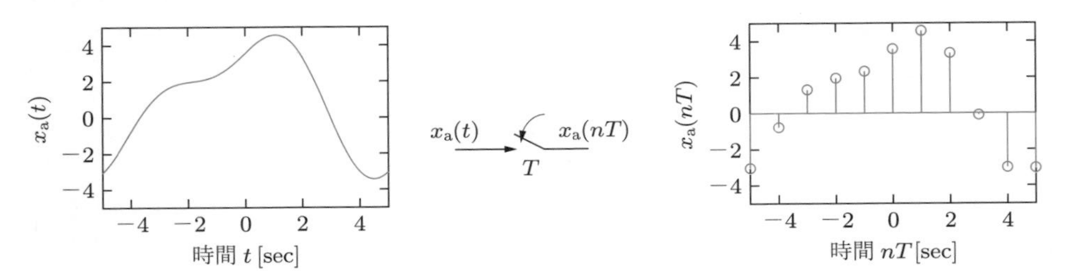

図 2.5　連続時間信号の標本化

与えられた連続時間信号のもつ情報を失うことなく標本化するための標本化周期（あるいは標本化周波数）の選び方を考えよう．まず，例として以下の関数によって表される連続時間信号 $x_{\mathrm{a}}(t)$ を考える．

$$x_{\mathrm{a}}(t) = 2\cos(\pi t) - 1.1\cos(3\pi t + 1) + 0.4\cos(6\pi t + 2) + 0.3\cos(7\pi t + 0.5) \quad (2.45)$$

図 2.6 に，連続時間信号 $x_{\mathrm{a}}(t)$ と標本化周期がそれぞれ $T = 0.125, 0.25, 0.5$ [sec] の場合の標本が与えられている．図 2.6 から直観的にわかるように，標本化周期 T が連続時間信号 $x_{\mathrm{a}}(t)$ の時間的変化に比べて十分小さければ（たとえば，図 2.6 の $T = 0.125$ の場合），標本 $x[n] = x_{\mathrm{a}}(nT)$ はもとの連続時間信号 $x_{\mathrm{a}}(t)$ の情報を十分に保存している．このとき，標本 $x[n]$ を知れば，もとの連続時間信号 $x_{\mathrm{a}}(t)$ をなんらかの方法で復元できると考えられる．逆に，標本化周期 T が $x_{\mathrm{a}}(t)$ の時間的変化に比べて大きい場合（たとえば，図 2.6 の $T = 0.25, 0.5$ の場合）には，標本 $x[n] = x_{\mathrm{a}}(nT)$ はもとの連続時間信号 $x_{\mathrm{a}}(t)$ の情報を十分に保存しているようには見えない．この場合，標本 $x[n]$ からもとの連続時間信号 $x_{\mathrm{a}}(t)$ を復元することはできないと考えられる．

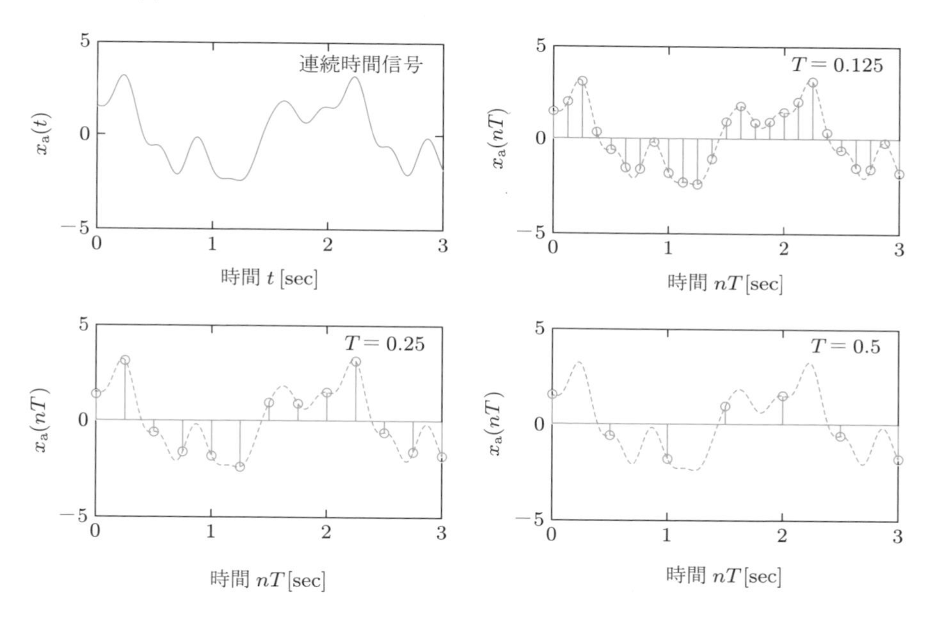

図 2.6 様々な標本化周期による連続時間信号の標本化

2.3.2 標本化定理

標本化に関する以上の直観的な考察を厳密に述べたものが**標本化定理** (sampling theorem) である†．標本化定理は，連続時間信号 $x_{\mathrm{a}}(t)$ とその標本である離散時間信号 $x[n]$ をフーリエ表現によって関係づけ，前述のような直観的考察が正しいことを示している．

† 数学，物理学，工学などの異なる分野の多くの研究者により標本化定理は独立に発見されてきた．このため，発見者名にちなんでナイキスト (Nyquist)，シャノン (Shannon)，コテルニコフ (Kotel'nikov)，ウィッタカー (Whittacker)，染谷 (Someya) らの名が標本化定理にしばしば冠される (F. Marvasti, Ed.: Nonuniformsampling – Theory and Practice –, Kluwer Academic/Plenum Publishers, New York, 2001).

定理 2.1（標本化定理）

連続時間信号 $x_a(t)$ のフーリエ変換を $X_a(j\Omega)$ とし，この信号に含まれる最高周波数を Ω_c [rad/sec] とする．すなわち，この信号は次のような帯域 Ω_c [rad/sec] に制限されているものとする．

$$X_a(j\Omega) = 0, \quad |\,\Omega\,| > \Omega_c \tag{2.46}$$

このとき，標本化周波数 $\Omega_s = 2\pi/T$ [rad/sec] が

$$\Omega_s > 2\Omega_c \tag{2.47}$$

を満たせば，標本 $x[n] = x_a(nT)$ から連続時間信号 $x_a(t)$ を完全に復元できる．ここで，$T = 2\pi/\Omega_s$ [sec] は標本化周期である．

連続時間信号に含まれる最高周波数 Ω_c を**ナイキスト周波数** (Nyquist frequency) といい，$2\Omega_c$ を**ナイキスト速度** (Nyquist rate) あるいは**ナイキスト率**という†．上の定理が示すことは，連続時間信号 $x_a(t)$ のナイキスト周波数 Ω_c に着目し，ナイキスト速度 $2\Omega_c$ より高い標本化周波数 Ω_s で標本化すれば，もとの連続時間信号の情報は失われないということである．このとき 2.3.3 項に示すように，理想低域アナログフィルタを用いて，標本からもとの連続時間信号を復元することができる．

例題 2.4 式 (2.45) で表される連続時間信号 $x_a(t)$（図 2.6 の信号 $x_a(t)$）のナイキスト周波数とナイキスト速度を求めよ．また，図 2.6 の $T = 0.125, 0.25, 0.5$ [sec] の標本化周期のうち，標本からもとの連続時間信号を復元可能な標本化周期はどれか．

解答 式 (2.45) の右辺の三角関数の最高周波数は 7π [rad/sec] であるから，この連続時間信号 $x_a(t)$ のナイキスト周波数は $\Omega_c = 7\pi$ [rad/sec] であり，ナイキスト速度は $2\Omega_c = 14\pi$ [rad/sec] である．標本化周期 $T = 0.125, 0.25, 0.5$ [sec] は，それぞれ標本化周波数 $2\pi/0.125 = 16\pi$，$2\pi/0.25 = 8\pi$，$2\pi/0.5 = 4\pi$ [rad/sec] に対応するので，ナイキスト速度 14π [rad/sec] より高い標本化周波数，すなわち $\Omega_s = 16\pi$ [rad/sec]（標本化周期では $T = 0.125$ [sec]）によって得られた標本からもとの連続時間信号が復元可能である．その他の標本化周波数のときには，標本からもとの連続時間信号は復元不可能である．

2.3.3 標本化定理の導出

(1) 連続時間信号と標本のフーリエ表現

標本化定理を導くために，連続時間信号 $x_a(t)$ と標本 $x[n]$ の関係をそれぞれのフーリエ表現を用いて表してみる．まず，連続時間信号 $x_a(t)$ と標本 $x[n]$ が，次のようなフーリエ表現をそれぞれもっているものとする．

---

† 標本化定理に関連する用語（ナイキスト周波数，ナイキスト速度，標本化周波数，折り返し周波数）の定義については，米国電気電子学会 (IEEE, アイ・トリプル・イー) の用語集に従った（文献 L. R. Rabiner, et al., IEEE Trans. on Audio and Electroacoustics, pp. 322–337, Vol. 20, Issue 5, Dec. 1972)．この用法は信号処理の分野では広く用いられている．他の分野では，ナイキスト周波数は，最高周波数の 2 倍あるいは標本化周波数の半分と定義され，ナイキスト速度は最高周波数の 2 倍と定義されることもあるので注意されたい．

$$\text{連続時間信号}\begin{cases} X_{\mathrm{a}}(j\Omega) = \displaystyle\int_{-\infty}^{\infty} x_{\mathrm{a}}(t) e^{-j\Omega t} dt \\ x_{\mathrm{a}}(t) = \dfrac{1}{2\pi} \displaystyle\int_{-\infty}^{\infty} X_{\mathrm{a}}(j\Omega) e^{j\Omega t} d\Omega \end{cases} \tag{2.48}$$

$$\text{標本（離散時間信号）}\begin{cases} X(e^{j\omega}) = \displaystyle\sum_{n=-\infty}^{\infty} x[n] e^{-j\omega n} \\ x[n] = \dfrac{1}{2\pi} \displaystyle\int_{-\pi}^{\pi} X(e^{j\omega}) e^{j\omega n} d\omega \end{cases} \tag{2.49}$$

このとき，標本である離散時間信号 $x[n]$ は，$x_{\mathrm{a}}(t)$ に対する式 (2.48) の表現を用いれば以下のように表せる．

$$\begin{aligned} x[n] &= x_{\mathrm{a}}(t)|_{t=nT} \\ &= \frac{1}{2\pi} \int_{-\infty}^{\infty} X_{\mathrm{a}}(j\Omega) e^{j\Omega nT} d\Omega \end{aligned} \tag{2.50}$$

ここで，T [sec] は標本化周期である．上式の積分を $2\pi/T$ の区間ごとの積分の和として表せば，次式を得る．

$$x[n] = \frac{1}{2\pi} \sum_{p=-\infty}^{\infty} \int_{-\pi/T}^{\pi/T} X_{\mathrm{a}}\left(j\Omega + j\frac{2\pi p}{T}\right) e^{j\Omega nT} d\Omega \tag{2.51}$$

ここで，$\Omega = \omega/T$ という変数変換を行えば，次式を得る．

$$x[n] = \frac{1}{2\pi} \int_{-\pi}^{\pi} \frac{1}{T} \sum_{p=-\infty}^{\infty} X_{\mathrm{a}}\left(j\frac{\omega}{T} + j\frac{2\pi p}{T}\right) e^{j\omega n} d\omega \tag{2.52}$$

式 (2.49) と上式の比較から

$$X(e^{j\omega}) = \frac{1}{T} \sum_{p=-\infty}^{\infty} X_{\mathrm{a}}\left(j\frac{\omega}{T} + j\frac{2\pi p}{T}\right) \tag{2.53}$$

または，上式に $\omega = \Omega T$ の関係を用いて以下の表現を得る．

$$X(e^{j\Omega T}) = \frac{1}{T} \sum_{p=-\infty}^{\infty} X_{\mathrm{a}}\left(j\Omega + j\frac{2\pi p}{T}\right) \tag{2.54}$$

式 (2.53) または式 (2.54) は，連続時間信号 $x_{\mathrm{a}}(t)$ と，この標本 $x[n]$ の間のフーリエ表現の関係を表したものである．式 (2.53) から次のことがわかる．標本 $x[n]$ の離散時間フーリエ変換 $X(e^{j\omega})$ はもとの連続時間信号 $x_{\mathrm{a}}(t)$ のフーリエ変換 $X_{\mathrm{a}}(j\omega/T)$ によって決定され，$X_{\mathrm{a}}(j\omega/T)/T$ を標本化周波数 $2\pi/T(=\Omega_{\mathrm{s}})$ [rad/sec] の整数倍でシフトしたスペクトル $X_{\mathrm{a}}(j\omega/T + j2\pi p/T)/T$ の無限和となっている†．

---

† 式 (2.53) または式 (2.54) からわかるように，標本として得られた離散時間信号 $x[n]$ の離散時間フーリエ変換 $X(e^{j\omega})$ の周波数 ω の区間 $[-\pi, \pi]$ は，もとの連続時間信号 $x_{\mathrm{a}}(t)$ のフーリエ変換 $X_{\mathrm{a}}(j\Omega)$ の周波数 Ω の区間 $[-\pi/T, \pi/T]$ に（あるいは等価であるが，$[-\Omega_{\mathrm{s}}/2, \Omega_{\mathrm{s}}/2]$ に）対応する．

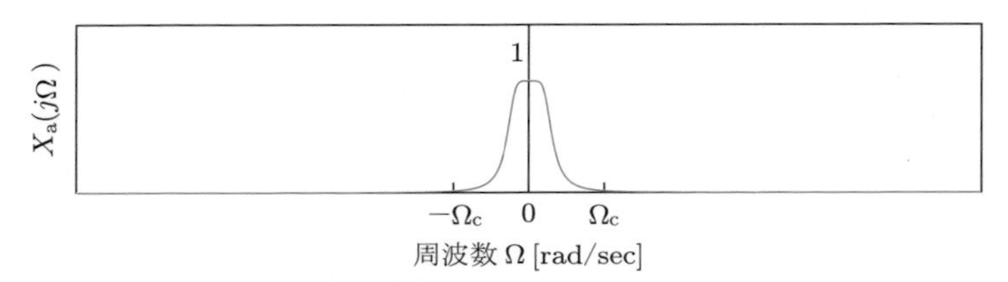

(a) 連続時間信号 $x_a(t)$ のフーリエ変換

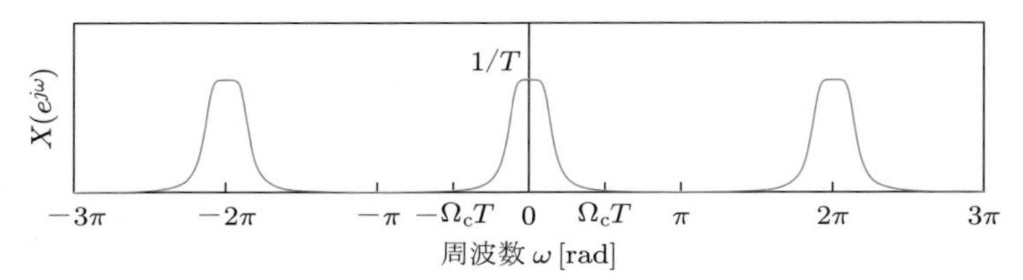

(b) 標本 $x[n] = x_a(nT)$ の離散時間フーリエ変換(標本化周期 T が小さい場合, $\Omega_c T < \pi$)

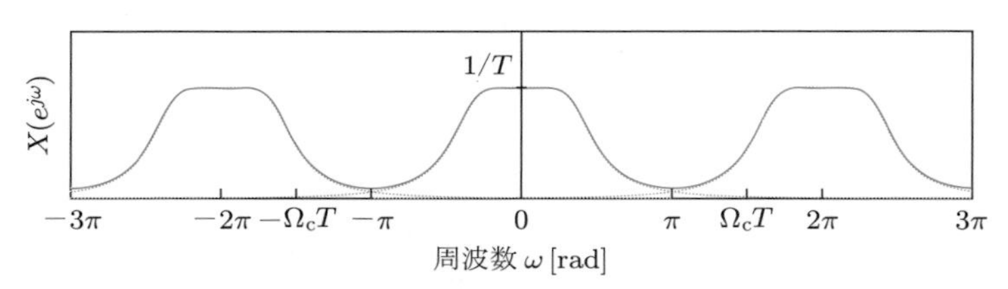

(c) 標本 $x[n] = x_a(nT)$ の離散時間フーリエ変換(標本化周期 T が大きい場合, $\Omega_c T > \pi$)

図 2.7 連続時間信号と標本のフーリエ変換

いま，連続時間信号とその標本が同じ情報をもつための条件を考えるために，$X_a(j\Omega)$ が図 2.7(a) のような領域に帯域制限されているものとする．すなわち，$X_a(j\Omega)$ のナイキスト周波数 Ω_c に対して次式が成立しているものとする．

$$X_a(j\Omega) = 0, \quad |\,\Omega\,| > \Omega_c \tag{2.55}$$

このとき $X(e^{j\omega})$ は，式 (2.53) に従って $X_a(j\Omega)$ の複製から図 2.7(b) または (c) のように構成され，ナイキスト周波数 Ω_c は，ω 軸上では $\Omega_c T$ に対応することに注意してほしい．したがって，もし標本化周期 T が

$$\Omega_c T < \pi \tag{2.56}$$

を満たせば，図 2.7(b) のように $X_a(j\Omega)$ の複製は $X(e^{j\omega})$ 上において重ならない．したがって，標本化周期 T が式 (2.56) を満たすならば，周波数 ω の領域 $[-\pi, \pi]$ において $X(e^{j\omega})$ は $X_a(j\omega/T)/T$ に等しくなる．このとき，$X_a(j\Omega)$ の情報は何ら失われることなく $X(e^{j\omega})$ のなかに保存される．式 (2.56) が成り立つとき，標本化周波数 $\Omega_s = 2\pi/T$ は次式を満たす．

$$\Omega_s > 2\Omega_c \tag{2.57}$$

すなわち，連続時間信号の情報を失うことのない標本化周波数は，連続時間信号のもっているナイキスト周波数 Ω_c の 2 倍，すなわちナイキスト速度 $2\Omega_c$ より高い周波数である．

一方，標本化周期 T が大きく，式 (2.56) を満たさなければ，図 2.7(c) のように $X_{\mathrm{a}}(j\Omega)$ の複製が重なることがわかる．この場合には，$X_{\mathrm{a}}(j\Omega)$ の高い周波数成分が折り返すようにして $X(e^{j\omega})$ の低い周波数領域に入り込んでくる．$X_{\mathrm{a}}(j\Omega)$ の高い周波数成分が実効的に低い周波数成分に等しくなるこのような現象を**エイリアシング**（**異名現象**，aliasing）という．

ディジタル信号処理システムにおいて連続時間信号の標本を扱う場合には，エイリアシングを避けることが必要となる．このため，図 1.6 のように連続時間信号をアナログプリフィルタに通した後に標本化を行う．アナログプリフィルタは帯域が $\Omega_{\mathrm{s}}/2$ 以下の低域フィルタである．これによって連続時間信号の $\Omega_{\mathrm{s}}/2$ 以上の周波数成分を取り除き，標本化によるエイリアシングが発生しないようにする．$\Omega_{\mathrm{s}}/2$ を**折り返し周波数** (folding frequency) という．

(2) 標本からの連続時間信号の復元

いま，標本化周波数 Ω_{s} がナイキスト速度 $2\Omega_{\mathrm{c}}$ より高い（すなわち，T に対して式 (2.57) の条件が満たされている）ものとし，標本 $x[n]$ からもとの連続時間信号 $x_{\mathrm{a}}(t)$ を復元することを考えよう．まず，標本化周波数 Ω_{s} がナイキスト速度より高ければ，$X_{\mathrm{a}}(j\Omega)$ は $X(e^{j\Omega T})$ の $-\pi/T \le \Omega \le \pi/T$ の範囲に完全に保存されているから，

$$G(j\Omega) = \begin{cases} T, & |\Omega| \le \pi/T \\ 0, & |\Omega| > \pi/T \end{cases} \tag{2.58}$$

とおけば，次式が成立する．

$$X_{\mathrm{a}}(j\Omega) = G(j\Omega)X(e^{j\Omega T}) \tag{2.59}$$

ここで，$G(j\Omega)$ は $|\Omega| \le \pi/T$ の周波数の範囲で振幅 T をもち，$|\Omega| > \pi/T$ の範囲で振幅 0 をもつ理想低域アナログフィルタの周波数応答である．したがって，式 (2.59) は標本 $x[n] = x_{\mathrm{a}}(nT)$ を帯域 π/T の理想低域通過アナログフィルタに通すことで，もとの連続時間信号が復元できることを周波数領域において示している．以上の議論をまとめれば，定理 2.1 の標本化定理が得られる†．

2.4 正規化周波数

ここでは，連続時間信号の周波数（あるいは角周波数）と，それを標本化して得られる離散時間信号の周波数（あるいは角周波数）の関係をまとめて述べておく．

角周波数 Ω [rad/sec] の連続時間の複素指数関数は

$$x_{\mathrm{a}}(t) = e^{j\Omega t} \tag{2.60}$$

† ただし，式 (2.58) のような理想低域アナログフィルタは非因果的（5.4 節参照）となるため，実際には実現できない．このため，理想低域アナログフィルタに近い特性のアナログフィルタを用いて，標本から連続時間信号を近似的に復元することになる．

と表される．ここで $F = \Omega/2\pi$ [Hz] はこの信号の周波数である．いま，標本化周期を T [sec] とすると，標本化周波数 F_{s} と標本化角周波数 Ω_{s} はそれぞれ次の関係にある．

$$F_{\mathrm{s}} = \frac{1}{T}\,[\mathrm{Hz}] \tag{2.61}$$

$$\Omega_{\mathrm{s}} = 2\pi F_{\mathrm{s}} = \frac{2\pi}{T}\,[\mathrm{rad/sec}] \tag{2.62}$$

式 (2.60) において $t = nT$ を代入することで，標本化周期 T で標本化された角周波数 Ω の連続時間の複素指数関数において

$$\begin{aligned} x_{\mathrm{a}}(nT) &= e^{j\Omega Tn} \\ &= e^{j2\pi FTn} \end{aligned} \tag{2.63}$$

となる．

式 (2.63) の離散時間信号を簡略化して表すために以下の表現を用いる．

$$\begin{aligned} x[n] &= e^{j\omega n} \\ &= e^{j2\pi fn} \end{aligned} \tag{2.64}$$

ここで，$\omega = 2\pi f$ であり，ω は離散時間の複素指数関数の角周波数であり，f は周波数である．式 (2.64) と式 (2.63) の比較から以下の関係を得る．

$$\omega = \Omega T = \frac{\Omega}{F_{\mathrm{s}}}\,[\mathrm{rad}] \tag{2.65}$$

$$f = FT = \frac{F}{F_{\mathrm{s}}} \tag{2.66}$$

すなわち，ω と f は Ω と F をそれぞれ標本化周波数 F_{s} で割って得られた角周波数と周波数である．この意味で ω を**正規化角周波数** (normalized angular frequency) といい，f を**正規化周波数** (normalized frequency) という．一方，Ω と F はそれぞれ非正規化角周波数および非正規化周波数である．

式 (2.65) および式 (2.66) において，$F_{\mathrm{s}} = 1$ あるいはこれと等価であるが $T = 1$ とおくと，$\omega = \Omega$ および $f = F$ となる．すなわち，正規化角周波数 ω および正規化周波数 f は標本化周波数 F_{s} を 1 とみなしたとき（標本化周期 T を 1 とみなしたとき）の非正規化角周波数の値である．

本書では，離散時間フーリエ変換やディジタルフィルタの周波数応答を表すときに，正規化角周波数 ω を用いることにする．これによって，実際の標本化周期や標本化（角）周波数に依存せずに周波数を記述することができ，記述が単純化されるからである．また，以後の記述では，混乱が起こらない限り，周波数という言葉で角周波数を表すものとする．

2.1.2 項で説明したように，複素指数関数 $e^{j\omega n}$ は ω に関して 2π [rad] で周期的であるため

$$0 \le \omega < 2\pi \quad \text{あるいは} \quad -\pi \le \omega < \pi \tag{2.67}$$

が周波数 ω の基本区間である．式 (2.65) と式 (2.66) から，非正規化周波数に対しては，この基本区間は以下のようになることに注意されたい．

$$0 \le \Omega < \frac{2\pi}{T} \quad \text{あるいは} \quad -\frac{\pi}{T} \le \Omega < \frac{\pi}{T} \tag{2.68}$$

$$0 \le F < \frac{1}{T} \quad \text{あるいは} \quad -\frac{1}{2T} \le F < \frac{1}{2T} \tag{2.69}$$

表 2.1 に正規化および非正規化周波数に関する以上の議論をまとめておく．

表 2.1 正規化および非正規化周波数の対応関係

周波数	関係式	基本区間
正規化角周波数 ω [rad]	$\omega = 2\pi f$ $= \Omega T = \Omega/F_s$	$-\pi \le \omega < \pi$，あるいは $0 \le \omega < 2\pi$
正規化周波数 f	$f = \omega/2\pi$ $= FT = F/F_s$	$-1/2 \le f < 1/2$，あるいは $0 \le f < 1$
非正規化角周波数 Ω [rad/sec]	$\Omega = 2\pi F$ $= \omega/T = \omega F_s$	$-\pi/T \le \Omega < \pi/T$，あるいは $0 \le \Omega < 2\pi/T$
非正規化周波数 F [Hz]	$F = \Omega/2\pi$ $= f/T = fF_s$	$-1/2T \le F < 1/2T$，あるいは $0 \le F < 1/T$

標本化周期 T [sec]，標本化周波数 $F_s = 1/T$ [Hz]

例題 2.5 標本化周波数が $F_s = 8$ [kHz] のディジタル信号処理システムにおいて，以下の問いに答えよ．
(1) 標本化周期 T を求めよ．
(2) 標本化角周波数 Ω_s を求めよ．
(3) 非正規化周波数 $F = 2$ [kHz] に対応する正規化角周波数 ω を求めよ．

解答 (1) 式 (2.61) から $T = 1/F_s = 1/(8 \times 10^3) = 0.125$ [msec] となる．
(2) 式 (2.62) から $\Omega_s = 2\pi F_s = 2\pi \times 8 \times 10^3 = 16\pi \times 10^3$ [rad/sec] となる．
(3) 非正規化角周波数は表 2.1 から $\Omega = 2\pi F = 4\pi \times 10^3$ [rad/sec] であるから，式 (2.65) から正規化角周波数は $\omega = \Omega T = 4\pi \times 10^3 \times 0.125 \times 10^{-3} = 0.5\pi$ [rad] となる．

演習問題

2.1 次の離散時間信号を求め，図示せよ．

(1) $x[n] = \sum_{k=0}^{N-1} \delta[n-k]$ （たとえば，$N = 5$）

(2) $x[n] = u_0[n] - u_0[n-N]$ （たとえば，$N = 5$）

(3) $x[n] = r[n] - r[n-N]$ （たとえば，$N = 5$）

(4) $x[n] = r[n] - 2r[n-N] + r[n-2N]$ （たとえば，$N = 5$）

(5) $x[n] = \alpha^n \cdot u_0[n]$ （たとえば，$\alpha = -2, -1, -0.5, 0.5, 1, 2$）

(6) $x[n] = r^n e^{j\theta n} \cdot u_0[n]$，$x_r[n] = r^n \cos\theta n \cdot u_0[n]$，$x_i[n] = r^n \sin\theta n \cdot u_0[n]$ （たとえば，$(r, \theta) = (0.8, \pi/8)$，$(r, \theta) = (1.2, \pi/8)$）

(7) $x[n] = \begin{cases} {}_N C_n = \dfrac{N!}{n!(N-n)!}, & 0 \leq n \leq N \\ 0, & \text{その他} \end{cases}$ （たとえば，$N = 1, 2, 3, 4$）

2.2 問題 2.1 のそれぞれの離散時間信号に対して，離散時間フーリエ変換が定義できる場合には，その変換を求め，振幅スペクトルを図示せよ．

2.3 2.2.2 項において離散時間フーリエ逆変換の証明のために用いられた次の関係を証明せよ．

$$\frac{1}{2\pi}\int_{-\pi}^{\pi} e^{j\omega m} d\omega = \delta[m], \quad m：\text{整数}$$

2.4 次の離散時間フーリエ逆変換をもつ信号 $x[n]$ を求め，図示せよ．ただし，$-\pi \leq \omega < \pi$ とし，信号は因果的である（すなわち $x[n] = 0$，$n < 0$，5.4 節参照）であるとせよ．

(1) $X(e^{j\omega}) = 1 + \cos\omega$

(2) $X(e^{j\omega}) = (1 + \cos\omega)^2$

(3) $X(e^{j\omega}) = e^{-j\omega/2}\cos\dfrac{\omega}{2}$

(4) $X(e^{j\omega}) = e^{j(\pi-\omega)/2}\sin\dfrac{\omega}{2}$

(5) $X(e^{j\omega}) = \dfrac{1}{1 - \alpha e^{-j\omega}}$，$|\alpha| < 1$ （たとえば，$\alpha = -0.5, 0.5$）

(6) $X(e^{j\omega}) = \dfrac{1}{1 - 2r\cos\theta e^{-j\omega} + r^2 e^{-j2\omega}}$，$|r| < 1$
（たとえば，$(r, \theta) = (0.8, \pi/8)$，$(r, \theta) = (0.8, 7\pi/8)$）

2.5 2.2.3 項で与えられている離散時間フーリエ変換に関する性質を証明せよ．

2.6 身近にある電子機器においてディジタル信号処理が利用されているとき，その標本化周波数を調べよ．また，その標本化周波数が採用されている技術的理由を考察せよ．

2.7 画像や映像のディジタル信号処理において，どのような標本化の条件が必要になるかを考察せよ．また，この標本化が適切ではないときに，どのような現象が画像や映像に現れるかを説明せよ．

2.8 標本化周波数が $F_s = 44.1$ [kHz] のディジタル信号処理システム（たとえば CD のようなディジタルオーディオ）において，以下の問いに答えよ．

(1) 標本化周期 T を求めよ．

(2) 標本化角周波数 Ω_s を求めよ．

(3) 非正規化周波数 $F = 441$ [Hz] に対応する正規化角周波数 ω を求めよ．

3 離散フーリエ変換

フーリエ解析は，関数の解析や微分方程式の解法のための重要な数学的手法としてよく知られている．その利用分野は数学や物理学にとどまらず，工学的な領域では信号処理，通信，システム制御，回路網理論など枚挙にいとまがない．本章ではフーリエ解析の一つの形式である離散フーリエ変換について学ぶ．

離散フーリエ変換は，有限長の離散時間信号から有限長の数列としての変換を求める計算法であり，順変換も逆変換も乗算と加算によって実行される．このため，フーリエ積分と離散時間フーリエ変換とは異なり，コンピュータプログラムやディジタルハードウェアなどのディジタル信号処理システムで実行可能なものとなっている．本章では，まず離散フーリエ変換の形式的な定義を与え，その計算例と性質を与える．また，離散フーリエ変換による信号のスペクトル解析について述べ，その際に必要になる窓関数について説明する．

3.1 離散フーリエ変換の導入

3.1.1 離散時間フーリエ変換の計算上の問題点

2.2 節で取り上げた離散時間フーリエ変換と逆変換をディジタル信号処理システムで実行しようとするとき，以下のような問題点が現れる．

(1) 変換の対象となる信号 $x[n]$ が無限長となっている．有限長のメモリしかもたない実際のディジタル信号処理システムでは，無限長の信号を取り扱うことはできない．

(2) 周波数 ω が連続値となっている．実際のディジタル信号処理システムでは連続値を取り扱うことはできない．

(3) 逆変換には積分が必要となる．ディジタル信号処理システムでは厳密な積分は実行できない．

そこで，上のような三つの問題点のないフーリエ変換として，本章では離散フーリエ変換を取り上げる．離散フーリエ変換は有限長の信号 $x[n]$ に対して有限長の数列 $X[k]$ を作り出す演算であり，その順変換と逆変換は，双方とも乗算と加算によって実行される．

3.1.2 順変換と逆変換

(1) 順変換

離散フーリエ変換を導出するために，N 点の信号 $x[0], x[1], x[2], \cdots, x[N-1]$ の離散時間フーリエ変換 $X(e^{j\omega})$，すなわち

$$X(e^{j\omega}) = \sum_{n=0}^{N-1} x[n]e^{-j\omega n}, \quad -\pi \le \omega < \pi \quad (\text{あるいは } 0 \le \omega < 2\pi) \tag{3.1}$$

を考える．ここで，周波数 ω の基本区間は $-\pi \le \omega < \pi$ あるいは $0 \le \omega < 2\pi$ であることを考え，2π を N 等分した間隔の周波数 $\omega_k = 2\pi k/N$，$k = 0, 1, 2, \cdots, N-1$ において変換 $X(e^{j\omega})$ を計算するものとすると，上式から次式を得る．

$$X(e^{j2\pi k/N}) = \sum_{n=0}^{N-1} x[n] \exp\left(-j\frac{2\pi}{N}kn\right), \quad k = 0, 1, 2, \cdots, N-1 \tag{3.2}$$

上式は離散時間フーリエ変換 (3.1) において周波数の刻み幅を $2\pi/N$ としたことに相当する．記述の簡略化のために以下のような記法を用いる．

$$X[k] = X(e^{j2\pi k/N}), \quad k = 0, 1, 2, \cdots, N-1 \tag{3.3}$$

$$W_N = \exp\left(-j\frac{2\pi}{N}\right) \tag{3.4}$$

これらを用いると，式 (3.2) から次式が得られる．

$$X[k] = \sum_{n=0}^{N-1} x[n]W_N^{kn}, \quad k = 0, 1, 2, \cdots, N-1 \tag{3.5}$$

上式で示されるような信号 $x[n]$ から $X[k]$ を求める演算は N 点**離散フーリエ変換** (discrete Fourier transform：DFT) とよばれる．また，$X[k]$ 自身を信号 $x[n]$ の離散フーリエ変換ともいう．$|X[k]|$ は信号 $x[n]$ の**振幅スペクトル** (magnitude spectrum) とよばれ，$\angle X[k]$ は**位相スペクトル** (phase spectrum) とよばれる．

以上の説明では，離散時間フーリエ変換の計算を離散的な周波数上でのみ行うことで DFT を導出している．このため，N 点信号 $x[n]$ に対する DFT $X[k]$ の物理的な意味は離散時間フーリエ変換と同じものとなる．すなわち，N 点信号 $x[n]$ は様々な周波数 ($\omega_k = 2\pi k/N$，$k = 0, 1, 2, \cdots, N-1$) の複素指数関数 W_N^{-kn} の重ね合わせによって構成される．このとき，信号 $x[n]$ には周波数 ω_k の複素指数関数 $X[k]W_N^{-kn}$ が入っていることを DFT $X[k]$ は意味している．

例題 3.1 信号の長さが $N = 1, 2, 3, 4$ のとき，信号 $x[n]$，$n = 0, 1, 2, \cdots, N-1$ の DFT を求めよ．

解答 $N = 1$ のとき：$W_1 = \exp(-j2\pi)$ として

$$\begin{aligned} X[k] &= \sum_{n=0}^{0} x[n]W_1^{kn} \\ &= x[0]W_1^{k\cdot 0}, \quad k = 0 \end{aligned} \tag{3.6}$$

よって，次のようになる．

$$X[0] = x[0] \tag{3.7}$$

$N = 2$ のとき：$W_2 = \exp(-j\pi)$ として

$$
\begin{aligned}
X[k] &= \sum_{n=0}^{1} x[n]W_2^{kn} \\
&= x[0]W_2^{k\cdot 0} + x[1]W_2^{k\cdot 1}, \quad k = 0, 1
\end{aligned} \tag{3.8}
$$

よって，次のようになる．

$$X[0] = x[0] + x[1] \tag{3.9}$$

$$X[1] = x[0] - x[1] \tag{3.10}$$

$N = 3$ のとき：$W_3 = \exp(-j2\pi/3)$ として

$$
\begin{aligned}
X[k] &= \sum_{n=0}^{2} x[n]W_3^{kn} \\
&= x[0]W_3^{k\cdot 0} + x[1]W_3^{k\cdot 1} + x[2]W_3^{k\cdot 2}, \quad k = 0, 1, 2
\end{aligned} \tag{3.11}
$$

よって，次のようになる．

$$X[0] = x[0] + x[1] + x[2] \tag{3.12}$$

$$X[1] = x[0] + \left(\frac{-1 - j\sqrt{3}}{2}\right)x[1] + \left(\frac{-1 + j\sqrt{3}}{2}\right)x[2] \tag{3.13}$$

$$X[2] = x[0] + \left(\frac{-1 + j\sqrt{3}}{2}\right)x[1] + \left(\frac{-1 - j\sqrt{3}}{2}\right)x[2] \tag{3.14}$$

$N = 4$ のとき：$W_4 = \exp(-j\pi/2)$ として

$$
\begin{aligned}
X[k] &= \sum_{n=0}^{3} x[n]W_4^{kn} \\
&= x[0]W_4^{k\cdot 0} + x[1]W_4^{k\cdot 1} + x[2]W_4^{k\cdot 2} + x[3]W_4^{k\cdot 3}, \quad k = 0, 1, 2, 3
\end{aligned} \tag{3.15}
$$

よって，次のようになる．

$$X[0] = x[0] + x[1] + x[2] + x[3] \tag{3.16}$$

$$X[1] = x[0] - jx[1] - x[2] + jx[3] \tag{3.17}$$

$$X[2] = x[0] - x[1] + x[2] - x[3] \tag{3.18}$$

$$X[3] = x[0] + jx[1] - x[2] - jx[3] \tag{3.19}$$

(2) 逆変換

N 点の DFT すなわち $X[k]$，$k = 0, 1, 2, \cdots, N-1$ から信号 $x[n]$ を求める変換は**離散フーリエ逆変換** (inverse discrete Fourier transform：IDFT) とよばれ，次式で与えられる．

$$x[n] = \frac{1}{N}\sum_{k=0}^{N-1} X[k]W_N^{-kn}, \quad n = 0, 1, 2, \cdots, N-1 \tag{3.20}$$

また，$x[n]$ 自身を $X[k]$ の離散フーリエ逆変換ともいう．

IDFT を実行するために，次のようにして順変換 (3.5) を使うことができる．まず，逆

変換 (3.20) は以下のように変形できることに着目する．

$$x[n] = \left\{ \left(\frac{1}{N} \sum_{k=0}^{N-1} X[k] W_N^{-kn} \right)^* \right\}^*$$
$$= \frac{1}{N} \left(\sum_{k=0}^{N-1} X^*[k] W_N^{kn} \right)^* \tag{3.21}$$

ここで，X^*，$(\cdot)^*$，$\{\cdot\}^*$ における記号 "$*$" は，それぞれの複素共役を表す[†1]．上式は $X[k]$ の複素共役 $X^*[k]$ の DFT を求め，その複素共役をとり，これを N で割ることで逆変換が実行できることを示している．複素共役を求める計算は複素数の虚数部の符号反転だけを必要とし，特別な計算を必要としない．したがって，DFT と IDFT の計算のために共通のソフトウェアやハードウェアが利用できる．

(3) インデックス k と周波数の対応

以上の N 点 DFT の導出から，周波数を表す整数のインデックス k は正規化周波数 $\omega_k = 2\pi k/N\,[\mathrm{rad}]$ に対応していることになる．よって，DFT の正規化周波数の間隔は $\Delta\omega = 2\pi/N\,[\mathrm{rad}]$ である．また，正規化周波数 ω として正負の周波数を考えたい場合には，インデックス k の前半 $0, \cdots, \lceil N/2 \rceil - 1$ は正の周波数 $\omega_k = 2\pi k/N$ に対応し，インデックス k の後半 $\lceil N/2 \rceil, \cdots, N-1$ は負の周波数 $\omega_k = -2\pi + 2\pi k/N$ に対応することになる[†2]．これは複素指数関数 $\exp(j\omega n)$ が正規化周波数 ω に関して周期 2π で周期的であること，すなわち $\exp(j\omega n) = \exp\{j(\omega + 2\pi)n\}$ であることによる．

DFT を利用する場合には，以上のようにインデックス k の大きさが直接には周波数の高低に対応しないことに留意する必要がある．このため，インデックス k の後半を負の側にシフトして DFT を表示し，DFT のインデックス k と物理的な周波数の対応が明確になるように表示することがある．

信号 $x[n]$ が連続時間信号 $x(t)$ の周期 T の標本である場合には，N 点 DFT のインデックス k は非正規化周波数 $\Omega_k = 2\pi k/NT\,[\mathrm{rad/sec}]$ に対応し，非正規化周波数の間隔は $\Delta\Omega = 2\pi/NT\,[\mathrm{rad/sec}]$ である．

3.1.3 回転因子

DFT と IDFT において用いられる $W_N^{kn} = \exp(-j2\pi kn/N)$ は複素平面上の単位円の円周上を $2\pi/N$ ごとに動く点を表し，**回転因子** (twiddle factor) とよばれる．図 3.1 は，一例として $N = 8$ の場合の回転因子の値を示す．

以下のように，回転因子 W_N^p はべき指数 p に関して周期 N で周期的であることに注意する必要がある．

$$W_N^p = W_N^{p+mN}, \quad \text{整数 } p \text{ と } m \text{ に対して} \tag{3.22}$$

†1 本書では記号 "$*$" が複素共役としてのみならず，5.2 節以降，たたみこみ演算子として使われることに注意してほしい．

†2 $\lceil \cdot \rceil$ は ceil 関数（または天井関数）とよばれ，$\lceil x \rceil$ は x 以上の整数の中の最小の値を表す．

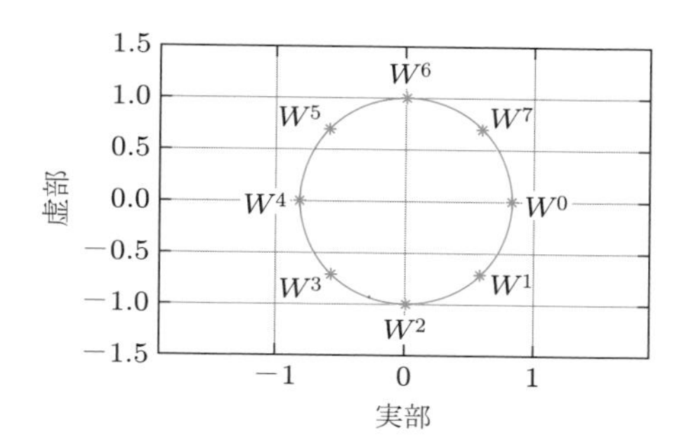

図 3.1 回転因子 W_N^{kn}（$N=8$ の場合）

したがって，$p=0,1,2,\cdots,N-1$ の範囲の N 個の回転因子 W_N^p が独立な値である．ハードウェアやソフトウェアによって DFT を計算するとき，記憶容量や計算量を削減するために，この周期性を利用できる．

この回転因子は

$$W_N^p = \exp\left(-j\frac{2\pi p}{N}\right) = \cos\frac{2\pi p}{N} - j\sin\frac{2\pi p}{N} \tag{3.23}$$

となるので，三角関数 cos と sin を用いて計算できる．一方，以下のような繰り返しの計算を用いることで，三角関数を何度も計算する必要がなくなる．

$$W_N^p = W_N \cdot W_N^{p-1}, \quad p=1,2,\cdots,N-1 \tag{3.24}$$

ここで，初期値は

$$W_N^0 = 1 \tag{3.25}$$

であり，次の係数 W_N については何らかの方法であらかじめ求めておくものとする．

$$W_N = \exp\left(-j\frac{2\pi}{N}\right) = \cos\frac{2\pi}{N} - j\sin\frac{2\pi}{N} \tag{3.26}$$

ただし，この繰り返し計算では数値計算上の誤差が蓄積することに注意する必要がある．

例題 3.2 次の $N=8$ 点の信号 $x[n]$ に対して，以下の問いに答えよ．

$$x[n] = [\underline{1},1,1,1,0,0,0,0] \tag{3.27}$$

(1) $x[n]$ の離散時間フーリエ変換 $X(e^{j\omega})$ を求め，その振幅スペクトルを図示せよ．

(2) $x[n]$ の DFT $X[k]$ を求め，その振幅スペクトルを図示せよ．

(3) DFT $X[k]$ において，インデックス k に対応する周波数 ω_k を求めよ．また，周波数の間隔 $\Delta\omega$ を求めよ．

(4) $x[n]$ は標本化周波数 $F_s = 8\,[\mathrm{kHz}]$ で連続時間信号を標本化して得られたものであるとき，インデックス k に対応する非正規化周波数 $F_k\,[\mathrm{Hz}]$ を求めよ．また，非正規化周波数の間隔 $\Delta F\,[\mathrm{Hz}]$ を求めよ．

解答 (1) 離散時間フーリエ変換の定義式 (2.15) より

$$X(e^{j\omega}) = \sum_{n=0}^{3} e^{-j\omega n}, \quad -\pi \le \omega < \pi \tag{3.28}$$

である．$\omega = 0$ のとき，$e^{-j\omega} = 1$ であるから

$$X(e^{j0}) = 4 \tag{3.29}$$

となる．$\omega \neq 0$ のとき，$e^{-j\omega} \neq 1$ であり，等比数列の和の公式を用いると，次式となる．

$$\begin{aligned} X(e^{j\omega}) &= \frac{1 - e^{-j4\omega}}{1 - e^{-j\omega}} \\ &= \frac{(e^{j2\omega} - e^{-j2\omega}/2j)}{(e^{j\omega/2} - e^{-j\omega/2}/2j)} \cdot \frac{e^{-j2\omega}}{e^{-j\omega/2}} \\ &= \frac{\sin 2\omega}{\sin(\omega/2)} \cdot e^{-j3\omega/2} \end{aligned} \tag{3.30}$$

図 3.2(a) と (b) に，信号 $x[n]$ とその離散時間フーリエ変換の振幅スペクトル $|X(e^{j\omega})|$ を示す．

(2) DFT の定義式 (3.5) より次式が得られる．

$$X[k] = \sum_{n=0}^{3} W_8^{kn}, \quad k = 0, 1, 2, \cdots, 7 \tag{3.31}$$

$k = 0$ のとき，$W_8^k = 1$ であるから

$$X[0] = 4 \tag{3.32}$$

$k = 1, 2, \cdots, 7$ のとき，$W_8^k \neq 1$ であるから，等比数列の和の公式を用いると

$$\begin{aligned} X[k] &= \sum_{n=0}^{3} W_8^{kn} = \frac{1 - W_8^{4k}}{1 - W_8^k} \\ &= \frac{\sin(\pi k/2)}{\sin(\pi k/8)} \cdot e^{-j3\pi k/8} \end{aligned} \tag{3.33}$$

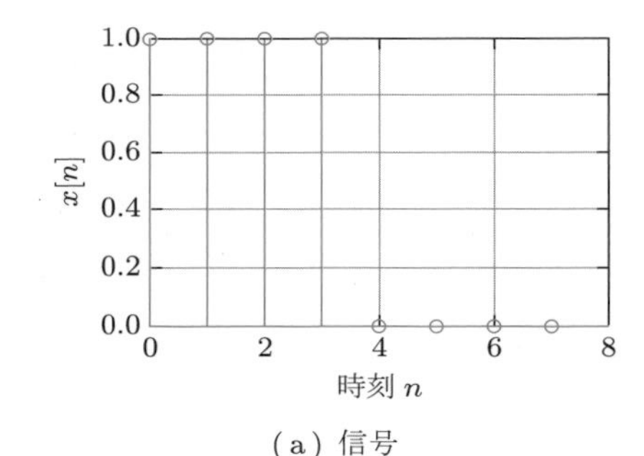

(a) 信号

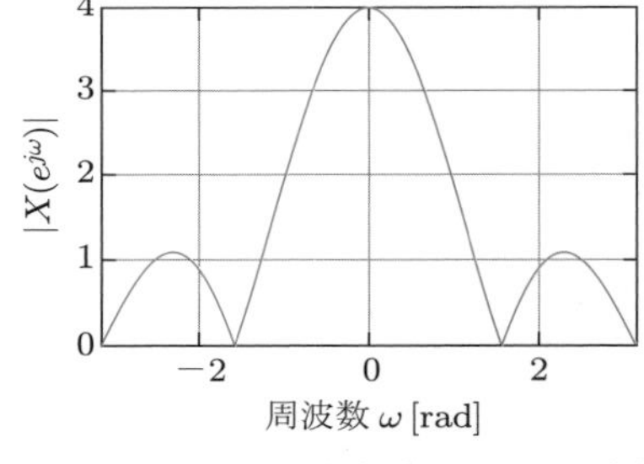

(b) 振幅スペクトル (離散時間フーリエ変換)

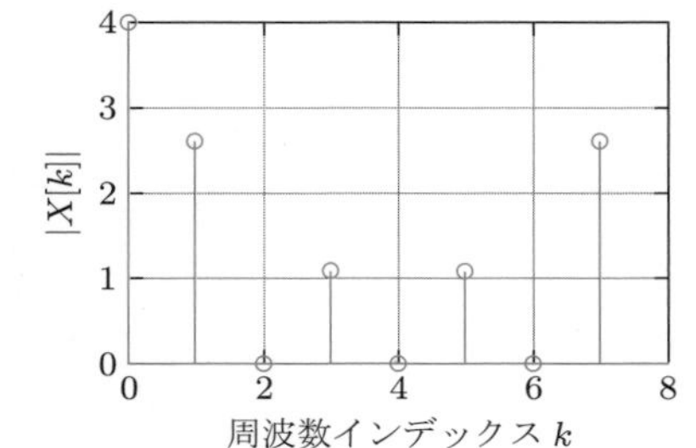

(c) 振幅スペクトル (DFT)

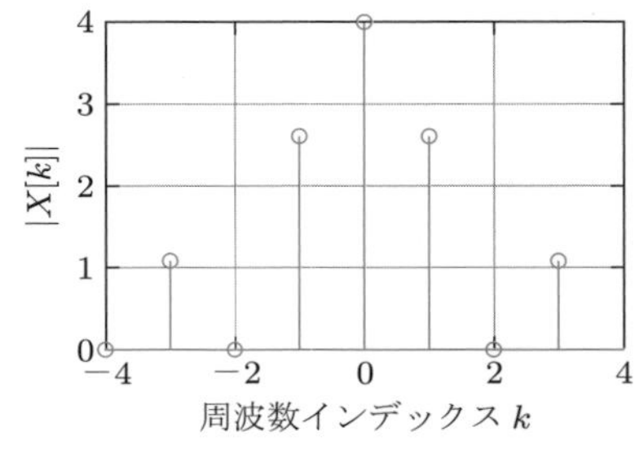

(d) シフトされた振幅スペクトル (DFT)

図 3.2 **8 点信号の DFT の計算例**

となる．図 3.2(a) と (c) に信号 $x[n]$ とその振幅スペクトル $|X[k]|$ をそれぞれ示す．図 3.2(d) では，インデックス k と周波数 ω の対応をわかりやすく表示するために，$|X[k]|$ の位置をシフトしている．

(3) $N=8$ として，インデックス k に対応する正規化周波数 ω_k は次式のように求められる．

$$\omega_k = \frac{2\pi}{N}k \tag{3.34}$$

$$= \frac{\pi}{4}k\,[\mathrm{rad}] \tag{3.35}$$

よって，周波数の間隔は $\Delta\omega = \pi/4\,[\mathrm{rad}]$ である．

(4) 標本化周期は $T=1/F_{\mathrm{s}}$ であり，$\Omega_k = 2\pi k/NT$ であることを利用すると，インデックス k に対応する非正規化周波数 F_k は以下のようになる．

$$\begin{aligned} F_k &= \frac{\Omega_k}{2\pi} \\ &= \frac{F_{\mathrm{s}}}{N}k \\ &= k \times 10^3 = k\,[\mathrm{kHz}] \end{aligned} \tag{3.36}$$

よって，非正規化周波数の間隔は $\Delta F = 1\,[\mathrm{kHz}]$ である．

例題 3.2 の実行例をプログラム 3.1 に示す．このプログラムでは，プログラム 3.2 で定義される関数 mydft を用いている†．関数 mydft は DFT のアルゴリズムを理解するために書かれている．後に示すように，DFT の直接的な計算は計算量がきわめて多くなることから，関数 mydft を実際的な長さの信号に対して利用することはすすめられない．実際に DFT を実行する場合には，MATLAB に組み込まれている高速フーリエ変換 (Fast Fourier Transform：FFT) の関数 fft を利用することをすすめる．DFT を高速に実行するアルゴリズムである高速フーリエ変換については第 4 章で詳述している．

プログラム 3.1 **離散時間フーリエ変換と離散フーリエ変換の計算例（例題 3.2，図 3.2）**

```
% 信号
x = [1, 1, 1, 1, 0, 0, 0, 0];  % 8点の信号
n = 0 : length(x) - 1;         % 時間のインデックス
subplot(2, 2, 1);
stem(n, x);                    % 信号の図示
axis([0, length(n), min(x), max(x)]); grid;
xlabel('Time n'); ylabel('x[n]');

% 離散時間フーリエ変換 DTFT
w = linspace(-pi, pi - 2* pi / 1024, 1024);  % 周波数の範囲と刻み
Xejw = freqz(x, 1, w);                       % 離散時間フーリエ変換の計算
subplot(2, 2, 2);
maxX = max(abs(Xejw));                       % 振幅スペクトルの最大値
plot(w, abs(Xejw));                          % 振幅スペクトルの図示
axis([-pi, pi, 0, maxX]); grid;
xlabel('Frequency \omega [rad]'); ylabel('|X(e^{j\omega})|');
```

† 関数 mydft は自作関数であり，mydft.m のファイル名で同じフォルダに保存されているものとする．

```
% 離散フーリエ変換 DFT
k = n              % 周波数のインデックス
X = mydft(x)       % 離散フーリエ変換の計算
magX = abs(X)      % 振幅スペクトル
subplot(2, 2, 3);
stem(k, magX);  % 振幅スペクトルの図示
axis([0, length(k), 0, maxX]); grid;
xlabel('Frequency k'); ylabel('|X[k]|');

% 離散フーリエ変換のシフト図示
kshift = k - floor(length(k) / 2);  % インデックスのシフト
Xshift = fftshift(X);               % 離散フーリエ変換のシフト
magXshift = abs(Xshift);            % シフトされた振幅スペクトル
subplot(2, 2, 4);
stem(kshift, magXshift);            % シフトされた振幅スペクトルの図示
axis([-length(k) / 2, length(k) / 2, 0, maxX]); grid;
xlabel('Frequency k'); ylabel('|X[k]|');
```

ディスプレイの表示

```
k =
     0     1     2     3     4     5     6     7


X =
  1 列から 4 列
   4.0000 + 0.0000i   1.0000 - 2.4142i  -0.0000 - 0.0000i   1.0000 - 0.4142i
  5 列から 8 列
   0.0000 - 0.0000i   1.0000 + 0.4142i  -0.0000 - 0.0000i   1.0000 + 2.4142i


magX =
    4.0000    2.6131    0.0000    1.0824    0.0000    1.0824    0.0000    2.6131
```

プログラム 3.2 関数 mydft

```
function X = mydft(x)
    % 離散フーリエ変換 DFT X = mydft(x)
    % 入力引数 x = 信号
    % 出力引数 X = x の離散フーリエ変換

    N = length(x);                                          % 信号の長さ
    kn = 0 : N-1;                                           % 回転因子のインデックス
    WN = exp(-1j * 2 * pi / N);
    WNkn = WN .^ kn;                                        % 回転因子
    X = zeros(1, N);                                        % Xの初期化
    for k = 0 : N - 1
        for n = 0 : N - 1
            p = mod(k * n, N);                        % 回転因子のべき指数の計算（Nを法とする剰余）
            X(k + 1) = X(k + 1) + x(n + 1) * WNkn(p + 1);   % 離散フーリエ変換の計算
        end
    end
end
```

例題 3.3 以下の 32 点信号の DFT を求め，その信号と振幅スペクトルを図示せよ．

(1) 単位インパルス

$$x[n] = \delta[n], \quad n = 0, 1, 2, \cdots, 31 \tag{3.37}$$

(2) 矩形波

$$x[n] = \begin{cases} 1, & n = 0, 1, 2, 3 \\ 0, & n = 4, 5, \cdots, 31 \end{cases} \tag{3.38}$$

(3) 指数関数

$$x[n] = (0.75)^n, \quad n = 0, 1, 2, \cdots, 31 \tag{3.39}$$

(4) 余弦波

$$x[n] = \cos\frac{2\pi n}{8}, \quad n = 0, 1, 2, \cdots, 31 \tag{3.40}$$

解答 $N = 32$ として，DFT の定義式にそれぞれの信号を代入すれば，以下のように DFT が求められる．振幅スペクトルを図 3.3 に示す．

(1) 単位インパルス：

$$X[k] = \sum_{n=0}^{31} \delta[n] W_{32}^{kn} = 1, \quad k = 0, 1, 2, \cdots, 31 \tag{3.41}$$

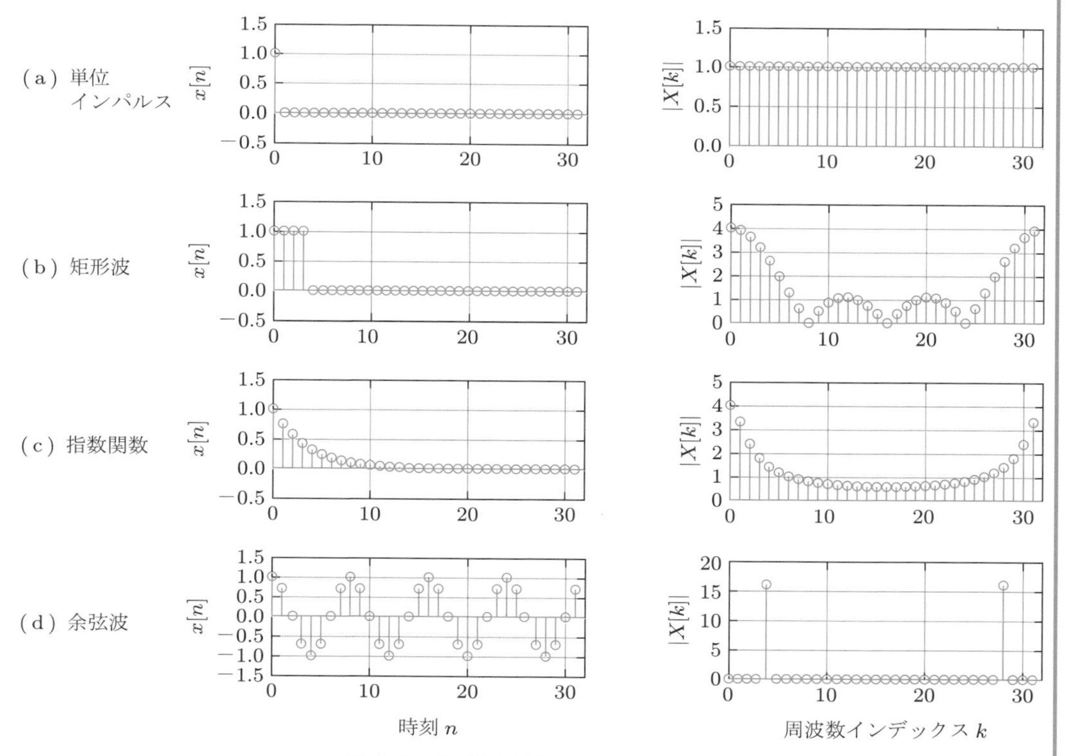

図 3.3 典型的な信号とその離散フーリエ変換

(2) 矩形波：

$$X[k] = \sum_{n=0}^{3} 1 \cdot W_{32}^{kn}$$
$$= \begin{cases} 4, & k = 0 \\ \dfrac{1 - W_{32}^{4k}}{1 - W_{32}^{k}} = \dfrac{\sin(4\pi k/32)}{\sin(\pi k/32)} \cdot e^{-j3\pi k/32}, & \text{その他} \end{cases} \tag{3.42}$$

(3) 指数関数：

$$X[k] = \sum_{n=0}^{31} (0.75)^n W_{32}^{kn}$$
$$= \sum_{n=0}^{31} (0.75 W_{32}^{k})^n$$
$$= \frac{1 - (0.75 W_{32}^{k})^{32}}{1 - 0.75 W_{32}^{k}}, \quad k = 0, 1, 2, \cdots, 31 \tag{3.43}$$

(4) 余弦波：$\cos(2\pi n/8) = (e^{j2\pi n/8} + e^{-j2\pi n/8})/2$ であることを利用すると，次式を得る．

$$X[k] = \sum_{n=0}^{31} \cos\frac{2\pi n}{8} W_{32}^{kn}$$
$$= \sum_{n=0}^{31} \frac{e^{j2\pi n/8} + e^{-j2\pi n/8}}{2} W_{32}^{kn} \tag{3.44}$$

ここで，

$$\sum_{n=0}^{31} e^{j2\pi n/8} W_{32}^{kn} = \sum_{n=0}^{31} e^{j(8-2k)\pi n/32}$$
$$= \begin{cases} 32, & k = 4 \\ 0, & \text{その他} \end{cases} \tag{3.45}$$

である．同様に

$$\sum_{n=0}^{31} e^{-j2\pi n/8} W_{32}^{kn} = \sum_{n=0}^{31} e^{j(56-2k)\pi n/32}$$
$$= \begin{cases} 32, & k = 28 \\ 0, & \text{その他} \end{cases} \tag{3.46}$$

である．よって，次のようになる．

$$X[k] = \begin{cases} 16, & k = 4 \\ 16, & k = 28 \\ 0, & \text{その他} \end{cases} \tag{3.47}$$

3.2 離散フーリエ変換の性質

DFT の代表的な性質を以下に挙げておく．ただし，$k, n = 0, 1, 2, \cdots, N-1$ である．証明は演習問題として残されている．

(1) 線形性：

$$a_1x_1[n] + a_2x_2[n] \longleftrightarrow a_1X_1[k] + a_2X_2[k] \tag{3.48}$$

(2) 周期性：

整数 m に対して

$$X[k] = X[k + mN] \tag{3.49}$$

(3) 共役性：

$$x^*[n] \longleftrightarrow X^*[N - k] \tag{3.50}$$

ここで，$*$ は複素共役を表す．

(4) 対称性：

実数の信号 $x[n] = x^*[n]$ に対して

$$X[k] = X^*[N - k] \quad \text{（共役対称）} \tag{3.51}$$

したがって，

$$|X[k]| = |X[N - k]| \quad \text{（偶対称）} \tag{3.52}$$

$$\angle X[k] = -\angle X[N - k] \quad \text{（奇対称）} \tag{3.53}$$

(5) 推移：

整数 p に対して

$$x[n - p]_N \longleftrightarrow W_N^{kp}X[k] \tag{3.54}$$

ここで，$[m]_N = m \bmod N$ つまり m を N で割った正の余りを表す[†1]．

(6) 変調：

整数 p に対して

$$x[n]W_N^{-pn} \longleftrightarrow X[k - p]_N \tag{3.55}$$

(7) 循環たたみこみ (circular convolution)[†2]：

$$\begin{aligned} y[n] &= \sum_{p=0}^{N-1} h[p]x[n - p]_N = \sum_{p=0}^{N-1} h[n - p]_N x[p] \\ &\longleftrightarrow Y[k] = H[k]X[k] \end{aligned} \tag{3.56}$$

(8) 乗算：

$$\begin{aligned} y[n] &= h[n]x[n] \\ &\longleftrightarrow Y[k] = \frac{1}{N}\sum_{p=0}^{N-1} H[p]X[k - p]_N = \frac{1}{N}\sum_{p=0}^{N-1} H[k - p]_N X[p] \end{aligned} \tag{3.57}$$

---

†1 たとえば，$12 \bmod 8 = 4$，$-5 \bmod 8 = 3$ である．

†2 循環たたみこみについては 4.4.1 項を参照されたい．

(9) 内積：

$$\sum_{n=0}^{N-1} h[n]x^*[n] = \frac{1}{N}\sum_{k=0}^{N-1} H[k]X^*[k] \tag{3.58}$$

(10) パーセバルの関係：

信号 $x[n]$ のエネルギーは次式で表される.

$$\sum_{n=0}^{N-1} x[n]x^*[n] = \frac{1}{N}\sum_{k=0}^{N-1} X[k]X^*[k] \tag{3.59}$$

3.3 スペクトル解析

3.3.1 窓による信号の切り出しとその影響

フーリエ変換は様々な周波数の三角関数の線形結合として信号を表現する．この線形結合の係数によって信号中の様々な周波数成分の大きさを知ることができる．与えられた信号をフーリエ変換によって解析することを**スペクトル解析** (spectral analysis)，あるいは**フーリエ解析** (Fourier analysis) という．

信号の長さがそれほど長くなければ，信号のスペクトル解析は離散時間フーリエ変換あるいは離散フーリエ変換によって直接に実行できる．しかし，信号が長い場合や無限長の場合には，信号を適度な長さに切り出した後に変換を行うことになる．これは，ディジタル信号処理システムのもつ有限のメモリ容量や処理速度の範囲で実行できる長さに信号を切り出すことが必要なためである．また，長い信号をディジタル信号処理システムに蓄積することによって起こる出力の遅延を大きくならないようにするためである．

このとき注意しなければならない点は，切り出された信号のスペクトルはもとの信号のスペクトルとは異なってくることである．ここでは，切り出された信号ともとの信号のスペクトルの関係を考察し，信号を切り出すために必要な**窓関数** (window function) の利用について述べる．以下では，スペクトル解析の記述を容易にする目的で離散時間フーリエ変換を用いているが，実際の計算は DFT（あるいは次章の高速フーリエ変換 FFT）を用いるものとする．

無限長の信号 $x[n]$ の離散時間フーリエ変換

$$X(e^{j\omega}) = \sum_{n=-\infty}^{\infty} x[n]e^{-j\omega n}, \quad -\pi \leq \omega < \pi \tag{3.60}$$

を考えよう．この信号 $x[n]$ を N 点の信号として切り出して得られる信号を $x_{\mathrm{w}}[n]$ とする．すなわち，

$$x_{\mathrm{w}}[n] = x[n]w[n] \tag{3.61}$$

とする．ここで，$w[n]$ は $n = 0, 1, 2, \cdots, N-1$ 以外では 0 となる信号である．これによって，信号 $x_{\mathrm{w}}[n]$ の長さは N となる．この切り出しの操作は幅 N の窓から長い信号

を観測することとみなせるので，信号に窓をかけるといわれる．このときに乗じる信号 $w[n]$ は窓関数とよばれる．たとえば，最も単純な窓関数は $n=0,1,2,\cdots,N-1$ の $x[n]$ をそのまま切り出す窓である．このような窓は**方形窓** (rectangular window) とよばれ，以下のように記述される．

$$w[n]=\begin{cases}1, & n=0,1,2,\cdots,N-1\\ 0, & \text{その他}\end{cases} \tag{3.62}$$

いま，この窓かけが信号のスペクトル解析に与える影響を考察するために，有限長の信号 $x_{\mathrm{w}}[n]$ の周波数スペクトル $X_{\mathrm{w}}(e^{j\omega})$ と，もとの無限長の信号 $x[n]$ の周波数スペクトル $X(e^{j\omega})$ の関係を調べる．2.2.3 項の離散時間フーリエ変換の性質 (8) から，式 (3.61) は次の離散時間フーリエ変換に対応することがわかる．

$$X_{\mathrm{w}}(e^{j\omega})=\frac{1}{2\pi}\int_{-\pi}^{\pi}X(e^{j\theta})W(e^{j(\omega-\theta)})d\theta,\quad -\pi\le\omega<\pi \tag{3.63}$$

ここで，$W(e^{j\omega})$ は窓関数 $w[n]$ の周波数スペクトルである．

上式からわかるように，有限長信号の周波数スペクトル $X_{\mathrm{w}}(e^{j\omega})$ は，無限長の信号の周波数スペクトル $X(e^{j\omega})$ と窓関数の周波数スペクトル $W(e^{j\omega})$ の周波数軸上のたたみこみとなる．もし，$W(e^{j\omega})$ が $W(e^{j\omega})=2\pi\delta(\omega)$ のようにデルタ関数であり，理想的な線スペクトルであれば，式 (3.63) において $X_{\mathrm{w}}(e^{j\omega})=X(e^{j\omega})$ となる．しかし，一般には $W(e^{j\omega})$ は有限の幅のスペクトルをもつため，式 (3.63) の周波数領域のたたみこみによって，$X_{\mathrm{w}}(e^{j\omega})$ と $X(e^{j\omega})$ とは異なってくることになる．

例題 3.4 周波数 α [rad] をもつ無限長の余弦信号 $x[n]=\cos\alpha n$ の周波数スペクトル $X(e^{j\omega})$ と，これを N 点の方形窓で単純に切り出したときの信号 $x_{\mathrm{w}}[n]$ の周波数スペクトルを求め，窓かけによって $X(e^{j\omega})$ が変化を受けていることを確認せよ．

解答 無限長信号 $x[n]=\cos\alpha n$ の周波数スペクトル $X(e^{j\omega})$ は以下のようになる．

$$\begin{aligned}X(e^{j\omega})&=\sum_{n=-\infty}^{\infty}x[n]e^{-j\omega n}\\&=\sum_{n=-\infty}^{\infty}\frac{1}{2}(e^{j\alpha n}+e^{-j\alpha n})e^{-j\omega n}\\&=\pi\delta(\omega-\alpha)+\pi\delta(\omega+\alpha)\end{aligned} \tag{3.64}$$

ここで，$\sum_{n=-\infty}^{\infty}e^{j\alpha n}e^{-j\omega n}=2\pi\delta(\omega-\alpha)$ であることを利用している†．上式から，$X(e^{j\omega})$ は周波数 $\pm\alpha$ の点にある線スペクトルであり，その振幅はそれぞれ π のインパルスであることがわかる．

N 点の有限長信号 $x_{\mathrm{w}}[n]=x[n]w[n]$ の周波数スペクトル $X_{\mathrm{w}}(e^{j\omega})$ を求めるために，まず方形窓関数の周波数スペクトル $W(e^{j\omega})$ を求めると，以下のようになる．

† ここで用いている $\delta(x)$ は連続変数関数の単位インパルスであり，ディラックのデルタ関数ともよばれる．以下の性質がある．

$$\int_{-\infty}^{\infty}f(x)\delta(x)dx=f(0),\quad \int_{-\infty}^{\infty}\delta(x)dx=1,\quad \delta(x)=\begin{cases}0, & x\ne 0\\ \infty, & x=0\end{cases}$$

$$
\begin{aligned}
W(e^{j\omega}) &= \sum_{n=-\infty}^{\infty} w[n]e^{-j\omega n} \\
&= \sum_{n=0}^{N-1} e^{-j\omega n} \\
&= \frac{\sin(N\omega/2)}{\sin(\omega/2)} \cdot e^{-j\omega(N-1)/2}
\end{aligned}
\tag{3.65}
$$

よって，$X(e^{j\omega})$ を式 (3.63) に代入することで，$x_{\mathrm{w}}[n]$ の離散時間フーリエ変換 $X_{\mathrm{w}}(e^{j\omega})$ は以下のように得られる．

$$
X_{\mathrm{w}}(e^{j\omega}) = \frac{1}{2}W(e^{j(\omega-\alpha)}) + \frac{1}{2}W(e^{j(\omega+\alpha)}), \quad -\pi \leq \omega < \pi \tag{3.66}
$$

したがって，$X_{\mathrm{w}}(e^{j\omega})$ は周波数 $\pm\alpha$ にある理想的な線スペクトルではなく，$W(e^{j\omega})/2$ を周波数軸上で $\pm\alpha$ だけ推移して重ねたスペクトルとなっている．

具体的な例として，$\alpha = \pi/8$ [rad]，窓の長さ $N = 64$ の場合を考える．図 3.4 には，無限長信号 $x[n]$ と，これを方形窓によって切り出して得られる信号 $x_{\mathrm{w}}[n] = x[n]w[n]$，窓関数 $w[n]$ の周波数スペクトル $W(e^{j\omega})$，信号 $x_{\mathrm{w}}[n]$ の周波数スペクトル $X_{\mathrm{w}}(e^{j\omega})$ を図示している．図 3.4(c) と (d) から，原信号の周波数スペクトル $X_{\mathrm{w}}(e^{j\omega})$ が窓関数の周波数スペクトル $W(e^{j\omega})$ によって変形されていることがわかる．

実行例をプログラム 3.3 に示す．このプログラムには，後に図 3.5 として図示するハミング窓も含まれている．

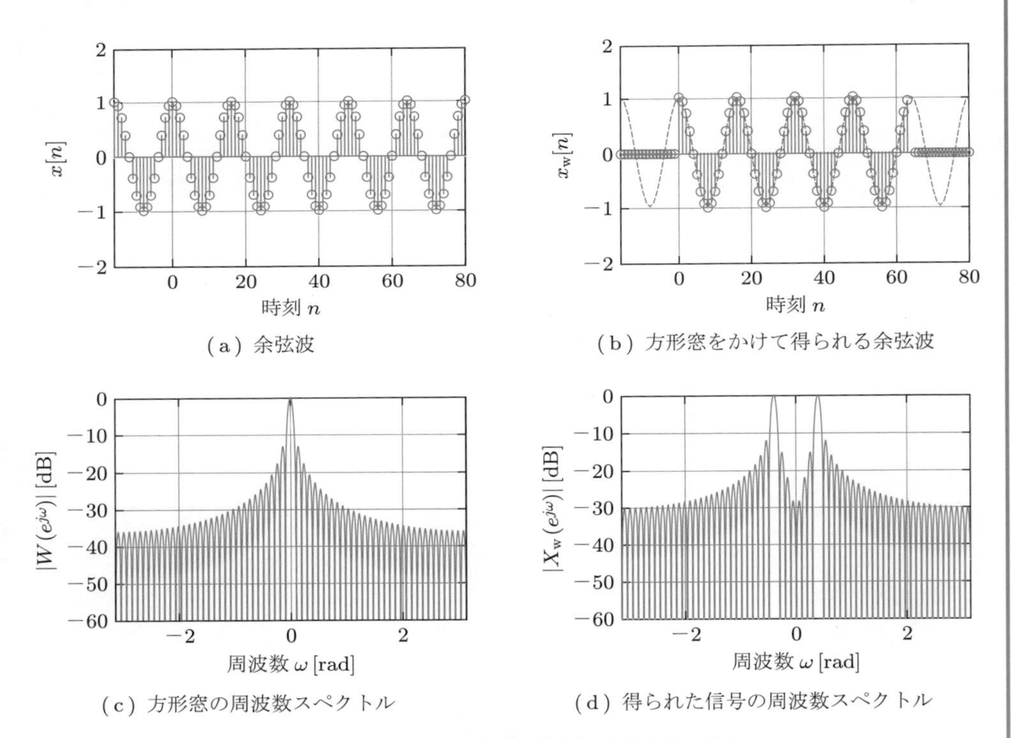

図 3.4 信号のスペクトル解析における窓の効果

プログラム 3.3 信号のスペクトル解析における窓の効果(例題 3.4,図 3.4,図 3.5)

```
N = 64;                                         % 窓の長さ(2のべき乗)
Nb = -N / 4; Ne = N + N / 4; n = Nb : Ne;       % 信号の継続時間の設定

% 信号 x[n]
alpha = pi / 8;         % 余弦波の周波数
x = cos(alpha * n);     % 余弦波
subplot(2, 2, 1);
stem(n, x, '.');        % 信号の図示
axis([Nb, Ne, -2, 2]); grid;
xlabel('Time n'); ylabel('x[n]');

% 信号の窓かけ(利用しない窓はコメントアウトせよ)
win = boxcar(N)';                                       % 方形窓の選択
% win = hamming(N)';                                    % ハミング窓の選択
winzero = [zeros(1, -Nb), win zeros(1, Ne + 1 - N)];    % 図示のため窓の前後にゼロづめ
xw = x .* winzero;                                      % 窓による切り出し

% 窓をかけられた信号の図示(原信号も図示)
subplot(2, 2, 2);
stem(n, xw, '.'); hold on;  % 窓をかけられた信号
plot(n, x, ':'); hold off;  % 原信号
axis([Nb, Ne, -2, 2]); grid;
xlabel('Time n'); ylabel('x_w[n]');

% 窓関数の周波数スペクトル
w = linspace(-pi, pi - 2 * pi / 1024, 1024);  % 周波数の範囲と刻み
Win = freqz(win, 1, w);                       % 周波数スペクトル
magWin = abs(Win); maxWin = max(magWin);      % 周波数スペクトルの振幅と最大値
subplot(2, 2, 3);
plot(w, 20 * log10(magWin / maxWin));
axis([-pi, pi, -60, 0]); grid;
xlabel('Frequency \omega [rad]'); ylabel('|W(e^{j\omega})| [dB]');

% 窓をかけられた信号の周波数スペクトル
Xw = freqz(xw, 1, w);                     % 周波数スペクトル
magXw = abs(Xw); maxXw = max(magXw);      % 周波数スペクトルの振幅と最大値
subplot(2, 2, 4);
plot(w, 20 * log10(magXw / maxXw));
axis([-pi, pi, -60, 0]); grid;
xlabel('Frequency \omega [rad]'); ylabel('|X_w(e^{j\omega})| [dB]');
```

上の例題 3.4 から以下のことがわかる.

(1) $X(e^{j\omega})$ の $\pm\alpha$ のところにある線スペクトルは,$X_{\mathrm{w}}(e^{j\omega})$ 上では $\pm\alpha$ を中心とする有限の幅をもったスペクトルとして現れる.これは窓関数の周波数スペクトル $W(e^{j\omega})$ の**メインローブ**(main lobe,周波数スペクトルの中心部にある大きいスペクトルの山)のコピーである.

(2) $X(e^{j\omega})$ の $\pm\alpha$ のところにのみあった線スペクトルは，$X_{\rm w}(e^{j\omega})$ 上では $\pm\alpha$ の周辺に分散し，数多くの小さいスペクトルのピークを作り出す．これは窓関数の周波数スペクトル $W(e^{j\omega})$ の**サイドローブ**（side lobe，周波数スペクトルの中心部以外にある多数の小さなスペクトルの山）のコピーである．

3.3.2 窓関数に要求される条件

スペクトル解析では，一般に以下のことが望まれる．

(1) 近接する複数の周波数のスペクトルを検出できること
(2) 振幅の小さいスペクトルを検出できること

このような意味で高精度のスペクトル解析を実現するために必要となる窓関数に対しては，前述の考察から以下の条件が要求されることがわかる．

- （条件1）窓関数の周波数スペクトルのメインローブ幅が狭く，急峻であること．
- （条件2）窓関数の周波数スペクトルのサイドローブの振幅が小さく，高周波になるに従って急激に減衰すること

上の条件1は近接した複数の周波数スペクトルを検出するための要件である．条件2は振幅の小さい周波数スペクトルの検出のための要件である．

窓関数の周波数スペクトルのメインローブの幅は，窓の長さ N を長くすると狭くなる傾向があるため，窓の長さに余裕があるときには十分に長い窓を利用すべきである．一方，窓の長さが一定の場合には，条件1と2はトレードオフの関係にあることに注意する必要がある．すなわち，メインローブの幅が狭い窓はサイドローブの振幅が大きくなり，逆にメインローブが広い窓はサイドローブの振幅が小さくなる傾向がある．このため，対象とする信号の性質とスペクトル解析の目的に応じて適切な窓を選択して用いることが重要となる†．このため，用途に応じて窓関数には様々なものが提案されている．上の条件を満たす窓関数の基本的な形は，窓の中心部において値が大きく，周辺部にいくに従って値がなめらかに0に向かって減衰していく形である．

前述の方形窓は最も単純な窓であり，メインローブ幅が最小である点で優れているが，サイドローブのピーク値が最大となる点に欠点がある．以下に示す**ハミング窓**（Hamming window）は，そのメインローブ幅は方形窓よりは広いが，サイドローブの振幅のピーク値は十分に小さい．メインローブ幅とサイドローブのピーク値のトレードオフの観点から見て，ハミング窓は最も優れたものである．このため多くの信号処理の応用においてハミング窓がしばしば用いられている．

$$w_{\rm ham}[n] = 0.54 - 0.46\cos\frac{2\pi n}{N-1}, \quad n = 0, 1, 2, \cdots, N-1 \tag{3.67}$$

図3.5は，例題3.4において方形窓の代わりにハミング窓を用いたとき，信号の周波数スペクトルがどのように変化を受けるかを表している．図から，ハミング窓はメインロー

† 第9章ではFIRフィルタの設計のために，窓関数について詳しく説明している．

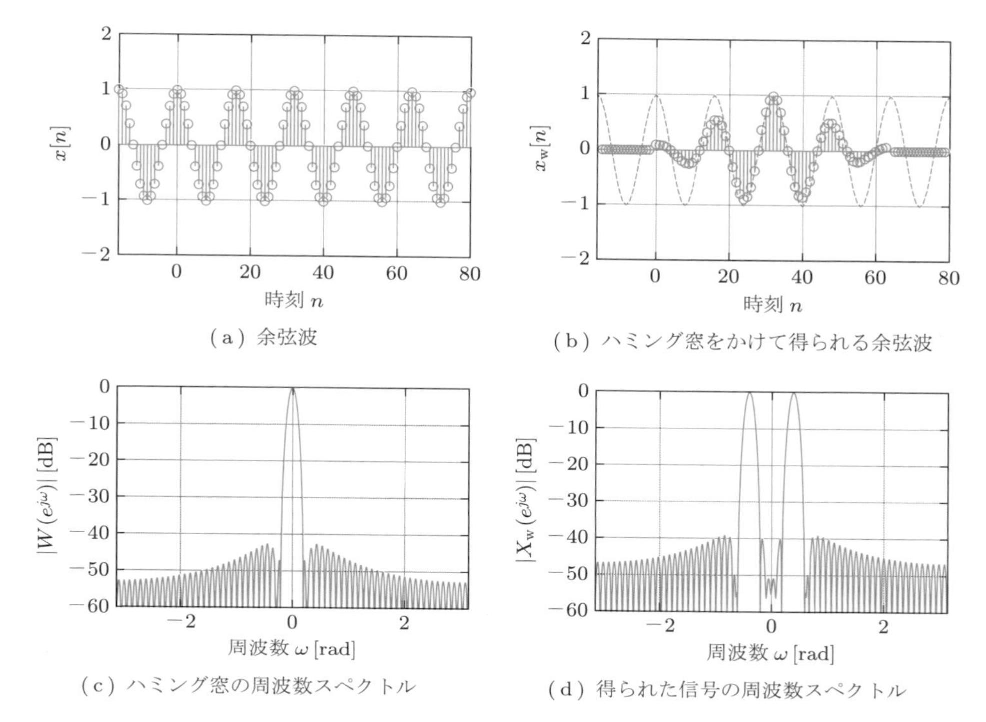

(a) 余弦波　(b) ハミング窓をかけて得られる余弦波
(c) ハミング窓の周波数スペクトル　(d) 得られた信号の周波数スペクトル

図 3.5　信号のスペクトル解析におけるハミング窓の効果

ブ幅はいくぶん広いが，サイドローブのピーク値が小さいことがわかる．

例題 3.5　次のような信号を考える．

$$x[n] = \cos(0.15\pi n) + 0.8\cos(0.25\pi n) + 0.01\cos(0.5\pi n) \tag{3.68}$$

この信号は三つの余弦波の重ね合わせからなっている．最初の二つの余弦波の周波数 $\pm 0.15\pi$ と $\pm 0.25\pi$ は近接しており，振幅にはそれほどの違いがない．最後の余弦波の周波数は $\pm 0.5\pi$ であり，この周波数は他の二つの周波数からは離れている．ただし，この余弦波の振幅は余弦波 $\cos(0.15\pi n)$ の振幅と比べて 40 [dB] 小さい．

この信号 $x[n]$ に対して適当な長さの方形窓とハミング窓を用いてスペクトル解析を行い，これらの窓の特徴を比較せよ．

解答　$N = 64$ 点の方形窓とハミング窓を用いて切り出された信号を，図 3.6(a) と (b) に示す．点線は信号 $x[n]$ を表す．図 (c) と (d) は，この二つの窓を用いた場合の周波数スペクトルである．図から，方形窓とハミング窓によるスペクトル解析の特徴として以下のことがわかる．

- 方形窓では，周波数が近接している余弦波 $\cos(0.15\pi n)$ と $0.8\cos(0.25\pi n)$ がよく分離され，検出されている．しかし，周波数が離れている余弦波 $0.01\cos(0.5\pi n)$ は振幅が小さいために検出されていない．
- ハミング窓では，周波数が近接している余弦波 $\cos(0.15\pi n)$ と $0.8\cos(0.25\pi n)$ が分離され，検出されている．さらに，周波数が離れている余弦波 $0.01\cos(0.5\pi n)$ は相対的に振幅が小さいにもかかわらず検出されている．

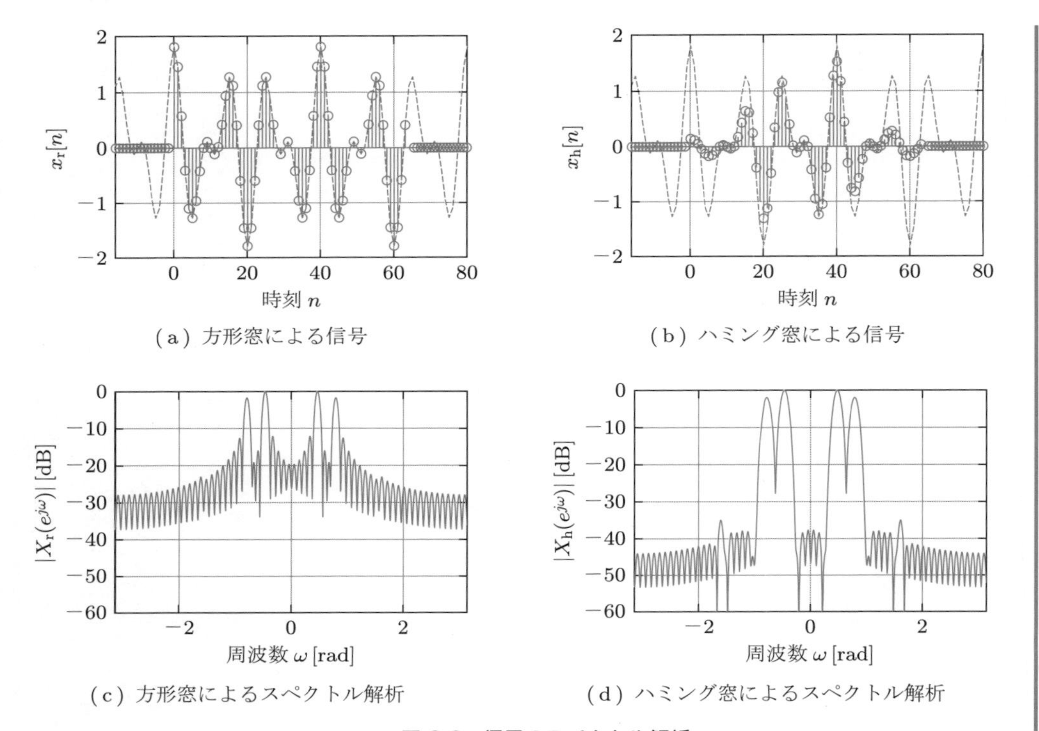

(a) 方形窓による信号　(b) ハミング窓による信号

(c) 方形窓によるスペクトル解析　(d) ハミング窓によるスペクトル解析

図 3.6　**信号のスペクトル解析**

実行例をプログラム 3.4 に示す．

プログラム 3.4　**信号のスペクトル解析（例題 3.5，図 3.6）**

```
N = 64;                                      % 窓の長さ（2のべき乗とせよ）
Nb = -N / 4; Ne = N + N / 4; n = Nb : Ne;    % 信号の継続時間の設定

% 信号 x[n]の生成
wa = 0.15 * pi; wb = 0.25 * pi; wc = 0.5 * pi;                  % 余弦波の周波数
x = cos(wa * n) + 0.8 * cos(wb * n) + 0.01 * cos(wc * n);  % 余弦波の線形結合

% 信号の窓かけ
wr = boxcar(N)';                                        % 方形窓
wrzero = [zeros(1, -Nb), wr, zeros(1, Ne + 1 - N)];  % 方形窓にゼロづめ
xr = x .* wrzero;                                       % 方形窓による切り出し
wh = hamming(N)';                                       % ハミング窓
whzero = [zeros(1, -Nb), wh, zeros(1, Ne + 1 - N)];  % ハミング窓にゼロづめ
xh = x .* whzero;                                       % ハミング窓による切り出し

% 窓をかけられた信号の図示（原信号も図示）
subplot(2, 2, 1);
stem(n, xr, '.'); hold on;  % 方形窓による信号の図示
plot(n, x, ':'); hold off;  % 原信号の図示
axis([Nb, Ne, -2, 2]); grid;
xlabel('Time n'); ylabel('x_r[n]');
subplot(2, 2, 2);
```

```
stem(n, xh, '.'); hold on;  % ハミング窓による信号の図示
plot(n, x, ':'); hold off;  % 原信号の図示
axis([Nb, Ne, -2, 2]); grid;
xlabel('Time n'); ylabel('x_h[n]');

% 方形窓をかけられた信号の周波数スペクトルの計算
w = linspace(-pi, pi - 2 * pi / 1024, 1024);  % 周波数の範囲と刻み
Xr = freqz(xr, 1, w);                         % 周波数スペクトル
magXr = abs(Xr); maxXr = max(magXr);          % 周波数スペクトルの振幅と最大値
subplot(2, 2, 3);
plot(w, 20 * log10(magXr / maxXr));
axis([-pi, pi, -60, 0]); grid;
xlabel('Frequency \omega [rad]'); ylabel('|X_r(e^{j\omega})| [dB]');

% ハミング窓をかけられた信号の周波数スペクトルの計算
Xh = freqz(xh, 1, w);                  % 周波数スペクトル
magXh = abs(Xh); maxXh = max(magXh);   % 周波数スペクトルの振幅と最大値
subplot(2, 2, 4);
plot(w, 20 * log10(magXh / maxXh));
axis([-pi, pi, -60, 0]); grid;
xlabel('Frequency \omega [rad]'); ylabel('|X_h(e^{j\omega})| [dB]');
```

演習問題

3.1 回転因子は次の性質をもっていることを示せ．

(1) 周期性：整数 m と p に対して　$W_N^p = W_N^{p+mN}$

(2) 直交性：整数 k と ℓ に対して　$\displaystyle\frac{1}{N}\sum_{n=0}^{N-1} W_N^{kn} \cdot W_N^{-\ell n} = \delta[k-\ell]_N$

3.2 回転因子の直交性を用いて，式 (3.20) は式 (3.5) の IDFT であることを証明せよ．

3.3 標本化周波数 $F_s = 16\,[\mathrm{kHz}]$ で連続時間信号 $x(t)$ を標本化して信号 $x[n]$ が得られたものとする．このとき，次の問いに答えよ．

(1) 信号 $x[n]$ の 1024 点 DFT における正規化周波数の間隔はいくらか．

(2) 上の DFT における非正規化周波数の間隔はいくらか．

(3) 信号 $x[n]$ の DFT を実行したときに，非正規化周波数の間隔が $25\,[\mathrm{Hz}]$ 以下となるようにするには，DFT の長さをどのような値にすればよいか．

3.4 次の N 点信号 $x[n]$，$n = 0, 1, 2, \cdots, N-1$ の DFT を求めよ．また，$N = 8$ のとき，信号 $x[n]$ と振幅スペクトル $|X[k]|$ を図示せよ．

(1) $x[n] = 1$

(2) $x[n] = (-1)^n$

(3) $x[n] = j^n$

(4) $x[n] = \cos\dfrac{2\pi}{N}n$

(5) $x[n] = {}_{N-1}C_n$

(6) $x[n] = \begin{cases} 1, & n = 0, 1 \\ 0, & n = 2, 3, \cdots, N-1 \end{cases}$

(7) $x[n] = r^n W_N^{pn}$（たとえば，$r = 0.5$，$p = -2$）

3.5 3.2 節において与えられている DFT の性質を証明せよ．

3.6 N 点信号 $x[n]$，$n = 0, 1, 2, \cdots, N-1$ の DFT を $X[k]$ とするとき，以下の信号 $s[n]$ の DFT $S[k]$ を $X[k]$ を用いて表せ．

(1) $s[n] = ax[n]$

(2) $s[n] = x[n-p]_N$，　p：整数

(3) $s[n] = x^2[n]$

(4) $s[n] = (-1)^n x[n]$

(5) $s[n] = x[n]\cos\dfrac{2\pi p}{N}n$，　p：整数

3.7 次の N 点 DFT $X[k]$，$k = 0, 1, 2, \cdots, N-1$ の IDFT $x[n]$ を求めよ．また，$N = 8$ のとき，$x[n]$ と振幅スペクトル $|X[k]|$ を図示せよ．

(1) $X[k] = 1$

(2) $X[k] = \delta[k]$

(3) $X[k] = \begin{cases} 1, & k = 1 \text{ または } N-1 \\ 0, & \text{その他} \end{cases}$

(4) $X[k] = \begin{cases} 1, & k = 1 \\ -1, & k = N-1 \\ 0, & \text{その他} \end{cases}$

3.8 例題 3.5 の信号 $x[n]$ のスペクトル解析のために長さ N の方形窓とハミング窓を用いるとき，以下の問いに答えよ．

(1) 方形窓とハミング窓の形状を図示せよ（たとえば，窓の長さ $N = 8, 16$ の場合について考えよ）．

(2) $N = 32, 64, 128$ の場合のこれら二つの窓のそれぞれの振幅スペクトルを求め，図示せよ．

(3) $N = 32, 64, 128$ のこれら二つの窓をそれぞれ用いたときの信号 $x_{\mathrm{w}}[n]$ の周波数スペクトルを求め，図示せよ．

(4) 以上の計算例に基づいて，窓の振幅スペクトルとスペクトル解析に窓の長さが与える影響について議論せよ．

4 高速フーリエ変換

離散フーリエ変換はコンピュータプログラムやディジタルハードウェアなどのディジタル信号処理システムで実行可能なものであることを第3章で学んだ．本章ではまず，長い信号に対する離散フーリエ変換の直接的な実行は演算量が膨大となるため，実際的ではないことを示す．次に，この問題を解決するために，高速フーリエ変換とよばれる計算量の少ないアルゴリズムを導出し，その計算量と特徴について考察する．また，高速フーリエ変換の応用として，たたみこみの高速計算法について説明する．

4.1 離散フーリエ変換の直接計算法

N 点の信号 $x[n]$ に対する DFT $X[k]$ は次式であった．

$$X[k] = \sum_{n=0}^{N-1} x[n] W_N^{kn}, \quad k = 0, 1, 2, \cdots, N-1 \tag{4.1}$$

具体的に $N = 8$ の場合について DFT の計算量を考えてみよう．DFT の式 (4.1) を $X[0], \cdots, X[7]$ まで展開すれば次式が得られる．

$$X[0] = x[0]W_8^0 + x[1]W_8^0 + \cdots + x[7]W_8^0 \tag{4.2}$$

$$X[1] = x[0]W_8^0 + x[1]W_8^1 + \cdots + x[7]W_8^7 \tag{4.3}$$

$$X[2] = x[0]W_8^0 + x[1]W_8^2 + \cdots + x[7]W_8^{14} \tag{4.4}$$

$$\vdots$$

$$X[7] = x[0]W_8^0 + x[1]W_8^7 + \cdots + x[7]W_8^{49} \tag{4.5}$$

式 (4.2) ～ (4.5) を**直接計算** (direct computation) する場合，その計算手順は図 4.1 の**流れ図** (flow graph) で示される．ここでは簡単のため，$X[1]$ を求める場合についてのみ記してあり，回転因子の周期性 $W_8^k = W_8^{k+8m}$（m は整数）を考慮し，$W_8^0, \cdots, W_8^7$ の回転因子を利用している．図で**節点** (node) は加算，**矢印** (arrow) は乗算を表す．

図から，ある一つの k に対して $X[k]$ を求めるためには，8 回の**複素乗算** (complex multiplication) と $7(= 8-1)$ 回の**複素加算** (complex addition) を必要とすることがわかる．よって，$k = 0, 1, 2, \cdots, 7$ の 8 点の $X[k]$ を求めるためには，8×8 回の複素乗算と 8×7 回の複素加算を必要とする†．したがって，一般に N 点 DFT の場合は，

† 1 回の複素加算は 2 回の実数加算を必要とする．1 回の複素乗算は 4 回の実数乗算と 2 回の実数加算を必要とする．

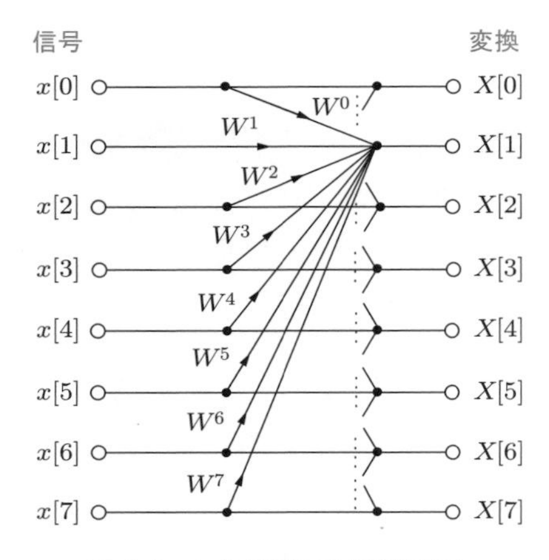

図 4.1　**8 点 DFT の直接計算法**

$N \times N = N^2$ 回の複素乗算と $N \times (N-1) = N(N-1)$ 回の複素加算を必要とすることがわかる．すなわち，直接計算の場合の N 点 DFT の計算量は $O(N^2)$ である†1．

たとえば，$N = 2^{10} = 1024$ の場合，1024 点 DFT を求めるための複素乗算回数は，$N^2 = 2^{20} = 1048576$ であり，複素加算回数は $N(N-1) = 2^{10}(2^{10}-1) = 1047552$ である．これは，約 10^6 回の計算量であり，きわめて大きな値となる．したがって，この直接法による DFT の計算量は実時間処理を不可能とする．

4.2 高速フーリエ変換

4.2.1 高速フーリエ変換の導出

計算量の少ない DFT のアルゴリズムは，1965 年にクーリーとチューキー (J. W. Cooley and J. W. Tukey) により見出されたものである．このアルゴリズムは**高速フーリエ変換** (fast Fourier transform) とよばれ，FFT と略称されることが多い．FFT のアルゴリズムは，長い点数の DFT を短い点数の DFT へと逐次的に分割することによって得られる．この方法は，たとえばソーティングなどの高速のアルゴリズムを見出すときにしばしば用いられる**分割統治法** (divide-and-conquer) の考え方を利用したものである†2．

ここで紹介する FFT の原理は，信号の長さ N が 2 のべき乗の場合，すなわち非負整数 p に対して $N = 2^p$ の場合のものである．この場合，信号を再帰的に 2 分割して行くため，**基数 2 の FFT** (radix-2 FFT) とよばれる．以下の基数 2 の FFT はインデックス n に着目して N 点の信号 $x[n]$ を半分ずつに分割して行くことから，基数 2 の**時間間引き形 FFT** (decimation in time FFT) とよばれる．

信号 $x[n]$ の長さを $N = 2^p$（p は非負整数）とする次式の N 点 DFT を考えよう．

---

†1　回転因子の値は何らかの方法であらかじめ求められているとしているため，このための計算回数は考慮していないことに注意せよ．

†2　分割統治法は，大きな問題を小問題に分け，容易に解ける小問題の解を統合してもとの大きな問題の解を求める方法である．たとえば，サイズが N のバブルソートの計算量は $O(N^2)$ であるが，分割統治法に基づくマージソートの計算量は $O(N \log N)$ であることを思い出そう．

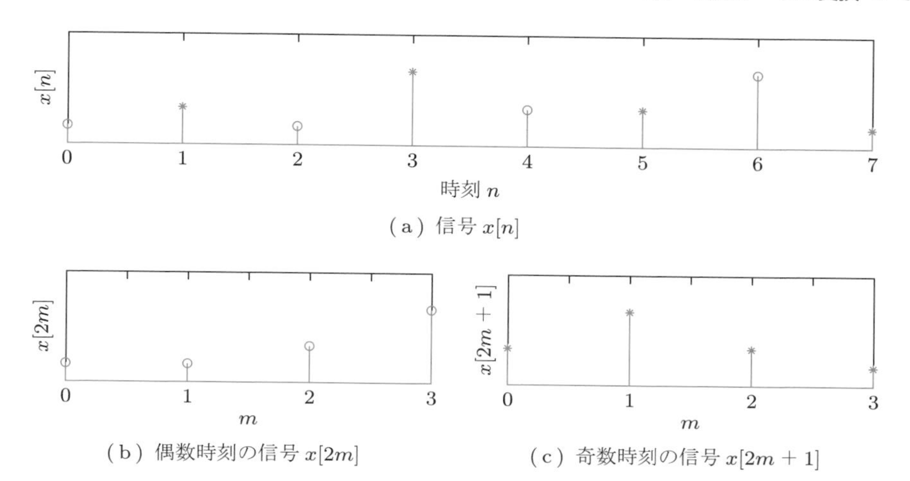

(a) 信号 $x[n]$

(b) 偶数時刻の信号 $x[2m]$

(c) 奇数時刻の信号 $x[2m+1]$

図 4.2 **時間間引き**

$$X[k] = \sum_{n=0}^{N-1} x[n] W_N^{kn}, \quad k = 0, 1, 2, \cdots, N-1 \tag{4.6}$$

まず，図 4.2 のように，信号 $x[n]$ のインデックス n が偶数であるか奇数であるかによって $x[n]$ を二つのクラスに分ける．このとき，DFT $X[k]$ は次のように記述される．

$$\begin{aligned} X[k] &= \sum_{m=0}^{N/2-1} x[2m] W_N^{k \cdot 2m} + \sum_{m=0}^{N/2-1} x[2m+1] W_N^{k(2m+1)} \\ &= \sum_{m=0}^{N/2-1} x[2m] W_{N/2}^{km} + W_N^k \sum_{m=0}^{N/2-1} x[2m+1] W_{N/2}^{km}, \quad k = 0, 1, 2, \cdots, N-1 \end{aligned} \tag{4.7}$$

ただし，

$$W_N^{k \cdot 2m} = W_{N/2}^{km} \tag{4.8}$$

$$W_N^{k \cdot (2m+1)} = W_N^k \cdot W_{N/2}^{km} \tag{4.9}$$

となることを利用している．ここで，

$$X_0[k] = \sum_{m=0}^{N/2-1} x[2m] W_{N/2}^{km}, \quad k = 0, 1, 2, \cdots, N-1 \tag{4.10}$$

$$X_1[k] = \sum_{m=0}^{N/2-1} x[2m+1] W_{N/2}^{km}, \quad k = 0, 1, 2, \cdots, N-1 \tag{4.11}$$

とおけば，$X_0[k]$ と $X_1[k]$ は双方とも $N/2$ 点 DFT であり，これらを用いて式 (4.7) は以下のように記述できる．

$$X[k] = X_0[k] + W_N^k X_1[k], \quad k = 0, 1, 2, \cdots, N-1 \tag{4.12}$$

上式 (4.12) において留意しなければならない点は，左辺の $X[k]$ は N 点 DFT であるため，インデックス k は $0,1,2,\cdots,N-1$ まで広がり，一方，右辺の $X_0[k]$ と $X_1[k]$ は $N/2$ 点 DFT であるため，そのインデックス k は $0,1,2,\cdots,N/2-1$ の範囲であることである．しかし，DFT の周期的性質（3.2 節の性質 2）が示すように，$X_0[k]$ と $X_1[k]$ は k に関して周期 $N/2$ で周期的であることから，式 (4.12) の計算に支障はない．さらに，回転因子に関しての性質 $W_N^{k+N/2}=-W_N^k$ を利用すると，式 (4.12) は以下のように記述される．

$$X[k]=X_0[k]+W_N^kX_1[k],\quad k=0,1,2,\cdots,N/2-1 \tag{4.13}$$

$$X[k+N/2]=X_0[k]-W_N^kX_1[k],\quad k=0,1,2,\cdots,N/2-1 \tag{4.14}$$

上式から，N 点 DFT $X[k]$ が二つの $N/2$ 点 DFT $X_0[k]$ と $X_1[k]$ に分割され，これらの線形結合によって求められることが明らかになった．$N=8$ の場合の流れ図を図 4.3 に示す．

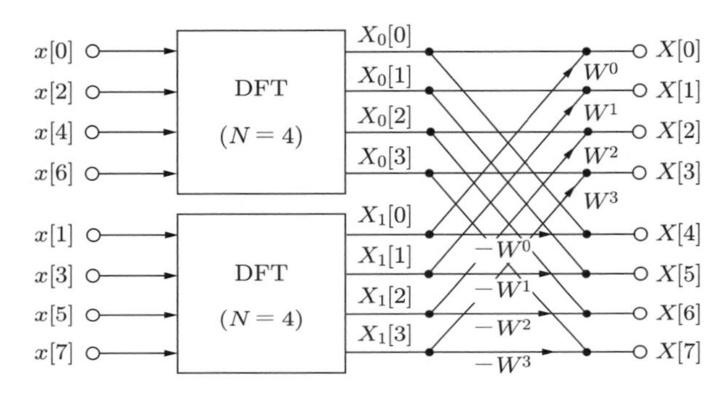

図 4.3 二つの $N/2$ 点 DFT による N 点 DFT の計算（$N=8$ の場合）

この分解に基づく N 点 DFT の計算量を求めると以下のようになる．

$$\begin{aligned}
\text{複素乗算回数} &= N+2\times\bigl(N/2\ \text{点の DFT の複素乗算回数}\bigr)\\
&= N+2\times\left(\frac{N}{2}\right)^2\\
&= N+\frac{N^2}{2}
\end{aligned} \tag{4.15}$$

$$\begin{aligned}
\text{複素加算回数} &= N+2\times\bigl(N/2\ \text{点の DFT の複素加算回数}\bigr)\\
&= N+2\times\frac{N}{2}\left(\frac{N}{2}-1\right)\\
&= N+N\left(\frac{N}{2}-1\right)
\end{aligned} \tag{4.16}$$

$N\geq 4$ ならば，上の複素乗算回数 $N+N^2/2$ は直接計算による複素乗算回数 N^2 より少なくなる．同様に，上の複素加算回数 $N+N(N/2-1)$ は，直接計算による複素加算回数 $N(N-1)$ より少なくなる．したがって，このような分割統治を用いることで，直接計算の DFT よりも演算回数が少ない DFT を実現できる．

$N = 2^p$ の場合，このような分割は $p = \log_2 N$ 回だけ再帰的に行うことができる．すなわち，N 点 DFT は二つの $N/2$ 点 DFT に分割され，それぞれの $N/2$ 点 DFT は $N/4$ 点 DFT に分割され，$\cdots$，それぞれの 2 点 DFT は二つの 1 点 DFT に分割される．DFT の定義から 1 点 DFT を求めるために演算は不要であり，信号の値そのものが DFT となる†．

以上の再帰的計算を逆にたどると，次のようにして N 点 DFT が求められる．すなわち，演算を必要としない 1 点 DFT を二つ組み合わせて 2 点 DFT が構成され，2 点 DFT を二つ組み合わせて 4 点 DFT が構成され，$\cdots$，$N/2$ 点 DFT を二つ組み合わせて N 点 DFT が構成される．このような考え方に基づき，$N = 8$ の場合の FFT の流れ図の詳細を描くと，図 4.4 のようになる．

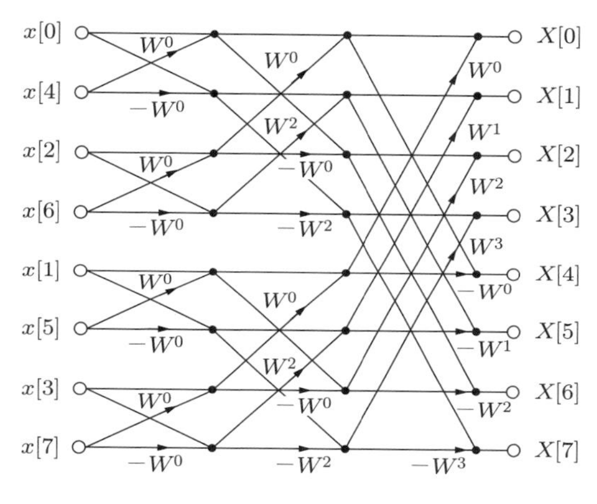

図 4.4　FFT の流れ図

4.2.2 高速フーリエ変換の計算量

図 4.4 の 8 点 FFT において必要とされる複素乗算回数と複素加算回数は，ともに以下の値となる．

$$\text{複素乗算回数} = 8 \times 3 = 24 \tag{4.17}$$

$$\text{複素加算回数} = 8 \times 3 = 24 \tag{4.18}$$

この値はともに $8 \log_2 8$ に相当する．

一般に，N 点 FFT の複素乗算回数と複素加算回数は，ともに

$$N \log_2 N \tag{4.19}$$

となることが容易に示される．たとえば，$N = 2^{10} = 1024$ のとき，1024 点 FFT の複素乗算回数と複素加算回数は $N \log_2 N = 1024 \times 10 = 10240$ である．この計算回数は前述の N 点 DFT の直接計算の計算回数の約 1/100 である．したがって，FFT を用いるときわめて少ない計算量で DFT を求めることができ，実用的な処理時間で DFT の実行が

† 例題 3.1 参照

可能となる．

4.2.3 高速フーリエ変換の流れ図の特徴

図 4.4 に見られるように，FFT の流れ図には次の三つの明確な特徴がある．

(1) **バタフライ** (butterfly)：

FFT の流れ図は，次式のバタフライとよばれる演算の単位によって規則正しく作られている．

$$X_{s+1}[q] = X_s[q] + W_N^k X_s[r] \tag{4.20}$$

$$X_{s+1}[r] = X_s[q] - W_N^k X_s[r] \tag{4.21}$$

バタフライは，図 4.5(a) に示されるように，2 点の信号に対して 2 回の複素乗算と 2 回の複素加算を行い，2 点の信号を作り出す計算である．このバタフライ演算は FFT をハードウェアやソフトウェアで実現するときのモジュールとなる．

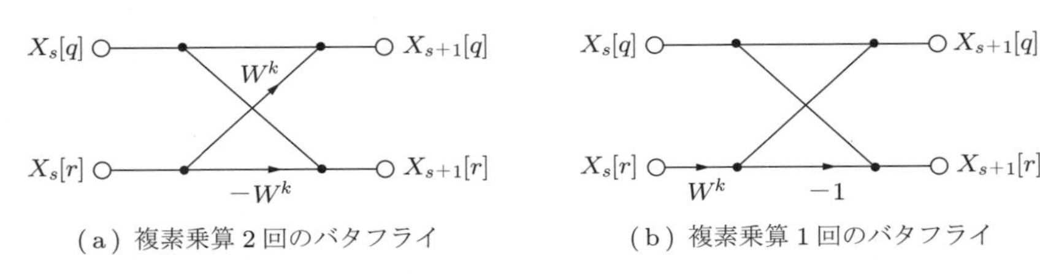

(a) 複素乗算 2 回のバタフライ　　(b) 複素乗算 1 回のバタフライ

図 4.5　バタフライ

(2) **ビット逆順** (bit-reversed order)：

ビット逆順は信号 $x[n]$ の配置に関しての規則である．たとえば，8 点の時間間引き形 FFT では，$x[n]$ はインデックスの昇順（すなわち $n = 0, 1, 2, \cdots, 7$ の順）に配置されるのではなく，$0, 4, 2, 6, 1, 5, 3, 7$ のインデックスの順に配置されている．この順序はインデックス n の 2 進数表現のビットを逆順にして得られるものである．たとえば，6 の 2 進数表現は 110 であるので，このビット逆順は 011 となり，これは 3 を意味する．したがって，信号 $x[6]$ は 3 の位置に配置される．

(3) **定位置計算** (in-place computation)：

図 4.5 のバタフライからわかるように，FFT の計算過程においてバタフライの計算結果 $X_{s+1}[q]$ と $X_{s+1}[r]$ は，$X_s[q]$ と $X_s[r]$ が格納されている複素配列に格納することができる．このため，図 4.4 の FFT の流れ図において，水平線上にある節点はすべて共通の配列に格納することができる．これによって，信号 $x[n]$ を格納するために用いた長さ N の複素配列だけを使って FFT の計算過程と最終結果をすべて格納することができる．したがって，N 点 FFT を実行するために必要とする配列は長さ N の複素配列が一つあれば十分である．このような性質をもつ計算は一般に定位置計算とよばれる．

4.2.4 高速フーリエ変換の流れ図の変更

図 4.4 の流れ図を少しだけ変更することによって，複素乗算回数を半減する方法を容易に導出することができる．まず，バタフライの式 (4.20) と式 (4.21) において，$W_N^r X_m[s]$ を一度だけ計算するものとすると，図 4.5(a) のバタフライは図 4.5(b) のように書き換えられる．図 4.5(a) のバタフライ演算では，複素乗算回数が 2 回必要であったのに対して，新しい流れ図 4.5(b) では，複素乗算回数は 1 回である．新しいバタフライを用いて図 4.4 の FFT の流れ図を変更すると，図 4.6 が得られる．この新しい N 点の FFT では，複素乗算回数は $(N/2)\log_2 N$ となる．この計算回数はもとの FFT の計算回数の半分である．

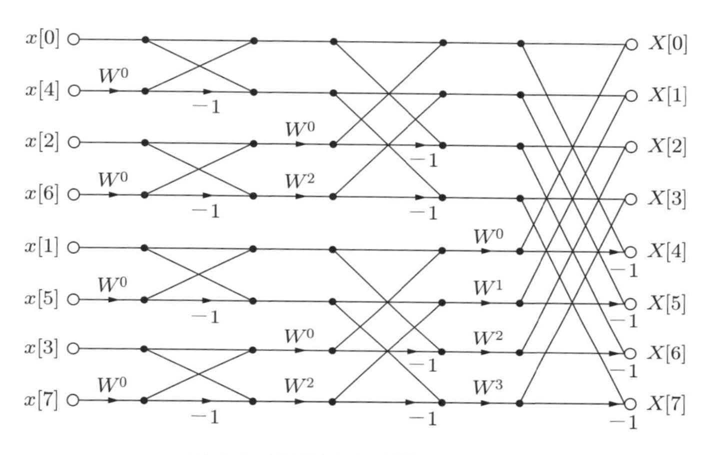

図 4.6 変更された FFT の流れ図

4.3 高速フーリエ変換のプログラム

前節の考察から得られる基数 2 の時間間引き形 FFT の実行例をプログラム 4.1 に示す．このプログラムでは，プログラム 4.2 で定義される関数 **myfft** が使われている†．関数 **myfft** は基数 2 の時間間引き形 FFT アルゴリズムを明示的に記述する目的で作られていることに留意してほしい．このため，関数 **myfft** は MATLAB の機能と特徴を十分に活かしたプログラムとはなっていない．実際に FFT を実行する場合には，MATLAB に組み込まれている関数 **fft** を利用することをすすめる．関数 **fft** は信号の長さ N が 2 のべき乗の場合だけではなく，一般の合成数の場合に対してもきわめて効率的に高速フーリエ変換を実行する．

プログラム 4.1 高速フーリエ変換（FFT）の実行例

```
x = [1, 1, 1, 1, 0, 0, 0, 0];  % 8点の信号
X = myfft(x)                   % FFTの実行
magX = abs(X)                  % 振幅スペクトル
```

ディスプレイの表示

```
X =
  1 列から 4 列
```

† 関数 myfft は myfft.m のファイル名で同じフォルダに保存されているものとする．

```
   4.0000 + 0.0000i   1.0000 - 2.4142i   0.0000 + 0.0000i   1.0000 - 0.4142i
  5 列から 8 列
   0.0000 + 0.0000i   1.0000 + 0.4142i   0.0000 + 0.0000i   1.0000 + 2.4142i


magX =
    4.0000    2.6131         0    1.0824         0    1.0824         0    2.6131
```

プログラム 4.2 関数 myfft

```
function X = myfft(x)
    % 基数2の時間間引き形高速フーリエ変換(FFT) X = myfft(x)
    % 入力引数 x = 2 のべき乗の長さのベクトル
    % 出力引数 X = 信号 x の離散フーリエ変換
    % 参考文献 Rabiner, Gold, "Theory and Application of Digital
    %          Signal Processing," p. 367, 1975, Prentice-Hall.

    % 信号の長さの確認
    X = complex(x);                                  % 高速フーリエ変換Xの準備
    N = length(x);
    p = nextpow2(N);                                 % N以上の最小の2のべき乗の指数
    if  N ~= 2 ^ p                                   % Nが2のべき乗でなければ
        error('Length of x is not a power of 2.');  % エラー表示と終了
    end

    % N = 1 の場合
    if N == 1
        return  % X=xを返して終了
    end

    % N>=2 の場合(一般の場合)
    % 信号xのビット逆順
    N2 = N / 2;
    q = 1;
    for r = 1 : N -1      % ビット逆順開始
        if r < q
            tmp = X(q);  % X(r)とx(q)の交換
            X(q) = X(r);
            X(r) = tmp;
        end
        n = N2;
        while n < q
            q = q - n;
            n = n / 2;
        end
        q = q + n;
    end                   % ビット逆順終了

    % 回転因子の計算
    q = 0 : N2 - 1;
    WNk = exp(-1j * 2 * pi * q / N);
```

```
    % 第s段階のバタフライ
    for s = 1 : p                      % 第s段階(ただしN=2^p)
        u = 2 ^ s;
        v = 2 ^ (s - 1);               % v=u/2
        w = 2 ^ (p - s);               % w=N/u
        for m = 1 : v
            k = (m - 1) * w + 1;
            for q = m : u : N
                r = q + v;
                WX = WNk(k) * X(r);
                X(r) = X(q) - WX;  % バタフライ
                X(q) = X(q) + WX;
            end
        end
    end
end
```

4.4 高速フーリエ変換によるたたみこみの高速計算

4.4.1 循環たたみこみ

2.2 節で見たように，N 点の信号 $h[n]$ と $x[n]$ のそれぞれの離散時間フーリエ変換 $H(e^{j\omega})$ と $X(e^{j\omega})$ の積 $Y(e^{j\omega}) = H(e^{j\omega})X(e^{j\omega})$ は，信号 $h[n]$ と $x[n]$ の次のようなたたみこみ $y[n]$ に対応している．

$$y[n] = \sum_{k=0}^{N-1} h[k]x[n-k], \quad n = 0, 1, 2, \cdots, 2N-2 \tag{4.22}$$

このたたみこみの結果 $y[n]$ は $2N-1$ 点の信号となる．このような二つの変換の積がもとの信号のたたみこみに対応することは，様々な変換においてしばしば見られる性質である．

離散フーリエ変換においては，このような関係はどのように表現されるであろうか．いま，N 点信号 $h[n]$ と $x[n]$ の DFT をそれぞれ $H[k]$ と $X[k]$ とし，この積を $Y_c[k]$ とする．すなわち，

$$Y_c[k] = H[k]X[k], \quad k = 0, 1, 2, \cdots, N-1 \tag{4.23}$$

とする．このとき，3.2 節の性質 (7) から，$Y_c[k]$ の逆変換 $y_c[n]$ は，$h[n]$ と $x[n]$ を用いて以下のように表されることが知られている．

$$\begin{aligned} y_c[n] &= \sum_{k=0}^{N-1} h[k]x[n-k]_N \\ &= \sum_{k=0}^{N-1} h[n-k]_N x[k], \quad n = 0, 1, 2, \cdots, N-1 \end{aligned} \tag{4.24}$$

上式は $h[n]$ と $x[n]$ の N 点のある種のたたみこみであるが，式 (4.22) とは異なっている．式 (4.22) と (4.24) のたたみこみを区別するために，式 (4.22) を**線形たたみこみ** (linear convolution) とよび†，式 (4.24) を**循環たたみこみ** (circular convolution) とよぶ．

循環たたみこみは以下のように解釈される．すなわち，図 4.7 に示されるように，$h[n]$ の各値を円周上の N 等分された点上に置く．一方，$x[n]$ の各値を円周上の N 等分された点上に置く．ただし，$x[n]$ を置くときの最初の点は $h[n]$ とは p 点だけずらし，$h[n]$ とは逆方向に $x[n]$ を並べる．このとき，対応する点上の二つの信号の積を求め，その結果をすべて加算して得られた結果が $y[p]$ となる．式 (4.24) が $h[n]$ と $x[n]$ の循環たたみこみとよばれる理由がここにある．

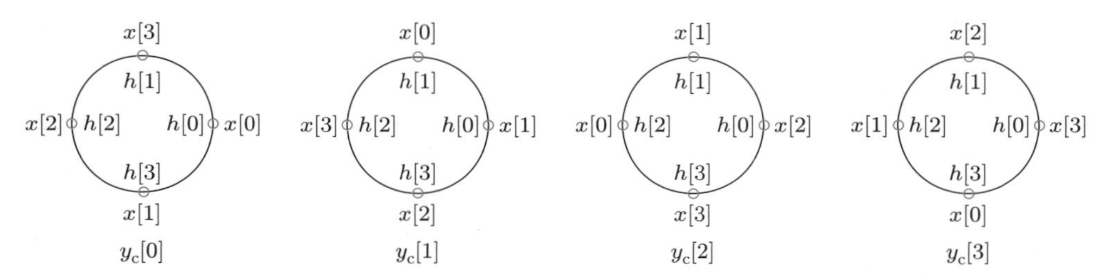

図 4.7 循環たたみこみ（$N = 4$ のとき，$y_c[0], \cdots, y_c[3]$ を求める場合）

例題 4.1 次の 4 点の信号 $h[n]$ と $x[n]$ の線形たたみこみ $y[n]$ と循環たたみこみ $y_c[n]$ をそれぞれ求めよ．

$$h[n] = [\underline{8}, 4, 2, 1] \tag{4.25}$$

$$x[n] = [\underline{1}, 2, 3, 4] \tag{4.26}$$

解答 $N = 4$ として，式 (4.22) から，線形たたみこみは次のように求められる．

$$\begin{aligned} y[0] &= \sum_{k=0}^{3} h[k]x[0-k] \\ &= h[0]x[0] \\ &= 8 \times 1 = 8 \end{aligned} \tag{4.27}$$

$$\begin{aligned} y[1] &= \sum_{k=0}^{3} h[k]x[1-k] \\ &= h[0]x[1] + h[1]x[0] \\ &= 8 \times 2 + 4 \times 1 = 20 \end{aligned} \tag{4.28}$$

同様にして，以下の結果が得られる．

$$y[n] = [\underline{8}, 20, 34, 49, 24, 11, 4] \tag{4.29}$$

式 (4.24) から，循環たたみこみは以下のように計算される．

$$y_c[0] = \sum_{k=0}^{3} h[k]x[0-k]_4$$

† 線形たたみこみの信号処理における意味と計算法については，5.2 節で詳しく説明される．

$$
\begin{aligned}
&= h[0]x[0]_4 + h[1]x[-1]_4 + h[2]x[-2]_4 + h[3]x[-3]_4 \\
&= h[0]x[0] + h[1]x[3] + h[2]x[2] + h[3]x[1] \\
&= 8 \times 1 + 4 \times 4 + 2 \times 3 + 1 \times 2 = 32 \qquad (4.30)
\end{aligned}
$$

$$
\begin{aligned}
y_c[1] &= \sum_{k=0}^{3} h[k]x[1-k]_4 \\
&= h[0]x[1]_4 + h[1]x[0]_4 + h[2]x[-1]_4 + h[3]x[-2]_4 \\
&= h[0]x[1] + h[1]x[0] + h[2]x[3] + h[3]x[2] \\
&= 8 \times 2 + 4 \times 1 + 2 \times 4 + 1 \times 3 = 31 \qquad (4.31)
\end{aligned}
$$

同様にして，以下の結果が得られる．

$$
y_c[n] = [\underline{32}, 31, 38, 49] \qquad (4.32)
$$

実行例をプログラム 4.3 に示す．このプログラムでは，プログラム 4.4 で定義される関数 mycircconv が使われている†．

プログラム 4.3　線形たたみこみと循環たたみこみ（例題 4.1）

```
h = [8, 4, 2, 1];       % 信号h
x = [1, 2, 3, 4];       % 信号x
y = conv(h, x)          % 線形たたみこみ
yc = mycircconv(h, x)   % 循環たたみこみ
```

ディスプレイの表示

```
y =
     8    20    34    49    24    11     4


yc =
    32    31    38    49
```

プログラム 4.4　関数 mycircconv

```
function yc = mycircconv(h, x)
    % 信号hとxの循環たたみこみ yc = mycircconv(h, x)
    % 入力引数 h = 信号, x = 信号. 二つの信号の長さは等しくなければならない
    % 出力引数 yc = N点の循環たたみこみの結果

    if length(h) ~= length(x)                        % hとxの長さが異なれば
        error('Length of h and x must be equal.');   % エラーを表示して終了
    end
    N = length(h);                                   % hの長さ
    yc = zeros(1, N);                                % ycの初期化
    for n = 0 : N - 1
        for k = 0 : N - 1
            yc(n + 1) = yc(n + 1) + h(k + 1) * x(mod((n - k), N) + 1);
                                                     % 循環たたみこみの実行
        end
    end
end
```

† 関数 mycircconv は mycircconv.m のファイル名で同じフォルダに保存されているものとする．

4.4.2 循環たたみこみによる線形たたみこみの実行

循環たたみこみを利用して，実質的に線形たたみこみを実現することができる．このためには，N 点の信号 $h[n]$ と $x[n]$ の後ろに $N-1$ 個以上の 0 の値を付加して $2N-1$ 点信号 $h'[n]$ と $x'[n]$ を作り，この二つの信号の $2N-1$ 点の循環たたみこみを実行する．このとき，付加された値 0 の信号の効果により，循環たたみこみの結果は実質的に線形たたみこみとなる．値 0 の信号を付加することを**ゼロづめ** (zero padding) という．

例題 4.2 例題 4.1 の信号 $h[n]$ と $x[n]$ に適当な数のゼロづめを行って得られる信号 $h'[n]$ と $x'[n]$ の循環たたみこみを行い，その結果が線形たたみこみに等しいことを示せ．

解答 $N=4$ であるので，$N-1=3$ 点のゼロづめを行い，以下のような $2N-1=7$ 点の信号を作る．

$$h'[n] = [\underline{8}, 4, 2, 1, 0, 0, 0] \tag{4.33}$$

$$x'[n] = [\underline{1}, 2, 3, 4, 0, 0, 0] \tag{4.34}$$

信号 $h'[n]$ と $x'[n]$ の 7 点の循環たたみこみは以下のようになり，ゼロづめの効果により，たたみこみの循環性が取り除かれる．

$$\begin{aligned}
y'_{\mathrm{c}}[0] &= \sum_{k=0}^{6} h'[k]x'[0-k]_7 \\
&= h'[0]x'[0]_7 + h'[1]x'[-1]_7 + h'[2]x'[-2]_7 + \cdots + h'[5]x'[-5]_7 + h'[6]x'[-6]_7 \\
&= h'[0]x'[0] + h'[1]x'[6] + h'[2]x'[5] + \cdots + h'[5]x'[2] + h'[6]x'[1] \\
&= 8\times 1 + 4\times 0 + 2\times 0 + 1\times 0 + \cdots + 0\times 4 + 0\times 3 + 0\times 2 \\
&= 8
\end{aligned} \tag{4.35}$$

$$\begin{aligned}
y'_{\mathrm{c}}[1] &= \sum_{k=0}^{6} h'[k]x'[1-k]_7 \\
&= h'[0]x'[1]_7 + h'[1]x'[0]_7 + h'[2]x'[-1]_7 + \cdots + h'[5]x'[-4]_7 + h'[6]x'[-5]_7 \\
&= h'[0]x'[1] + h'[1]x'[0] + h'[2]x'[6] + \cdots + h'[5]x'[3] + h'[6]x'[2] \\
&= 8\times 2 + 4\times 1 + 2\times 0 + 1\times 0 + \cdots + 0\times 0 + 0\times 4 + 0\times 3 \\
&= 20
\end{aligned} \tag{4.36}$$

同様にして，以下の結果が求められる．

$$y'_{\mathrm{c}}[n] = [\underline{8}, 20, 34, 49, 24, 11, 4] \tag{4.37}$$

これは線形たたみこみの結果 (4.29) に等しい．実行例をプログラム 4.5 に示す．例題 4.1 と同様に，関数 `mycircconv` を用いる．

プログラム 4.5 循環たたみこみによる線形たたみこみの実行（例題 4.2）

```
h = [8, 4, 2, 1];                        % 信号h
x = [1, 2, 3, 4];                        % 信号x
hp = [h, zeros(1, length(x) - 1)]        % hにゼロづめ
xp = [x, zeros(1, length(h) - 1)]        % xにゼロづめ
ycp = mycircconv(hp, xp)                 % 循環たたみこみ
```

ディスプレイの表示

```
hp =
     8     4     2     1     0     0     0

xp =
     1     2     3     4     0     0     0

ycp =
     8    20    34    49    24    11     4
```

一般に，N_h 点の信号 $h[n]$ と N_x 点の信号 $x[n]$ に対しては，それぞれの信号に $N_x - 1$ 点と $N_h - 1$ 点のゼロづめを行い，$N_h + N_x - 1$ 点の循環たたみこみを行うことで，実質的に線形たたみこみが実現できる．

4.4.3 高速フーリエ変換による線形たたみこみの高速計算

4.4.1 項で示された式 (4.23) と (4.24) からわかるように，二つの信号 $h[n]$ と $x[n]$ の DFT $H[k]$ と $X[k]$ の積 $Y[k] = H[k]X[k]$ を求め，これを逆変換することで，$h[n]$ と $x[n]$ の循環たたみこみ $y_c[n]$ を得ることができる．また，信号に適当な長さのゼロづめを行うことで，この方法によって実質的に線形たたみこみを得ることができる．したがって，以下のような DFT による線形たたみこみの計算法が得られる．

(1) N 点信号 $h[n]$ と $x[n]$ に $N-1$ 点のゼロづめを行い，$2N-1$ 点信号 $h'[n]$ と $x'[n]$ を作る．
(2) $h'[n]$ と $x'[n]$ の $2N-1$ 点 DFT $H'[k]$ と $X'[k]$ を求める．
(3) DFT $H'[k]$ と $X'[k]$ の積 $Y'[k]$ を求める．
(4) DFT $Y'[k]$ の IDFT $y'[n]$ を求める．

このような DFT を経由して線形たたみこみを実行することは煩雑であるように見えるが，DFT の計算を FFT で置き換えることで，たたみこみのための計算量を削減できる．

いま，線形たたみこみの直接計算と FFT を利用した線形たたみこみの計算量を簡単に比較しよう．式 (4.22) から明らかなように，二つの N 点信号 $h[n]$ と $x[n]$ の線形たたみこみの直接計算の計算量（複素乗算回数と複素加算回数）は $O(N^2)$ である．一方，FFT を利用する場合には，信号の長さが 2 のべき乗になるようにゼロづめを行わなければならないため，信号の長さが $2N-1$ よりも長くなる．ただし，この場合でも，FFT を利用した線形たたみこみの計算量は $O(N \log N)$ となる．したがって，N が大きいときには，FFT を利用した線形たたみこみのほうが計算量ははるかに少なくなる†．

例題 4.3　例題 4.1 の信号 $h[n]$ と $x[n]$ の線形たたみこみを FFT を用いて実行せよ．

解答　まず，この二つの信号 $h[n]$ と $x[n]$ の長さは $N=4$ 点であるから，線形たたみこみの結果は $2N-1=7$ 点の信号となる．そこで，7 より大きく，これに最も近い 2 のべき乗の数

† この二つの線形たたみこみの計算法の計算量に関する比較は粗いものであり，オーダを議論していることに注意されたい．

として $M = 8$ を選び，$h[n]$ と $x[n]$ にゼロづめを行い，次の $M = 8$ 点の信号を作る．

$$h'[n] = [\underline{8}, 4, 2, 1, 0, 0, 0, 0] \tag{4.38}$$

$$x'[n] = [\underline{1}, 2, 3, 4, 0, 0, 0, 0] \tag{4.39}$$

$h'[n]$ と $x'[n]$ の FFT を求めると以下のようになる．

$$H'[k] = [\underline{15.0000}, 10.1213 - j5.5355, 6.0000 - j3.0000, 5.8787 - j1.5355, 5.0000, 5.8787 + j1.5355, 6.0000 + j3.0000, 10.1213 + j5.5355] \tag{4.40}$$

$$X'[k] = [\underline{10.0000}, -0.4142 - j7.2426, -2.0000 + j2.0000, 2.4142 - j1.2426, -2.0000, 2.4142 + j1.2426, -2.0000 - j2.0000, -0.4142 + j7.2426] \tag{4.41}$$

二つの FFT の積 $Y'[k]$ は以下のようになる．

$$Y'[k] = 100 \times [\underline{1.5000}, -0.4428 - j0.7101, -0.0600 + j0.1800, 0.1228 - j0.1101, -0.1000, 0.1228 + j0.1101, -0.0600 - j0.1800, -0.4428 + j0.7101] \tag{4.42}$$

$Y'[k]$ の IDFT を実行すれば，信号 $y'[n]$ が

$$y'[n] = [\underline{8}, 20, 34, 49, 24, 11, 4, 0] \tag{4.43}$$

のように得られる．これは線形たたみこみの直接計算の結果 (4.29) に等しい．実行例をプログラム 4.6 に示す．

プログラム 4.6 **高速フーリエ変換（FFT）による線形たたみこみの実行（例題 4.3）**

```
h = [8, 4, 2, 1];                      % 信号h
x = [1, 2, 3, 4];                      % 信号x
M = length(h) + length(x) - 1;         % たたみこみの長さM
M = 2 ^ nextpow2(M);                   % Mに最も近い2のべき乗に修正
hp = [h, zeros(1, M - length(h))]      % hへゼロづめ
xp = [x, zeros(1, M - length(x))]      % xへゼロづめ
Hp = fft(hp, M)                        % hpのFFT
Xp = fft(xp, M)                        % xpのFFT
Yp = Hp .* Xp                          % HpとXpの積Yp
yp = ifft(Yp, M)                       % YpのIFFT yp
```

ディスプレイの表示

```
hp =
     8     4     2     1     0     0     0     0


xp =
     1     2     3     4     0     0     0     0


Hp =
  1 列から 4 列
  15.0000 + 0.0000i  10.1213 - 5.5355i   6.0000 - 3.0000i   5.8787 - 1.5355i
  5 列から 8 列
   5.0000 + 0.0000i   5.8787 + 1.5355i   6.0000 + 3.0000i  10.1213 + 5.5355i
```

```
Xp =
  1 列から 4 列
  10.0000 + 0.0000i  -0.4142 - 7.2426i  -2.0000 + 2.0000i   2.4142 - 1.2426i
  5 列から 8 列
  -2.0000 + 0.0000i   2.4142 + 1.2426i  -2.0000 - 2.0000i  -0.4142 + 7.2426i

Yp =
   1.0e+02 *
  1 列から 4 列
   1.5000 + 0.0000i  -0.4428 - 0.7101i  -0.0600 + 0.1800i   0.1228 - 0.1101i
  5 列から 8 列
  -0.1000 + 0.0000i   0.1228 + 0.1101i  -0.0600 - 0.1800i  -0.4428 + 0.7101i

yp =
    8.0000   20.0000   34.0000   49.0000   24.0000   11.0000    4.0000   -0.0000
```

以上の FFT による線形たたみこみの実行では，二つの信号の長さが等しいか，それほど異ならない場合を想定していた．一方，二つの信号の線形たたみこみを実行するときに，二つの信号の長さが大きく異なる場合がある．すなわち，一つの信号は比較的に短い信号であり，他の一つは比較的長い信号である場合がある．このようなときには，ゼロづめの後の FFT による線形たたみこみは効率的とはいえない．さらに，一つの信号は有限長であり，他の信号は無限長である場合もある．たとえば，単位インパルス応答 $h[n]$，$n = 0, 1, 2, \cdots, L-1$ と入力信号 $x[n]$，$n = 0, 1, 2, \cdots$ の次のたたみこみを行い，**FIR フィルタリング** (FIR filtering) を実行したいときなどが，そのような場合にあたる†．

$$y[n] = \sum_{k=0}^{L-1} h[k]x[n-k], \quad n = 0, 1, 2, \cdots \tag{4.44}$$

この場合，入力信号 $x[n]$ が無限の長さをもっているため，前述の FFT によるたたみこみの計算を直接には適用することはできない．しかし，入力信号 $x[n]$ を有限長のブロックに区切り，このブロック入力と $h[n]$ との循環たたみこみを FFT によって行うことができる．このとき，ゼロづめを用いるのではなく，各ブロックの出力を適切に修正することで FFT によるたたみこみの循環性の効果を除去する．このように，無限長の信号を有限長のブロックに区切って行うたたみこみは，**ブロックたたみこみ** (block convolution) とよばれる．

演習問題

4.1 FFT の導出において用いられた回転因子の次の性質を証明せよ．ただし，k, m, r は整数であり，N は正整数である．

(1) $W_N^{k \cdot 2m} = W_{N/2}^{km}$

(2) $W_N^{r+N/2} = -W_N^r$

† FIR フィルタリングについては，第 5 章と第 9 章で述べられている．

4.2 FFT のビット逆順について，以下の問いに答えよ．

(1) $N = 1, 2, 4, 8, 16, 32$ の FFT において，信号 $x[n]$ のビット逆順の配置を示せ．

(2) FFT の流れ図において，信号 $x[n]$ のビット逆順が現れる理由を説明せよ．

4.3 $N = 1, 2, 4, 8, 16, 32$ 点の DFT と FFT の流れ図を描け．ただし，図が煩雑になる場合には，回転因子の記入は省略してもよいが，信号 $x[n]$ とその変換 $X[k]$ の配置は必ず記入すること（ビット逆順の配置に注意せよ）．

4.4 $N = 2^p$ 点 $(p = 0, 1, 2, \cdots, 12)$ の DFT と FFT を実行するために必要な複素乗算回数を求め，以下の表を完成せよ．また，以下の表をグラフ化せよ．

表 4.1 **N 点 DFT と FFT を実行するために必要な複素乗算回数の比較**

p	信号の長さ $N = 2^p$	DFT の複素乗算回数 D	FFT の複素乗算回数 F	複素乗算回数の比 F/D
0				
1				
2				
⋮	⋮	⋮	⋮	⋮
12				

4.5 DFT と FFT の MATLAB プログラム（プログラム 3.2，4.2）の計算時間を測定せよ．たとえば，$N = 2^p$ $(p = 0, 1, 2, \cdots, 12)$ 点のランダムな信号に対してプログラムを実行することで，二つのプログラムの計算時間を実際に測定し，比較せよ．この計算時間は，信号の長さ N に対してどのような傾向をもっているか答えよ．

4.6 4.2.1 項で示された分割統治法の考え方に基づく FFT のアルゴリズムは，長さ N が 2 のべき乗である信号 $x[n]$，$n = 0, 1, 2, \cdots, N-1$ に対して以下のように再帰的に記述され，図 4.8 のように図示される†．

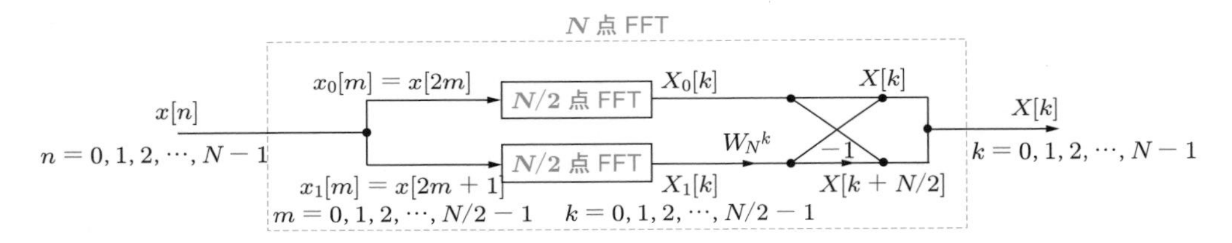

図 4.8 **高速フーリエ変換の再帰的構造**

- $N = 1$ ならば：

$$X[0] = x[0] \quad \text{として終了} \tag{4.45}$$

- $N \neq 1$ ならば：

$$\text{分割} \begin{cases} x_0[m] = \text{偶数インデックスの信号 } x[2m] \\ x_1[m] = \text{奇数インデックスの信号 } x[2m+1] \end{cases}, \quad m = 0, 1, 2, \cdots, N/2-1 \tag{4.46}$$

† 本演習問題では FFT のアルゴリズムの原理の理解のために FFT を再帰的に記述している．再帰的な関数の呼び出しは，ディジタル信号処理においては効率的とはいえないため，実際の応用においては FFT を再帰的関数呼び出しで実現することはすすめられない．

$$\text{統治}\begin{cases} X_0[k] = N/2\ \text{点信号}\ x_0[m]\ \text{の FFT} \\ X_1[k] = N/2\ \text{点信号}\ x_1[m]\ \text{の FFT} \end{cases}, \quad k = 0, 1, 2, \cdots, N/2 - 1 \tag{4.47}$$

$$\text{結合}\begin{cases} X[k] = X_0[k] + W_N^k X_1[k] \\ X[k + N/2] = X_0[k] - W_N^k X_1[k] \end{cases}, \quad k = 0, 1, 2, \cdots, N/2 - 1 \tag{4.48}$$

式 (4.45) ~ (4.48) および図 4.8 を参考に，MATLAB の再帰的関数として FFT を実現し，その性能を評価せよ．

4.7 信号 $x[n]$ から DFT $X[k]$ を求める高速アルゴリズムには様々なものがある．$X[k]$ に着目し，インデックス k が偶数か奇数かによって DFT のアルゴリズムを再帰的に分割して得られる高速アルゴリズムは周波数間引き形 FFT(decimation in frequency FFT) とよばれる．周波数間引き形 FFT アルゴリズムについて調査し，この FFT の流れ図，ビット逆順，バタフライ，計算量に関して時間間引き形 FFT の場合と比較せよ．

4.8 次の 6 点の信号のたたみこみに関して，以下の問いに答えよ．

$$h[n] = [\underline{1}, 5, 10, 10, 5, 1], \quad x[n] = [\underline{1}, 2, 0, -2, 3, -2]$$

(1) $h[n]$ と $x[n]$ の線形たたみこみを求めよ．

(2) $h[n]$ と $x[n]$ の 6 点の循環たたみこみを求めよ．

(3) $h[n]$ と $x[n]$ に適当な長さのゼロづめをして得られる信号 $h'[n]$ と $x'[n]$ の循環たたみこみを実行することで，$h[n]$ と $x[n]$ の線形たたみこみを実行せよ．

5 ディジタルフィルタの基礎

本章では，離散時間システムとディジタルフィルタの基礎事項を扱っている．離散時間システムの基礎として線形性かつ時不変性をもつシステムを取り上げる．線形・時不変・離散時間システムは数学的に取り扱いやすく，ディジタル信号処理においてはディジタルフィルタとよばれている．線形・時不変・離散時間システム，すなわちディジタルフィルタの入出力の表現として，時間領域表現のたたみこみと差分方程式について説明し，ディジタルフィルタは乗算器，加算器，遅延素子の三つの構成要素によって実現できることを示す．また，ディジタルフィルタのもう一つの入出力関係の表現として，周波数領域表現の周波数応答について説明する．

5.1 ディジタルフィルタ

5.1.1 離散時間システム

ディジタル信号処理では，離散時間の入力信号から出力信号を作り出すプログラム，アルゴリズム，回路などを総称して**離散時間システム** (discrete-time system) とよんでいる．離散時間システムは，抽象的には入力信号 $\{x[n]\}$ を出力信号 $\{y[n]\}$ に変換する演算子である．図 5.1 に示されるように，このシステムの入出力関係は $y[n] = S[\{x[n]\}]$ と表され，次のように略記されることが多い．

$$y[n] = S[x[n]] \tag{5.1}$$

以後，離散時間システムを単にシステムとよぶ．

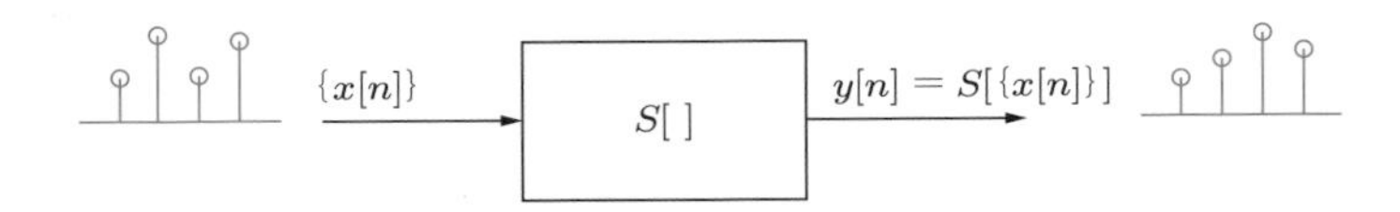

図 5.1 離散時間システム

ディジタル信号処理の分野では，計算機やディジタルシグナルプロセッサ上のソフトウェア，VLSI ハードウェアなどによってシステムは実現される．ディジタル信号処理において数学的に取り扱いやすいため最もよく用いられているシステムは，次に示す線形性と時不変性をもつシステムである．

5.1.2 線形性と時不変性

以下の二つの条件を満たすとき，システムは**線形** (linear) であるという．

(1) スカラ a と信号 $x[n]$ に対して

$$S[ax[n]] = aS[x[n]] \tag{5.2}$$

(2) 信号 $x_1[n]$ と $x_2[n]$ に対して

$$S[x_1[n] + x_2[n]] = S[x_1[n]] + S[x_2[n]] \tag{5.3}$$

上の二つの条件は，以下の一つの条件と等価である．

(1) スカラ a_1 と a_2，信号 $x_1[n]$ と $x_2[n]$ に対して

$$S[a_1x_1[n] + a_2x_2[n]] = a_1S[x_1[n]] + a_2S[x_2[n]] \tag{5.4}$$

入力 $x_1[n]$ に対する出力を $y_1[n]$，入力 $x_2[n]$ に対する出力を $y_2[n]$ とする．二つのスカラ a_1 と a_2 を任意に選び，入力信号として $a_1x_1[n] + a_2x_2[n]$ をシステムに印加すると，**線形システム** (linear system) の出力は $a_1y_1[n] + a_2y_2[n]$ となることを式 (5.4) は表している．これを**重ね合わせの原理** (superposition principle) という．

いま，$y[n] = S[x[n]]$ とし，n_0 を任意に選んで入力 $x[n-n_0]$ をシステムに印加すると出力が $y[n-n_0]$ となるとき，このシステムは**時不変** (time-invariant) であるという．このとき出力は

$$y[n-n_0] = S[x[n-n_0]] \tag{5.5}$$

と書ける．

本書では線形かつ時不変なシステムを扱うこととする．このようなシステムを**線形・時不変システム** (linear time-invariant system) とよぶ．ディジタル信号処理の最も基本的な信号処理は線形・時不変システムによって実行される．ディジタル信号処理を目的とする線形・時不変システムを，本書では**ディジタルフィルタ** (digital filter) とよぶ．以後，線形・時不変システムという用語の代わりにディジタルフィルタという用語を用いて，その基礎理論を与える．したがって，この基礎理論はディジタル信号処理を目的としない一般的な線形・時不変システムの基礎理論でもある．

5.2 ディジタルフィルタのたたみこみ表現

5.2.1 単位インパルス応答とたたみこみ

2.1 節において示したように，式 (2.1) で与えられた単位インパルス $\delta[n]$ を用いると，任意の信号 $x[n]$ を次式のように表現することができる．

$$x[n] = \sum_{k=-\infty}^{\infty} x[k]\delta[n-k] \tag{5.6}$$

いま，単位インパルス入力 $\delta[n]$ に対するディジタルフィルタ $S[\ ]$ の応答，すなわち**単位インパルス応答** (unit impulse response) を $h[n] = S[\delta[n]]$ とすれば，$S[\ ]$ の時不変性より $\delta[n-k]$ に対する応答は

$$h[n-k] = S[\delta[n-k]] \tag{5.7}$$

で与えられる．よって，任意の入力 $x[n]$ に対する出力 $y[n]$ は，式 (5.6) を式 (5.1) に代入することで次のように求められる．

$$y[n] = S[x[n]] = S\left[\sum_{k=-\infty}^{\infty} x[k]\delta[n-k]\right] \tag{5.8}$$

さらに，$S[\ ]$ の線形性を考慮すると上式は次のように書ける[†1]．

$$y[n] = \sum_{k=-\infty}^{\infty} x[k]S[\delta[n-k]] = \sum_{k=-\infty}^{\infty} x[k]h[n-k] \tag{5.9}$$

$x[n]$ と $h[n]$ に対して $y[n]$ を求める上式の右辺の演算は，**たたみこみ** (convolution) あるいは**たたみこみ和** (convolution sum) とよばれる．次式のように記号 "$*$" を用いて，たたみこみは簡略に表現される[†2]．

$$y[n] = x[n] * h[n] \tag{5.10}$$

また，式 (5.9) の右辺の変数を変換して次のように表現することもできる．

$$y[n] = \sum_{k=-\infty}^{\infty} h[k]x[n-k] = h[n] * x[n] \tag{5.11}$$

このように，ディジタルフィルタの入出力関係は単位インパルス応答 $h[n]$ により完全に記述される．そこで，単位インパルス応答 $h[n]$ によって記述されるディジタルフィルタをディジタルフィルタ $h[n]$ とよび，図 5.2 のように図示する．

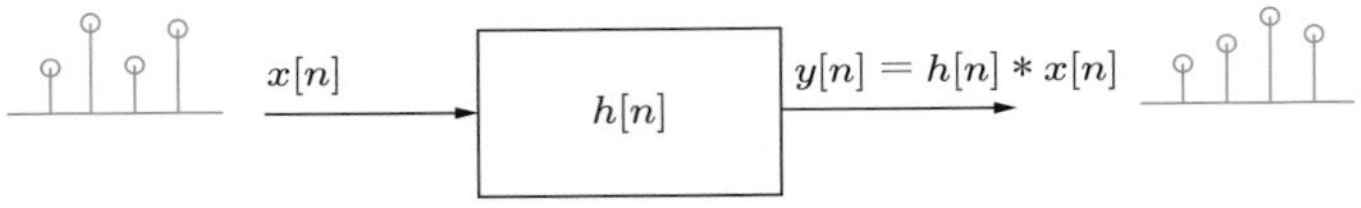

図 5.2 ディジタルフィルタ（線形・時不変システム）

ディジタルフィルタの単位インパルス応答 $h[n]$ が有限区間の数列であるとき，このようなディジタルフィルタを **FIR フィルタ** (finite impulse response filter) という．一方，単位インパルス応答 $h[n]$ が無限区間の数列であるとき，このようなディジタルフィルタを **IIR フィルタ** (infinite impulse response filter) という．

例題 5.1 次のディジタルフィルタ $h[n]$ を考える．

$$h[n] = [\underline{1}, 3, -1] \tag{5.12}$$

このディジタルフィルタに次のような信号 $x[n]$ が入力されたときの出力 $y[n]$ を求めよ．

$$x[n] = [\underline{2}, 1, 5, 3] \tag{5.13}$$

---

†1 式 (5.8) から式 (5.9) の変形において，$S[\ ]$ の中の $x[k]$ は時刻 n のインデックスをもっていないために，信号 $\delta[n-k]$ に対する係数としてはたらくことに注意する．

†2 記号 "$*$" を乗算と間違えてはならない．本書では，記号 "$*$" は x^* のように複素数 x の共役を表すために使われることにも注意してほしい．

解答 たたみこみの式 (5.9) あるいは式 (5.11) から

$$\begin{aligned} y[0] &= \sum_{k=-\infty}^{\infty} h[k]x[0-k] \\ &= \cdots + h[-1]x[1] + h[0]x[0] + h[1]x[-1] + \cdots \\ &= 1 \cdot 2 = 2 \end{aligned} \tag{5.14}$$

$$\begin{aligned} y[1] &= \sum_{k=-\infty}^{\infty} h[k]x[1-k] \\ &= \cdots + h[-1]x[2] + h[0]x[1] + h[1]x[0] + h[2]x[-1] + \cdots \\ &= 1 \times 1 + 3 \times 2 = 7 \end{aligned} \tag{5.15}$$

となる．以下，同様にして出力 $y[n]$ が次のように得られる．

$$y[n] = [\underline{2}, 7, 6, 17, 4, -3] \tag{5.16}$$

例題 5.1 の実行例をプログラム 5.1 に示す．このプログラムでは，プログラム 5.2 で定義されている関数 myconv を用いている[†]．関数 myconv は，たたみこみのアルゴリズムを具体的に示すためのものである．以下のプログラムでは MATLAB で定義されている関数 myconv を用いている．関数 myconv は，たたみこみのアルゴリズムを具体的に明示するために作られていることに留意してほしい．MATLAB にはたたみこみのための関数 conv があるため，実際にはこれを用いることをすすめる．

プログラム 5.1 たたみこみの簡単な計算例（例題 5.1）

```
h = [1, 3, -1];     % 単位インパルス応答
x = [2, 1, 5, 3];   % 入力
y = myconv(h, x)    % hとxのたたみこみ
```

ディスプレイの表示

```
y =
     2     7     6    17     4    -3
```

プログラム 5.2 関数 myconv

```
function y = myconv(h, x)
    % たたみこみの計算 y = myconv(h, x)
    % 入力引数 h = 単位インパルス応答, x = 入力信号
    % 出力式数 y = 出力
    % y[n] = h[0]x[n] + h[1]x[n-1] + ... + h[n]x[0]

    hlength = length(h);                                   % hの長さ
    xlength = length(x);                                   % xの長さ
    hzero = [h, zeros(1, xlength - 1)];                    % hのゼロづめ
    xzero = [x, zeros(1, hlength - 1)];                    % xのゼロづめ
    ylength = hlength + xlength - 1;                       % 出力yの長さ
    y = zeros(1, ylength);                                 % 出力の初期化
    for n = 0 : ylength - 1
```

† 関数 myconv は myconv.m のファイル名で同じフォルダに保存されているものとする．

```
        for k = 0 : n
            y(n + 1) = y(n + 1) + hzero(k + 1) * xzero(n - k + 1);  % たたみこみの計算
        end
    end
end
```

例題 5.2 次のディジタルフィルタ $h[n]$ に対して，以下の問い に答えよ．

$$h[n] = \alpha^n \cdot u_0[n] \tag{5.17}$$

(1) 入力 $x[n]$ と出力 $y[n]$ の関係を表すたたみこみの表現を求めよ．

(2) 単位ステップ入力 $u_0[n]$ に対するディジタルフィルタ $h[n]$ の単位ステップ応答 $y[n]$ を求めよ．

(3) $\alpha = 0.5, -0.5$ のそれぞれのときの単位ステップ応答 $y[n]$ を図示せよ．

解答 (1) $h[n]$ を式 (5.11) に代入すれば

$$\begin{aligned} y[n] &= \sum_{k=-\infty}^{\infty} \alpha^k \cdot u_0[k]x[n-k] \\ &= \sum_{k=0}^{\infty} \alpha^k \cdot x[n-k] \end{aligned} \tag{5.18}$$

となる．ここで，$u_0[k] = 0$ $(k < 0)$，$u_0[k] = 1$ $(k \geq 0)$ を利用している．

(2) 上式の入力 $x[n]$ に単位ステップ $u_0[n]$ を代入すれば，出力は $y[n]$ は次のように表せる．

$$y[n] = \sum_{k=0}^{\infty} \alpha^k \cdot u_0[n-k] \tag{5.19}$$

上式において，$u_0[n-k] = 0$ $(n-k < 0)$，$u_0[n-k] = 1$ $(n-k \geq 0)$ となるので，次式の $y[n]$ が得られる．

$$y[n] = \begin{cases} \displaystyle\sum_{k=0}^{n} \alpha^k, & n \geq 0 \\ 0, & n < 0 \end{cases} \tag{5.20}$$

よって，$y[n]$ は以下のように求められる．

- $\alpha = 1$ のとき

$$y[n] = \begin{cases} n+1, & n \geq 0 \\ 0, & n < 0 \end{cases} \tag{5.21}$$

- $\alpha \neq 1$ のとき

$$y[n] = \begin{cases} \dfrac{1-\alpha^{n+1}}{1-\alpha}, & n \geq 0 \\ 0, & n < 0 \end{cases} \tag{5.22}$$

(3) 図 5.3 のようになる．実行例をプログラム 5.3 に示す．

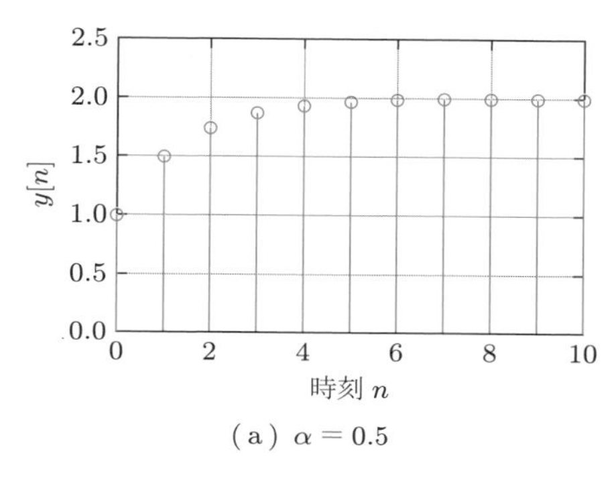

（a） $\alpha = 0.5$

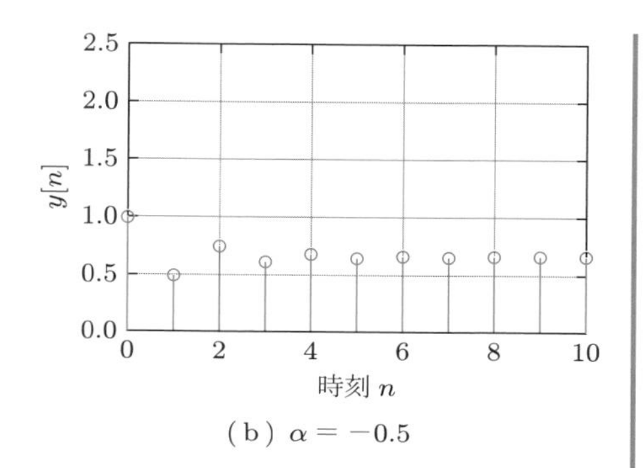

（b） $\alpha = -0.5$

図 5.3　ディジタルフィルタの単位ステップ応答

プログラム 5.3　ディジタルフィルタの単位ステップ応答（例題 5.2，図 5.3）

```
nend = 10; n = 0 : nend;  % 時間の範囲
x = ones(1, nend + 1);    % 単位ステップ入力

% alpha = 0.5 のときの単位ステップ応答
alpha1 = 0.5;
h1 = alpha1 .^ n;        % 単位インパルス応答
y1 = conv(h1, x);        % たたみこみ
y1 = y1(1 : nend + 1)    % 出力の図示範囲の制限
subplot(2, 2, 1);
stem(n, y1);             % 出力の図示
axis([0, nend, 0, 2.5]); grid;
xlabel('Time n'); ylabel('y[n]');

% 以下同様に alpha = -0.5 のときの単位ステップ応答
alpha2 = -0.5;
h2 = alpha2 .^ n;
y2 = conv(h2, x);
y2 = y2(1 : nend + 1)
subplot(2, 2, 2);
stem(n, y2);
axis([0, nend, 0, 2.5]); grid;
xlabel('Time n'); ylabel('y[n]');
```

ディスプレイの表示

```
y1 =
    1.0000    1.5000    1.7500    1.8750    1.9375    1.9688    1.9844    1.9922    1.9961    1.9980    1.9990

y2 =
    1.0000    0.5000    0.7500    0.6250    0.6875    0.6562    0.6719    0.6641    0.6680    0.6660    0.6670
```

5.2.2 たたみこみの計算法

たたみこみの計算は次のように理解される．すなわち，図 5.4 に示されるように $h[n]$ の各値を時間軸上に置く．一方，$x[n]$ の各値も時間軸上に置く．ただし，$y[p]$ を求めるときには，$x[0]$ を置く点は $h[0]$ とは p 点だけずらし，$h[n]$ とは逆方向に並べる．このとき，対応する時刻上の二つの信号の積を求め，その結果をすべて加算して得られた結果が

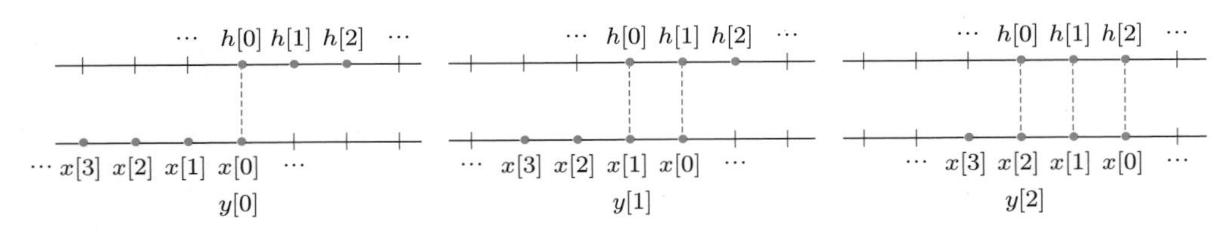

図 5.4 **たたみこみの計算**

$y[p]$ となる．式 (5.9) あるいは (5.11) によって表される $h[n]$ と $x[n]$ のたたみこみは線形たたみこみとよばれ，式 (4.24) の循環たたみこみとは区別される．

たたみこみの計算は，一見すると奇妙でわずらわしい計算のように見える．しかし，この計算は特別なものではなく，ある種の乗算と考えればよい．いま，単位インパルス応答 $h[n]$ を h_n のように簡略化して記述する．$x[n]$ と $y[n]$ についても同様とする．このとき，有限長の数列 $h_0, h_1, h_2 \cdots$ を一つの数とみなし，h_i はその桁の値であるとする．x_n と y_n についてもそれぞれ同様に考える．このとき，入力 x_n と単位インパルス応答 h_n のたたみこみによって出力 y_n を得る計算は，以下のように二つの数の乗算として得られる．ただし，各桁の加算を行うときに桁上げをしないことが通常の乗算とは異なるところである．

$$
\begin{array}{cccccc}
 & & \cdots & h_2 & h_1 & h_0 \\
* & & \cdots & x_2 & x_1 & x_0 \\
\hline
 & & \cdots & h_2x_0 & h_1x_0 & h_0x_0 \\
 & \cdots & h_2x_1 & h_1x_1 & h_0x_1 & \\
\cdots & h_2x_2 & h_1x_2 & h_0x_2 & & \\
\cdots & \cdots & \cdots & & & \\
\hline
\cdots & y_4 & y_3 & y_2 & y_1 & y_0
\end{array}
\tag{5.23}
$$

実際に，この方法で例題 5.1 のたたみこみの計算を行ってみると以下のようになる．

$$
\begin{array}{cccccc}
 & & & -1 & 3 & \underline{1} \\
 & * & 3 & 5 & 1 & \underline{2} \\
\hline
 & & & -2 & 6 & 2 \\
 & & -1 & 3 & 1 & \\
 & -5 & 15 & 5 & & \\
-3 & 9 & 3 & & & \\
\hline
-3 & 4 & 17 & 6 & 7 & \underline{2}
\end{array}
\tag{5.24}
$$

この計算結果は例題 5.1 の結果と同じものである．

以上のように記述すると，たたみこみを簡単に計算できる．たたみこみの計算がある種の乗算であることは，第 6 章の例題 6.9 において z 変換を用いて再び確認される．

5.3 縦続および並列接続

二つのディジタルフィルタ S_1 と S_2 の単位インパルス応答をそれぞれ $h_1[n]$ と $h_2[n]$ とする．このとき，図 5.5 に示される (a), (b), (c) について $x[n]$ と $y[n]$ に着目すると，いずれも等しい入出力関係をもつ．したがって二つのディジタルフィルタを**縦続接続** (cascade connection) して得られるフィルタの入出力特性は，その接続の順序には依存しない．

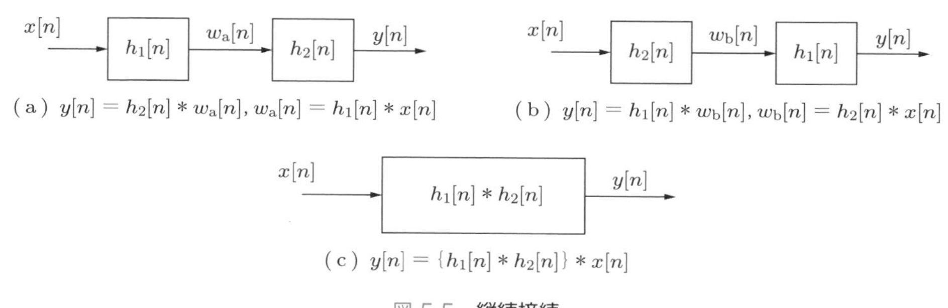

（a） $y[n] = h_2[n] * w_a[n], w_a[n] = h_1[n] * x[n]$

（b） $y[n] = h_1[n] * w_b[n], w_b[n] = h_2[n] * x[n]$

（c） $y[n] = \{h_1[n] * h_2[n]\} * x[n]$

図 5.5 縦続接続

このようなディジタルフィルタの性質は多数のディジタルフィルタの縦続接続の場合にも成り立つ．7.3 節において，高い次数のディジタルフィルタを低い次数のディジタルフィルタの縦続接続によって構成する際に，この性質は用いられる．

他方，図 5.6(a) で示されるように二つのディジタルフィルタを**並列接続** (parallel connection) した場合，その入出力関係は図 5.6(b) の場合と等しい．このようなディジタルフィルタの性質は多数のディジタルフィルタの並列接続の場合にも成り立つ．7.3 節において，高い次数のディジタルフィルタを低い次数のディジタルフィルタの並列接続によって構成する際に，この性質は用いられる．

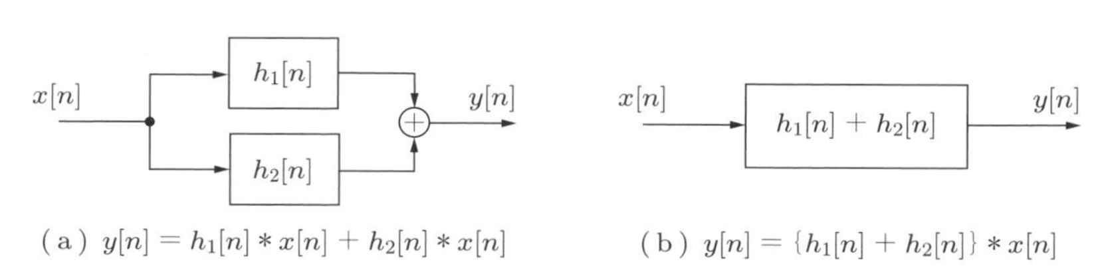

（a） $y[n] = h_1[n] * x[n] + h_2[n] * x[n]$

（b） $y[n] = \{h_1[n] + h_2[n]\} * x[n]$

図 5.6 並列接続

5.4 安定性と因果性

安定性 (stability) と**因果性** (causality) は，実際に用いられるディジタルフィルタに課される最も重要な条件である．

ディジタルフィルタの安定性について定義しよう．まず，すべての時刻 n に対して $|x[n]| < \infty$ となるとき，信号 $x[n]$ は**有界** (bounded) であるという．任意の**有界入力** (bounded-input) を印加し，その結果**有界出力** (bounded-output) を生ずるとき，このディジタルフィルタは**安定** (stable) であるという．ディジタルフィルタ $h[n]$ は，単位イ

ンパルス応答の絶対値和が次のように有限であるときに限って安定であることが知られている．

$$\sum_{k=-\infty}^{\infty} |h[k]| < \infty \tag{5.25}$$

この証明は演習問題 5.5 として残されている．

例題 5.3 例題 5.2 で示されるディジタルフィルタ $h[n]$ の安定性を検討せよ．

解答 このディジタルフィルタの単位インパルス応答は $h[n] = \alpha^n u_0[n]$ であるから，その絶対値和は以下のように求められる．

$$\sum_{k=-\infty}^{\infty} |h[k]| = \sum_{k=0}^{\infty} |\alpha^k| = 1 + |\alpha| + \cdots + |\alpha|^n + \cdots \tag{5.26}$$

$|\alpha| < 1$ であるときに限って，この級数は有限な値に収束する．したがって，$|\alpha| < 1$ であるときに限って，このディジタルフィルタは安定である．

以上のようにディジタルフィルタの安定性は，その単位インパルス応答の絶対値和が有限であるか否かによって判別できる．この方法は容易に理解できるものである．しかし，実際には，理論的にも数値計算的にも，単位インパルス応答の絶対値の無限和を求めることは容易ではない．そこで，ディジタルフィルタの安定性の判別は伝達関数の極を求めることや伝達関数の代数的な計算によって行われる．これについては 7.2 節で説明される．

次に，ディジタルフィルタの因果性について定義する．すべての $n \leq n_0$ において等しい任意の二つの入力 $x_1[n]$ と $x_2[n]$ に対する，それぞれの出力 $y_1[n]$ と $y_2[n]$ が $n \leq n_0$ において等しいとき，このディジタルフィルタは**因果的** (causal) あるいは**実現可能** (realizable) であるという．ディジタルフィルタ $h[n]$ は，単位インパルス応答が次の条件を満足するときに限って因果的となることが知られている．

$$h[n] = 0, \quad n < 0 \tag{5.27}$$

この証明は演習問題 5.6 として残されている．

因果的ではないディジタルフィルタは**非因果的** (noncausal) であるといわれる．非因果的ディジタルフィルタは物理的には実現することができないが[†1]，信号処理の理論や概念上で重要なものである．たとえば，ディジタルフィルタの設計の基礎として理論上重要な**理想低域フィルタ** (ideal lowpass filter) は非因果的である[†2]．

なお，システムに対しての用語ではないが，$n < 0$ に対して $x[n] = 0$ となる信号を**因果的信号** (causal signal) という．因果的信号は，時刻の原点以降から実質的に開始する信号である．

---

†1 非因果的ディジタルフィルタは，たとえば単位インパルス $\delta[n]$ に対して，$n = 0$ における入力値 1 が入る前に応答することになることを考えれば，このようなディジタルフィルタを実際には実現できないことがわかる．

†2 第 9 章を参照されたい．

5.5 線形差分方程式

前節では，ディジタルフィルタの入出力関係は式 (5.9) あるいは式 (5.11) のたたみこみで完全に表現されることを示した．たたみこみは時間変数 n に基づいて入力出力関係を記述していることから，**時間領域表現** (time-domain representation) とよばれる．

もう一つの重要な時間領域表現に**線形差分方程式** (linear difference equation) がある．たとえば，例題 5.2 の式 (5.18) のように，単位インパルス応答と入力のたたみこみによって記述されるディジタルフィルタの入出力関係は，以下のように再帰的な方程式に書き換えることができる．

$$\begin{aligned} y[n] &= \sum_{k=0}^{\infty} \alpha^k \cdot x[n-k] \\ &= \sum_{k=1}^{\infty} \alpha^k \cdot x[n-k] + \alpha^0 x[n] \\ &= \underbrace{\alpha \left\{ \sum_{k=0}^{\infty} \alpha^k \cdot x[n-k-1] \right\}}_{y[n-1]} + x[n] \\ &= \alpha y[n-1] + x[n] \end{aligned} \tag{5.28}$$

上式は 1 次の差分方程式であり，入力 $x[n]$ とすでに計算されている出力 $y[n-1]$ とによって出力 $y[n]$ が再帰的に求められることを示している．

一般のディジタルフィルタの入出力関係を表す ***N* 次差分方程式** (N-th order difference equation) の一般形は次式で与えられる†．

$$y[n] = -\sum_{k=1}^{N} a_k y[n-k] + \sum_{k=0}^{N} b_k x[n-k] \tag{5.29}$$

ただし，$n < 0$ に対しては $x[n] = y[n] = 0$ とする．上式は，ディジタルフィルタの現時点での出力 $y[n]$ が，現時点および過去の入力 $x[n], x[n-1], \cdots, x[n-N]$ と，過去の出力 $y[n-1], y[n-2], \cdots, y[n-N]$ との線形結合によって再帰的に計算されることを意味している．ここで，N をディジタルフィルタの**次数** (order) という．ディジタルフィルタの特性は係数 a_k と b_k によって決定される．係数 a_k と b_k は一般には複素数であるが，多くの信号処理において実数の値として与えられる．とくに断らない限り，本書の差分方程式の係数はすべて実数である．

$N = 1$ のとき，入力 $x[n]$ から出力 $y[n]$ が計算される様子を図 5.7(a) に示す．この図

---

† 差分方程式の右辺の $-\sum a_k y[n-k]$ にマイナス符号があることは奇異に感じられるだろうが，実際には $\sum(-a_k)y[n-k]$ のように積和を行うものと考えてほしい．7.1.1 項において式 (5.29) から伝達関数 $H(z) = \sum b_k z^{-k}/(1 + \sum a_k z^{-k})$ が導かれ，この分母においては自然な符号が現れる．また，MATLAB のディジタルフィルタの関数においては，$b = [b_0, b_1, b_2, \cdots, b_N]$，$a = [a_0, a_1, a_2, \cdots, a_N]$（$a_0 \neq 0$ は $y[n]$ の係数）を入力引数とすることにも注意してほしい．

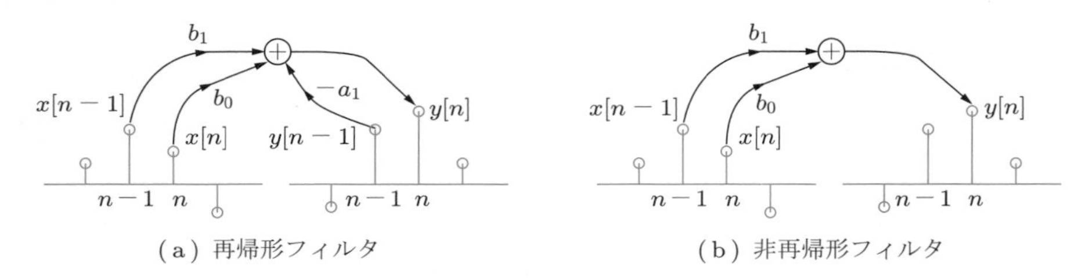

（a）再帰形フィルタ　（b）非再帰形フィルタ

図 5.7　ディジタルフィルタ

と式 (5.29) からわかるように，少なくとも一つの $a_k \neq 0$ のときは，出力 $y[n]$ の計算のために，すでに計算されている出力が再び用いられる．このため，図 5.7(a) のようなディジタルフィルタを**再帰形フィルタ** (recursive filter) とよぶ．

一方，式 (5.29) において，すべての k に対して $a_k = 0$ のとき，

$$y[n] = \sum_{k=0}^{N} b_k x[n-k] \tag{5.30}$$

となる．$N = 1$ のとき，入力 $x[n]$ から出力 $y[n]$ が計算される様子を図 5.7(b) に示す．図 5.7(b) と式 (5.30) からわかるように，出力 $y[n]$ の計算のために，すでに計算されている出力を必要とすることはない．このため，このようなディジタルフィルタを**非再帰形フィルタ** (nonrecursive filter) とよぶ．

式 (5.30) と式 (5.11) の比較から，非再帰形フィルタの差分方程式の係数 b_k はディジタルフィルタの単位インパルス応答 $h[k]$ に等しいことがわかる．したがって，単位インパルス応答 $h[n]$ を用いると，非再帰形フィルタの入出力関係は以下のように表される．

$$y[n] = \sum_{k=0}^{N} h[k] x[n-k] \tag{5.31}$$

再帰形および非再帰形という用語は，出力フィードバックがあるかないかに着目した名称である．一方，本章の 5.2 節で述べた FIR と IIR という用語は，その単位インパルス応答の継続時間が有限か無限かに着目していることに注意してほしい．

例題 5.4　次の 1 次差分方程式

$$y[n] = -a_1 y[n-1] + b_0 x[n] \tag{5.32}$$

で記述される再帰形フィルタの単位インパルス応答と単位ステップ応答を求めよ．ただし，$y[-1] = 0$ とする．また，$a_1 = -0.5$，$b_0 = 0.5$ のときの単位インパルス応答と単位ステップ応答を図示せよ．

解答　入力 $x[n] = \delta[n]$（単位インパルス）とすると，以下のように再帰的な計算によって単位インパルス応答が求められる．

$$y[0] = -a_1 y[-1] + b_0 \delta[0] = b_0 \tag{5.33}$$

$$y[1] = -a_1 y[0] + b_0 \delta[1] = -a_1 b_0 \tag{5.34}$$

$$y[2] = -a_1 y[1] + b_0 \delta[2] = (-a_1)^2 b_0 \tag{5.35}$$

$$\vdots$$

$$y[n] = (-a_1)^n b_0 \tag{5.36}$$

次に，$x[n] = u_0[n]$（単位ステップ）とすると，以下のように再帰的な計算によって単位ステップ応答が求められる．

$$y[0] = -a_1 y[-1] + b_0 u_0[0] = b_0 \tag{5.37}$$

$$y[1] = -a_1 y[0] + b_0 u_0[1] = \{1 + (-a_1)\} b_0 \tag{5.38}$$

$$y[2] = -a_1 y[1] + b_0 u_0[2] = \{1 + (-a_1) + (-a_1)^2\} b_0 \tag{5.39}$$

$$\vdots$$

$$\begin{aligned} y[n] &= \{1 + (-a_1) + (-a_1)^2 + \cdots + (-a_1)^n\} b_0 \\ &= \begin{cases} (n+1)b_0, & a_1 = -1 \\ \dfrac{\{1 - (-a_1)^{n+1}\} b_0}{1 + a_1}, & a_1 \neq -1 \end{cases} \end{aligned} \tag{5.40}$$

$a_1 = -0.5$，$b_0 = 0.5$ の場合の単位インパルス応答と単位ステップ応答を図 5.8 に示す．

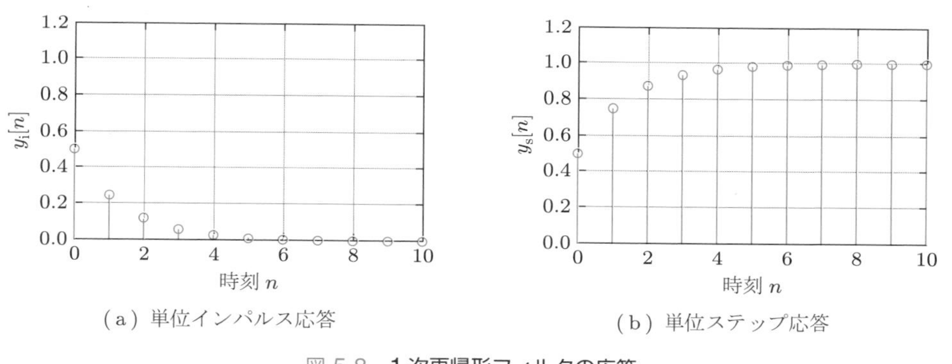

（a）単位インパルス応答　（b）単位ステップ応答

図 5.8　1 次再帰形フィルタの応答

例題 5.4 の実行例をプログラム 5.4 に示す．このプログラムでは，差分方程式の計算法を説明するためにプログラム 5.5 で定義される関数 `myfilter` を利用している†．ただし，MATLAB にはディジタルフィルタの関数 `filter` が用意されているので，実際のフィルタリングのためにはこれを利用することをすすめる．

プログラム 5.4　1 次再帰フィルタの応答（例題 5.4，図 5.8）

```
b = [0.5];                    % 係数
a = [1, -0.5];                % 係数
nend = 10; n = 0 : nend;      % 時刻の範囲

% 単位インパルス応答
xi = [1, zeros(1, nend)];   % 単位インパルス入力
yi = myfilter(b, a, xi)     % フィルタリング
subplot(2, 2, 1);
```

† 関数 `myfilter` は `myfilter.m` のファイル名で同じフォルダに保存されているものとする．

```
stem(n, yi);
axis([0, nend, 0, 1.2]); grid;
xlabel('Time n'); ylabel('y_i[n]');

% 単位ステップ応答
xs = ones(1, nend + 1);  % 単位ステップ入力
ys = myfilter(b, a, xs)  % フィルタリング
subplot(2, 2, 2);
stem(n, ys);
axis([0, nend, 0, 1.2]); grid;
xlabel('Time n'); ylabel('y_s[n]');
```

ディスプレイの表示

```
yi =
    0.5000    0.2500    0.1250    0.0625    0.0312    0.0156    0.0078    0.0039    0.0020    0.0010    0.0005

ys =
    0.5000    0.7500    0.8750    0.9375    0.9688    0.9844    0.9922    0.9961    0.9980    0.9990    0.9995
```

プログラム 5.5 **関数 myfilter**

```
function y = myfilter(b, a, x)
    % 差分方程式によるディジタルフィルタリング  y = myfilter(b, a, x)
    % 入力引数 b = フィルタのフィードフォワード係数,
    %          a = フィルタのフィードバック係数(a[1]≠0),
    %          x = 入力
    % 出力引数 y = 出力
    %  a[1]*y[n] =          -a[2]*y[n-1]-...-a[na+1]*y[n-na]
    %             +b[1]*x[n]+b[2]*x[n-1]+...+b[nb+1]*x[n-nb]

    a = a / a(1);                     % 係数aの正規化
    b = b / a(1);                     % 係数bの正規化
    na = length(a) - 1;               % 係数aの次数
    nb = length(b) - 1;               % 係数bの次数
    order = max(na, nb);              % フィルタ次数
    xlength = length(x);              % 入力信号の長さ
    x = [zeros(1, order), x];         % 入力の前部にゼロづめ
    y = zeros(1, order + xlength);    % 出力の初期化

    % フィルタリング
    for n = order : order + xlength - 1                       % 時刻nの計算のループ開始
        for k = 0 : nb
            y(n + 1) = y(n + 1) + b(k + 1) * x(n - k + 1);  % フィードフォワード部の計算
        end
        for k = 1 : na
            y(n + 1) = y(n + 1) - a(k + 1) * y(n - k + 1);  % フィードバック部の計算
        end
    end
    y = y(order + 1 : order + xlength);                    % 出力の長さの調整(不要なゼロを除く)
end
```

5.6 ディジタルフィルタの構造

差分方程式や数値計算例から明らかなように，ディジタルフィルタの出力を求めるために必要な演算は遅延，加算，係数乗算である．したがって，表 5.1 で示される**単位遅延素子** (unit delay)，**加算器** (adder)，**係数乗算器** (multiplier) がディジタルフィルタを実現するための構成要素となる．

表 5.1 ディジタルフィルタの構成要素

構成要素	入出力関係	図記号
単位遅延素子	$y[n] = x[n-1]$	$x[n]$ → z^{-1} → $y[n]$
加算器	$y[n] = \sum_{k=1}^{N} x_k[n]$	$x_1[n]$, $x_2[n]$, ⋮, $x_N[n]$ → ⊕ → $y[n]$
係数乗算器	$y[n] = ax[n]$	$x[n]$ → a ▷ → $y[n]$

これらの構成要素を用いれば，N 次差分方程式 (5.29) で記述されるディジタルフィルタは図 5.9(a) のブロック図のように構成される．ただし，図では $N=2$ の場合を図示している．同図は式 (5.29) に直接対応した形であるため，このような構成を**直接形 I** (direct form I) とよぶ．この場合，必要とされる遅延素子の数は $2N$ 個であり，これは差

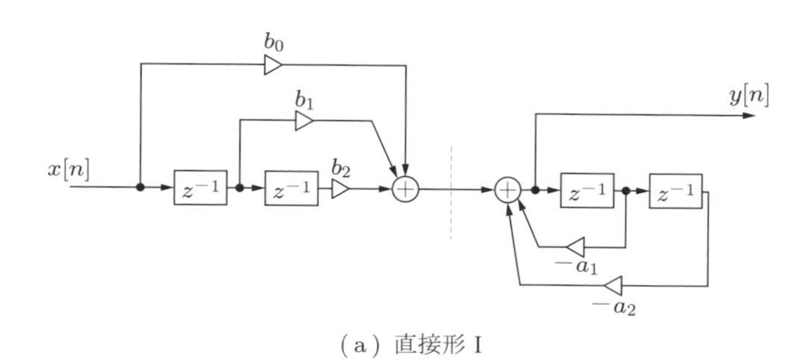

(a) 直接形 I

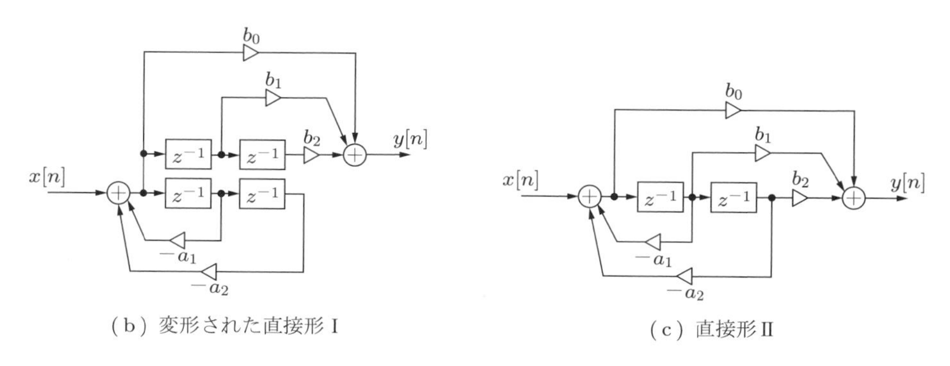

(b) 変形された直接形 I　　(c) 直接形 II

図 5.9 フィルタ構造

分方程式の次数あるいはフィルタの次数 N の 2 倍である．

さて，図 5.9(a) の直接形 I のディジタルフィルタは，破線より右側のディジタルフィルタと左側のディジタルフィルタを縦続接続したものと考えることができる．5.3 節で示したように，ディジタルフィルタの縦続接続の順序を変えても，その入出力特性は変わらないことがわかっているので，図 5.9(a) の場合と同じ入出力特性をもつディジタルフィルタとして，図 5.9(b) を得る．さらに，図 5.9(b) の上側の遅延素子と下側の遅延素子のそれぞれの入出力信号は同じなので，上下の遅延素子を共通に使うことができる．したがって，図 5.9(b) は図 5.9(c) のブロック図で表現できる．

入力と出力の関係に着目すれば，図 5.9(a) と図 5.9(c) は等価であることが理解できよう．図 5.9(c) で示される構成を**直接形 II** (direct form II) とよぶ．この場合必要とされる遅延素子の数は，ディジタルフィルタの次数 N に等しい．直接形 II に限らず，必要とされる遅延素子の数がディジタルフィルタの次数 N に等しい場合，これを**標準形** (canonic form) という．

直接形 I と直接形 II の例に見られるように，同じ入出力特性をもつディジタルフィルタの構成要素の接続，すなわち遅延素子，加算器，係数乗算器の接続には様々な形が考えられる．ディジタルフィルタを実現するための遅延素子，加算器，乗算器の接続を**フィルタ構造** (filter structure) という．

図 5.9 において $a_k = 0$ とおけば，式 (5.30) の非再帰形フィルタの構造は図 5.10 のように求められる．

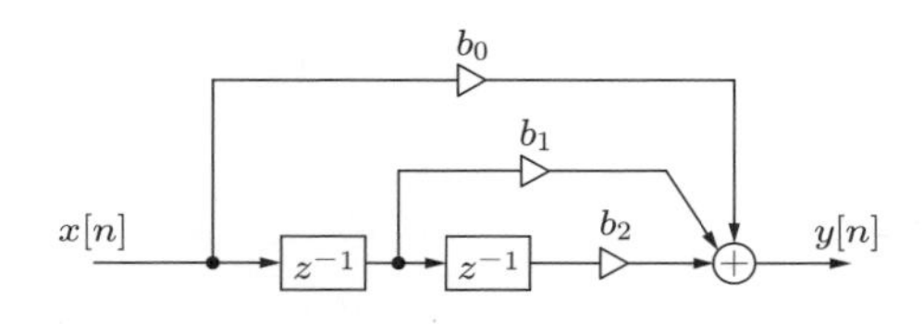

図 5.10 非再帰形フィルタの構造

5.7 ディジタルフィルタの周波数応答

5.7.1 複素指数関数入力に対する応答

これまでディジタルフィルタの時間領域表現について述べた．次に，ディジタルフィルタの**周波数領域表現** (frequency-domain representation) について考えよう．周波数領域表現は図 5.11 のように，周波数 ω の複素指数関数 $e^{j\omega n}$ を入力したときのディジタルフィルタの入出力関係を与える．

まず，ディジタルフィルタ $h[n]$ に

$$x[n] = e^{j\omega n} \tag{5.41}$$

で与えられる複素指数関数を入力することを考える．このとき，たたみこみの式 (5.11) を用いて，ディジタルフィルタ $h[n]$ の出力は次のように得られる．

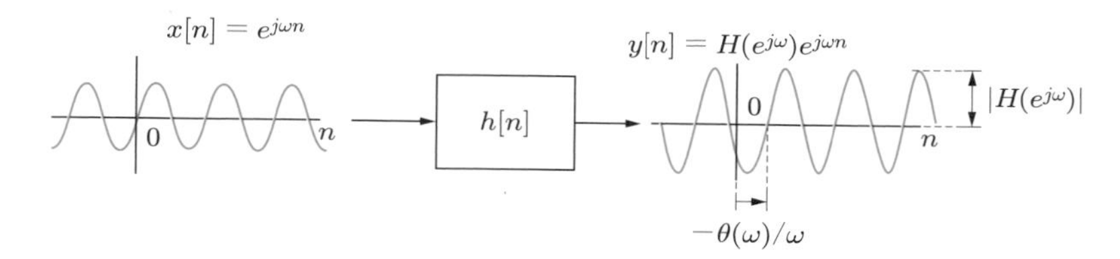

図 5.11 ディジタルフィルタの周波数応答

$$
\begin{aligned}
y[n] &= \sum_{k=-\infty}^{\infty} h[k] e^{j\omega(n-k)} \\
&= \left\{ \sum_{k=-\infty}^{\infty} h[k] e^{-j\omega k} \right\} e^{j\omega n}
\end{aligned}
\tag{5.42}
$$

ここで,

$$
H(e^{j\omega}) = \sum_{k=-\infty}^{\infty} h[k] e^{-j\omega k} \tag{5.43}
$$

とおけば,ディジタルフィルタの出力を次のように記述することができる.

$$
y[n] = H(e^{j\omega}) e^{j\omega n} \tag{5.44}
$$

ここで,複素数 $H(e^{j\omega})$ の絶対値 $|H(e^{j\omega})|$ と位相 $\theta(\omega)$ を用いて

$$
H(e^{j\omega}) = |H(e^{j\omega})| e^{j\theta(\omega)} \tag{5.45}
$$

とおけば,式 (5.44) は次のように表される.

$$
\begin{aligned}
y[n] &= H(e^{j\omega}) e^{j\omega n} \\
&= |H(e^{j\omega})| e^{j\theta(\omega)} e^{j\omega n} \\
&= |H(e^{j\omega})| e^{j\omega(n+\theta(\omega)/\omega)}
\end{aligned}
\tag{5.46}
$$

式 (5.46) から,ディジタルフィルタに周波数 ω の複素指数関数を入力したときの出力 $y[n]$ について,以下のことがわかる.

(1) 出力は入力と同じ周波数 ω をもつ複素指数関数である.
(2) 出力の振幅は $|H(e^{j\omega})|$ によって表される.
(3) 入力に比べて出力は時間的に $\theta(\omega)/\omega$ だけ進んでいる.逆の表現をすれば,入力に比べて出力は時間的に $-\theta(\omega)/\omega$ だけ遅れている.

以上のようなディジタルフィルタの入出力関係の性質を図 5.11 に示している.

以上のように,ディジタルフィルタに周波数 ω の複素指数関数を入力したときの応答を $H(e^{j\omega})$ によって知ることができる.このため,$H(e^{j\omega})$ はディジタルフィルタの**周波数応答** (frequency response) とよばれる.周波数応答は一般には複素数である.$|H(e^{j\omega})|$ と $\theta(\omega)$ は,それぞれディジタルフィルタの**振幅特性** (amplitude characteristic) と**位相**

特性 (phase characteristic) とよばれる.

式 (5.43) のように与えられるディジタルフィルタの周波数領域表現は，単位インパルス応答 $h[n]$ の離散時間フーリエ変換そのものである．単位インパルス応答 $h[n]$ は一種の信号であるから，フーリエ変換の立場からは，$|H(e^{j\omega})|$ と $\theta(\omega)$ はそれぞれ信号 $h[n]$ の**振幅スペクトル** (amplitude spectrum) と**位相スペクトル** (phase spectrum) とよばれる．よって，周波数応答 $H(e^{j\omega})$ から単位インパルス応答 $h[n]$ は，以下の離散時間フーリエ逆変換によって得られる.

$$h[n] = \frac{1}{2\pi}\int_{-\pi}^{\pi} H(e^{j\omega})e^{j\omega n}d\omega \tag{5.47}$$

5.7.2 差分方程式によって表されるディジタルフィルタの周波数応答

差分方程式によって表される再帰形フィルタの周波数応答を求めよう．式 (5.29) において $x[n] = e^{j\omega n}$ とおき，$x[n-k] = e^{j\omega(n-k)}$ および $y[n-k] = y[n]e^{-j\omega k}$ となることを利用すると，次式が得られる.

$$y[n] = -\sum_{k=1}^{N} a_k y[n]e^{-j\omega k} + \sum_{k=0}^{N} b_k e^{j\omega(n-k)} \tag{5.48}$$

上式から $y[n]$ を求めると

$$\begin{aligned} y[n] &= \frac{\displaystyle\sum_{k=0}^{N} b_k e^{-j\omega k}}{1 + \displaystyle\sum_{k=1}^{N} a_k e^{-j\omega k}} e^{j\omega n} \\ &= H(e^{j\omega})e^{j\omega n} \end{aligned} \tag{5.49}$$

となる．ここで,

$$H(e^{j\omega}) = \frac{\displaystyle\sum_{k=0}^{N} b_k e^{-j\omega k}}{1 + \displaystyle\sum_{k=1}^{N} a_k e^{-j\omega k}} \tag{5.50}$$

とおいた．したがって，上式によって与えられる $H(e^{j\omega})$ が差分方程式によって表される再帰形フィルタの周波数応答を表す．この周波数応答には係数 a_k と b_k が含まれているため，係数 a_k と b_k によって周波数応答が決定される.

なお，式 (5.50) において $a_k = 0$ とおけば，式 (5.30) の非再帰形フィルタの周波数応答は次のように求められる.

$$H(e^{j\omega}) = \sum_{k=0}^{N} b_k e^{-j\omega k} \tag{5.51}$$

非再帰形フィルタの単位インパルス応答は $h[k] = b[k]$ であることを用いると，上式は単位インパルス応答を用いて，以下のように書き換えられる．

$$H(e^{j\omega}) = \sum_{k=0}^{N} h[k]e^{-j\omega k} \tag{5.52}$$

例題 5.5 次の差分方程式で表される 1 次再帰形フィルタの周波数応答，および振幅特性と位相特性を求めよ．また，$a_1 = -0.5$，$b_0 = 0.5$ のとき，その振幅特性と位相特性を図示せよ．

$$y[n] = -a_1 y[n-1] + b_0 x[n] \tag{5.53}$$

解答 式 (5.50) を用いて周波数応答 $H(e^{j\omega})$ を求めると次のようになる．

$$\begin{aligned} H(e^{j\omega}) &= \frac{b_0}{1 + a_1 e^{-j\omega}} \\ &= \frac{b_0}{1 + a_1 \cos\omega - ja_1 \sin\omega} \end{aligned} \tag{5.54}$$

したがって，振幅特性 $|H(e^{j\omega})|$ と位相特性 $\theta(\omega)$ はそれぞれ次式で与えられる．

$$\begin{aligned} |H(e^{j\omega})| &= \frac{|b_0|}{\sqrt{1 + a_1^2 + 2a_1 \cos\omega}} \\ \theta(\omega) &= \tan^{-1} \frac{a_1 \sin\omega}{1 + a_1 \cos\omega} \end{aligned} \tag{5.55}$$

$a_1 = -0.5$，$b_0 = 0.5$ のときの振幅特性と位相特性を図 5.12 に示す．また，実行例をプログラム 5.6 に示す．

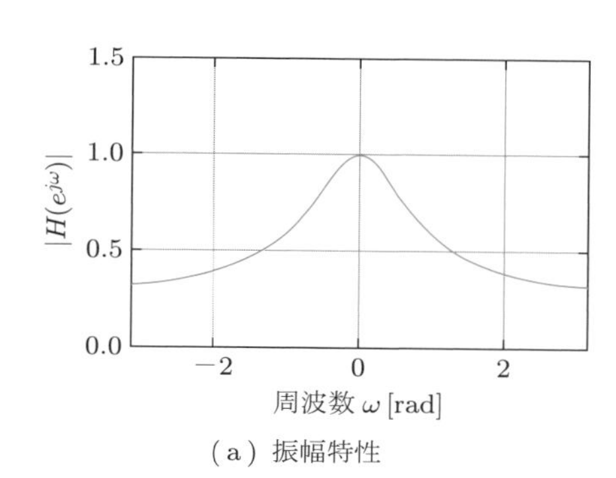

（a）振幅特性

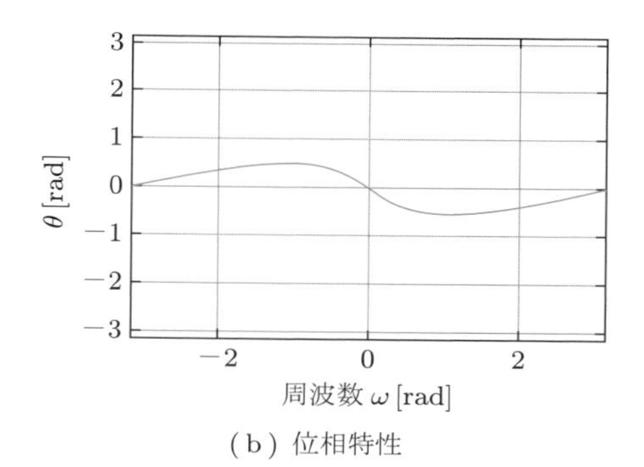

（b）位相特性

図 5.12 1 次再帰形フィルタの周波数応答

プログラム 5.6 1 次再帰フィルタの周波数応答（例題 5.5，図 5.12）

```
b = [0.5];                                    % 係数
a = [1, -0.5];                                % 係数
w = linspace(-pi, pi - 2 * pi / 1024, 1024);  % 周波数の範囲と刻み
H = freqz(b, a, w);                           % 周波数応答の計算
magH = abs(H);                                % 振幅特性
argH = angle(H);                              % 位相特性
subplot(2, 2, 1);
plot(w, magH);                                % 振幅特性の図示
axis([-pi, pi, 0, 1.5]); grid;
```

```
xlabel('Frequency \omega [rad]'); ylabel('|H(e^{j\omega})|');
subplot(2, 2, 2);
plot(w, argH);                                   % 位相特性の図示
axis([-pi, pi, -pi, pi]); grid;
xlabel('Frequency \omega [rad]'); ylabel('\theta [rad]');
```

例題 5.6 次の3次非再帰形フィルタ $h[n]$ の周波数応答を求め，その振幅特性と位相特性を図示せよ．

$$h[n] = \frac{1}{8}[\underline{1}, 3, 3, 1] \tag{5.56}$$

解答 式 (5.52) に $h[n]$ を代入すれば次の周波数応答 $H(e^{j\omega})$ が得られる．

$$\begin{aligned} H(e^{j\omega}) &= \frac{1}{8}(e^{-j\omega\cdot 0} + 3e^{-j\omega\cdot 1} + 3e^{-j\omega\cdot 2} + e^{-j\omega\cdot 3}) \\ &= \frac{1}{8}(1 + e^{-j\omega})^3 \\ &= \frac{1}{8}\left(2\cos\frac{\omega}{2}\cdot e^{-j\omega/2}\right)^3 \\ &= \cos^3\frac{\omega}{2}\cdot e^{-j3\omega/2} \end{aligned} \tag{5.57}$$

よって，振幅特性 $|H(e^{j\omega})|$ と位相特性 $\theta(\omega)$ はそれぞれ次式で与えられる．

$$|H(e^{j\omega})| = \left|\cos^3\frac{\omega}{2}\right| \tag{5.58}$$

$$\theta(\omega) = -\frac{3\omega}{2} \tag{5.59}$$

振幅特性と位相特性を図 5.13 に示す．また，実行例をプログラム 5.7 に示す．

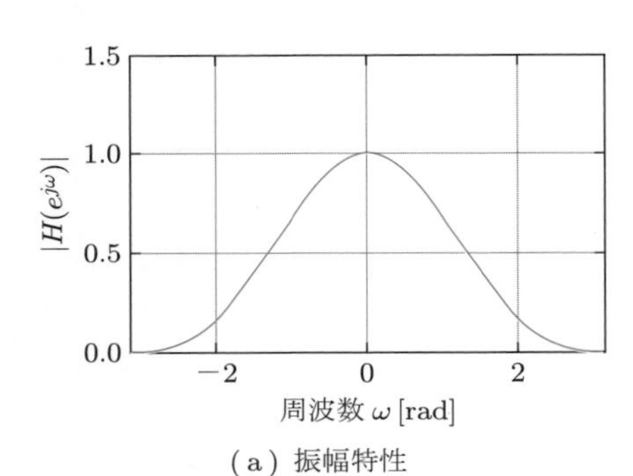

(a) 振幅特性

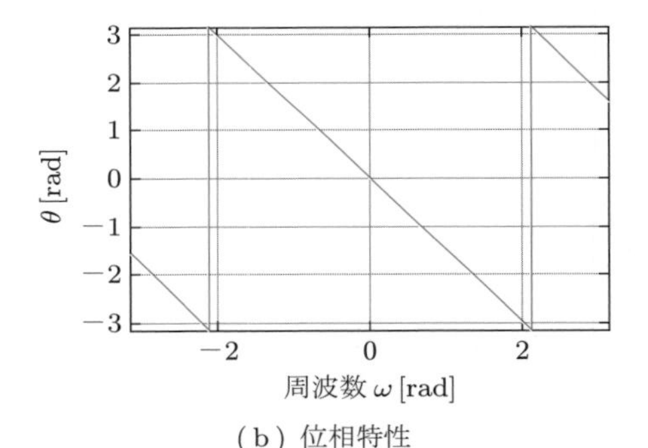

(b) 位相特性

図 5.13 3次非再帰形フィルタの周波数応答

プログラム 5.7 3次非再帰フィルタの周波数応答（例題 5.6，図 5.13）

```
h = [1, 3, 3, 1] / 8;                            % 単位インパルス応答
w = linspace(-pi, pi - 2 * pi / 1024, 1024);   % 周波数の範囲と刻み
H = freqz(h, 1, w);                              % 周波数応答の計算
magH = abs(H);                                   % 振幅特性
argH = angle(H);                                 % 位相特性
subplot(2, 2, 1);
plot(w, magH);                                   % 振幅特性の図示
axis([-pi, pi, 0, 1.5]); grid;
xlabel('Frequency \omega [rad]'); ylabel('|H(e^{j\omega})|');
```

```
subplot(2, 2, 2);
plot(w, argH);                                % 位相特性の図示
axis([-pi, pi, -pi, pi]); grid;
xlabel('Frequency \omega [rad]'); ylabel('\theta [rad]');
```

5.7.3 周波数応答の性質

ディジタルフィルタの周波数応答 $H(e^{j\omega})$ は，その単位インパルス応答 $h[n]$ の離散時間フーリエ変換であることから，$H(e^{j\omega})$ に対して 2.2.3 項の性質がすべて成り立つことはいうまでもない．ここでは，ディジタルフィルタの周波数応答として重要な以下の性質を挙げておく．

(1) 周期性：

整数 k に対して，次式が成り立つ．

$$H(e^{j\omega}) = H(e^{j(\omega+2\pi k)}) \tag{5.60}$$

したがって，ディジタルフィルタの周波数応答を計算あるいは図示するときには，周波数 ω の $[-\pi, \pi)$ あるいは $[0, 2\pi)$ の区間を考慮すれば十分である．

(2) 対称性：

実数の単位インパルス応答 $h[n]$ あるいは実係数の差分方程式のディジタルフィルタに対して周波数応答 $H(e^{j\omega})$ は共役対称である．すなわち，次式が成り立つ．

$$H(e^{j\omega}) = H^*(e^{-j\omega}) \tag{5.61}$$

したがって，以下のように振幅特性 $|H(e^{j\omega})|$ は偶対称であり，位相特性は $\theta(\omega)$ は奇対称である．

$$|H(e^{j\omega})| = |H(e^{-j\omega})| \tag{5.62}$$

$$\theta(\omega) = -\theta(-\omega) \tag{5.63}$$

上のような対称性が成り立っていることは，図 5.12 と 5.13 において確かめられる．よって，実数の単位インパルス応答，あるいは実係数の差分方程式によって表されるディジタルフィルタの周波数応答の計算や図示においては，周波数 ω の $[0, \pi]$ の区間を考慮すれば十分である．

(3) たたみこみ：

次のたたみこみ

$$y[n] = \sum_{k=-\infty}^{\infty} h[k]x[n-k] \tag{5.64}$$

あるいは差分方程式

$$y[n] = -\sum_{k=1}^{N} a_k y[n-k] + \sum_{k=0}^{N} b_k x[n-k] \tag{5.65}$$

に対応する離散時間フーリエ変換は

$$Y(e^{j\omega}) = H(e^{j\omega})X(e^{j\omega}) \tag{5.66}$$

となる．上式から，入力の周波数スペクトル $X(e^{j\omega})$ が周波数応答 $H(e^{j\omega})$ によって変形され，出力の周波数スペクトル $Y(e^{j\omega})$ が得られることがわかる．したがって，入力の特定の周波数成分の振幅を拡大縮小したり，位相を進ませたり遅らせたりすることが，ディジタルフィルタの周波数応答 $H(e^{j\omega})$ によって可能となる．周波数応答の重要なこの性質と役割は，第8章で詳しく考察される．

演習問題

5.1 離散時間システムに関して，以下の問いに答えよ．

(1) 以下の離散時間システムにおいて，線形性と時不変性が成り立っているかどうかを検討せよ．

i) $y[n] = x^2[n]$

ii) $y[n] = \alpha x[n+1] + \beta x[n]$

iii) $y[n] = nx[n]$

iv) $y[n] = \alpha y[n-1] + \beta x[n]$

v) $y[n) = \mathrm{median}[x[n-1], x[n], x[n+1]]$

ここで，$\mathrm{median}[\cdot]$ は，信号 $x[n-1], x[n], x[n+1]$ を大きさでソーティングしたときの中央値（メディアン）を表す．

(2) 上の離散時間システムの単位インパルス $\delta[n]$ に対する応答を求めよ．

(3) 上の離散時間システムが線形・時不変である場合には，その入出力関係をたたみこみを用いて表現せよ．

5.2 たたみこみに関して，以下の問いに答えよ．

(1) 次の単位インパルス応答 $h[n]$ と入力信号 $x[n] = [\cdots, 0, 0, 0, \underline{1}, 1, 1, 1, 1, 1, 1, 1, 0, 0, \cdots]$ のたたみこみを求め，図示せよ．この結果から，単位インパルス応答が入力信号に対してどのような作用をしているかを議論せよ．

i) $h[n] = \dfrac{1}{4}[\underline{1}, 2, 1]$

ii) $h[n] = \dfrac{1}{4}[\underline{1}, -2, 1]$

(2) 設問 (1) において，入力信号 $x[n] = [\cdots, \underline{1}, -1, 1, -1, 1, -1, 1, -1, \cdots]$ である場合について答えよ．

5.3 式 (5.9) と (5.11) の二つのたたみこみは等しいことを示せ．

5.4 ディジタルフィルタの縦続接続に関して，以下の問いに答えよ．

(1) 図 5.5 において，$h_1[n]$ と $h_2[n]$ および入力信号 $x[n]$ が以下のように与えられているものとする．

$$h_1[n] = [\underline{1}, 1, 1, 1]$$

$$h_2[n] = [\underline{0}, 2, 2, 0]$$

$$x[n] = [\underline{2}, -1, 3, 1]$$

このとき，図 5.5(a), (b), (c) の出力を求め，これらの出力はすべて等しいことを確認せよ．

(2) 図 5.5(a), (b), (c) の出力はすべて等しいことを一般的に証明せよ．

5.5 ディジタルフィルタの安定性に関して，以下の問いに答えよ．

(1) ディジタルフィルタ $h[n]$ が安定であるための必要十分条件は，$\sum_{k=-\infty}^{\infty} |h[k]| < \infty$ であることを証明せよ．

(2) 次のディジタルフィルタ $h[n]$ の安定性を判別せよ．

i) $h[n] = \delta[n]$

ii) $h[n] = u_0[n]$

iii) $h[n] = \alpha^n u_0[-n]$

iv) $h[n] = \alpha^n \sin\theta n \cdot u_0[n]$

v) $h[n] = \begin{cases} \dfrac{1}{n+1}, & n \geq 0 \\ 0, & n < 0 \end{cases}$

5.6 因果性に関して，以下の問いに答えよ．

(1) ディジタルフィルタ $h[n]$ は，$n < 0$ に対して $h[n] = 0$ であるときに限って因果的であることを証明せよ．

(2) 演習問題 5.1 の離散時間システムの因果性について検討せよ．

5.7 次の差分方程式によって表される 2 次再帰形フィルタについて，以下の問いに答えよ．

$$y[n] = 0.5y[n-1] - 0.25y[n-2] + x[n] + 2x[n-1] + x[n-2]$$

(1) ブロック図を描け．

(2) 単位インパルス応答と単位ステップ応答を求め，図示せよ．

(3) 周波数応答を求め，振幅特性と位相特性を図示せよ．

(4) 以下の入力信号が入ったときの定常状態における出力の振幅を求めよ．

i) $x[n] = e^{j0\cdot n} = [\cdots, 1, 1, \underline{1}, 1, 1, \cdots]$

ii) $x[n] = e^{j\frac{\pi}{2}n} = [\cdots, 1, j, -1, -j, \underline{1}, j, -1, -j, 1, \cdots]$

iii) $x[n] = e^{j\pi n} = [\cdots, 1, -1, \underline{1}, -1, \cdots]$

5.8 次の 4 次非再帰形フィルタ $h[n]$ について，演習問題 5.7 と同じ問いに答えよ．

$$h[n] = [\underline{1}, 4, 6, 4, 1]$$

6 z 変換

本章では，離散時間信号とディジタルフィルタの解析のために必要な数学的道具である z 変換を導入する．連続時間信号やアナログフィルタ，連続時間制御理論においては，ラプラス変換が有用な数学的道具であることはよく知られている．離散時間信号やディジタルフィルタの解析において，これと同様の役割を z 変換は担っている．本章では，z 変換を定義し，様々な離散時間信号に対する z 変換を求め，z 変換の性質と逆 z 変換について学ぶ．次章以降において，z 変換はディジタルフィルタの解析と設計のために利用される．

6.1 z 変換の定義

6.1.1 z 変換の導入

信号 $x[n]$ の z 変換を導入するために単純な例から考えよう．いま，時刻 k における a という値，すなわち $x[k]=a$ を，az^{-k} という単純な式に対応させるものと約束する．たとえば，$x[2]=5$（時刻 2 における値 5）は $5z^{-2}$ に対応させる．そこで，信号 $x[n]=[2,\underline{4},3,5]$ に対しては，それぞれの時刻の値は $2z^1$, $4z^0$, $3z^{-1}$, $5z^{-2}$ に対応させ，信号 $x[n]$ 全体に対しては z の関数 $X(z)=2z+4+3z^{-1}+5z^{-2}$ を対応させることにする．逆に，関数 $X(z)=2z+4+3z^{-1}+5z^{-2}$ が与えられたときには，$X(z)$ から信号 $x[n]=[2,\underline{4},3,5]$ を容易に導くことができる．このように信号全体を z の関数に対応させても，もとの信号中の値やその時間的順序の情報を失うことはない．このような考えに立てば，信号 $x[n]$ と関数 $X(z)$ を同一視することができる．したがって，$x[n]$ に対する代数的処理を関数 $X(z)$ に対する解析的処理に置き換えることが可能となると期待できる．ここに，時間的に変化する信号を関数として表すことの意義がある．

信号 $x[n]$ の **z 変換** (z-transform) $X(z)$ は，形式的には次のように定義される．

$$X(z)=\sum_{n=-\infty}^{\infty} x[n]z^{-n} \tag{6.1}$$

ここで，z は複素変数であり，$X(z)$ が収束するような範囲の値をとるものとする．z 変換について考察するときに必要になる複素平面を **z 平面** (z-plane) とよぶ．信号 $x[n]$ の z 変換には通常，以下の表記法を用いる．

$$X(z)=\mathcal{Z}[x[n]] \tag{6.2}$$

因果的信号†に対しては，以下のように z 変換が与えられる．

† すべての $n<0$ に対して $x[n]=0$ となる信号を因果的信号という．

$$X(z) = \sum_{n=0}^{\infty} x[n] z^{-n} \tag{6.3}$$

本書では，おもに因果的信号に対する z 変換（式 (6.3)）を扱う．式 (6.1) と式 (6.3) を区別するため，それぞれ**両側 z 変換** (two-sided z-transform)，および**片側 z 変換** (one-sided z-transform) とよぶ．離散数学や情報数学の分野では，片側 z 変換は**母関数** (generating function) と名づけられており，数列や差分方程式の解法のための道具となっている．

z 変換 $X(z)$ が収束する z の範囲を $X(z)$ の**収束領域** (region of convergence) という．一般に，収束領域はある非負の数 R_{x-} と R_{x+} によって

$$R_{x-} < |z| < R_{x+} \tag{6.4}$$

のような不等式として表される．図 6.1 のように，収束領域は z 平面の原点を中心とする半径 R_{x-} と R_{x+} の円で囲まれる環状の領域である．ただし $R_{x-} = 0$，$R_{x+} = \infty$ にもなりうる．

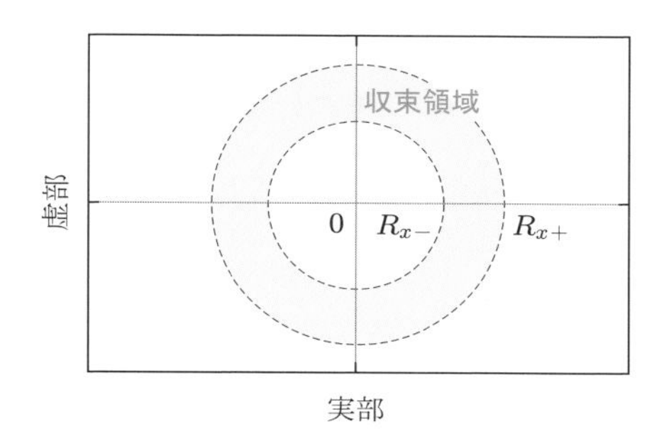

図 6.1　z 変換の収束領域

例題 6.1　以下の z 変換と収束領域をそれぞれ求めよ．

(1) 単位インパルス関数 $\delta[n]$

(2) 単位ステップ関数 $u_0[n]$

(3) 指数関数 $\alpha^n \cdot u_0[n]$

解答　(1) 単位インパルス：$\delta[0] = 1$，$\delta[n] = 0$ $(n \neq 0)$ であることを利用すると，定義式 (6.3) から

$$\mathcal{Z}[\delta[n]] = 1 \cdot z^{-0} = 1 \tag{6.5}$$

となる．ここで，上式の z 変換は $z = 0$ を除く任意の z に対して収束するため，収束領域は原点を除く z 平面全体となる．

(2) 単位ステップ：$u_0[n] = 0$ $(n < 0)$，$u_0[n] = 1$ $(n \geq 0)$ であることを利用すると，定義式 (6.3) から

$$\mathcal{Z}[u_0[n]] = 1 \cdot z^{-0} + 1 \cdot z^{-1} + 1 \cdot z^{-2} + \cdots = \sum_{n=0}^{\infty} (z^{-1})^n \tag{6.6}$$

となる．ここで，上の z 変換は $|z| > 1$ に限って収束するため，この z 平面の単位円外（円周を除く）が収束領域となり，このとき z 変換は以下のようになる．

$$\mathcal{Z}[u_0[n]] = \frac{1}{1-z^{-1}} \tag{6.7}$$

(3) 指数関数：$\alpha^n \cdot u_0[n]$ の z 変換は以下のようになる．

$$\mathcal{Z}[\alpha^n \cdot u_0[n]] = \alpha^0 z^{-0} + \alpha^1 z^{-1} + \alpha^2 z^{-2} + \cdots = \sum_{n=0}^{\infty} (\alpha z^{-1})^n \tag{6.8}$$

ここで，上の z 変換は $|\alpha z^{-1}| < 1$ に限って収束するため，収束領域は半径 $|\alpha|$ の円外 $|z| > |\alpha|$（円周を除く）である．このとき，z 変換は次のように表される．

$$\mathcal{Z}[\alpha^n \cdot u_0[n]] = \frac{1}{1-\alpha z^{-1}} \tag{6.9}$$

例題 6.2 以下の二つの信号 $x_1[n]$ と $x_2[n]$ の z 変換と収束領域をそれぞれ求め，比較せよ．

$$x_1[n] = \begin{cases} \alpha^n, & n \geq 0 \\ 0, & n < 0 \end{cases} \quad \text{（因果的信号）} \tag{6.10}$$

$$x_2[n] = \begin{cases} 0, & n \geq 0 \\ -\alpha^n, & n < 0 \end{cases} \quad \text{（非因果的信号）} \tag{6.11}$$

解答 z 変換の定義 (6.1) に $x_1[n]$ と $x_2[n]$ を代入すれば，以下のように z 変換と収束領域が求められる．

$$X_1(z) = \sum_{n=0}^{\infty} \alpha^n z^{-n} = \frac{1}{1-\alpha z^{-1}}, \quad \text{収束領域 1：} |z| > |\alpha| \tag{6.12}$$

$$\begin{aligned} X_2(z) &= \sum_{n=-\infty}^{-1} (-\alpha^n) z^{-n} \\ &= -\sum_{n=1}^{\infty} \left(\frac{z}{\alpha}\right)^n = 1 - \sum_{n=0}^{\infty} \left(\frac{z}{\alpha}\right)^n \\ &= 1 - \frac{1}{1-z/\alpha} = \frac{1}{1-\alpha z^{-1}}, \quad \text{収束領域 2：} |z| < |\alpha| \end{aligned} \tag{6.13}$$

したがって，$X_1(z)$ と $X_2(z)$ は等しいが，収束領域 1 と収束領域 2 は異なる．収束領域 1 は z 平面上の原点を中心とする半径 $|\alpha|$ の円外（円周を除く）であり，収束領域 2 はこの円内（円周を除く）である．

上の例は，信号 $x_1[n]$ と $x_2[n]$ は異なっているにもかかわらず，これらの z 変換 $X_1(z)$ と $X_2(z)$ は等しくなることを示す例である．これは $x_1[n]$ が因果的信号であり，$x_2[n]$ が非因果的信号であることによる．しかし，それぞれの収束領域は異なっており，共通部分をもたないことに注意する必要がある．したがって，z 変換は同じであっても，収束領域によって信号を区別できる．この意味で，z 変換とともに収束領域を表示することは信号を一つに特定するために必要である．本書では，ほとんどの場合，因果的な信号を扱っているため，z 変換において収束領域を明示しないことが多い．収束領域の明示が必要になったときにのみ，これに言及するものとする．

6.1.2 基本的な信号の z 変換

表 6.1 に，基本的な信号の z 変換と収束領域をまとめる．

表 6.1 z 変換表

信 号	$x[n]$	$X(z)$	収束領域
単位インパルス	$\delta[n]$	1	任意の z（$z=0$ を除く）
単位ステップ	$u_0[n]$	$\dfrac{1}{1-z^{-1}}$	$\lvert z\rvert > 1$
指数関数	$\alpha^n \cdot u_0[n]$	$\dfrac{1}{1-\alpha z^{-1}}$	$\lvert z\rvert > \lvert\alpha\rvert$
複素指数関数	$e^{j\omega n} \cdot u_0[n]$	$\dfrac{1}{1-e^{j\omega} z^{-1}}$	$\lvert z\rvert > 1$
ランプ関数	$n \cdot u_0[n]$	$\dfrac{z^{-1}}{(1-z^{-1})^2}$	$\lvert z\rvert > 1$
正弦波	$\sin\omega n \cdot u_0[n]$	$\dfrac{z^{-1}\sin\omega}{1-2z^{-1}\cos\omega+z^{-2}}$	$\lvert z\rvert > 1$
余弦波	$\cos\omega n \cdot u_0[n]$	$\dfrac{1-z^{-1}\cos\omega}{1-2z^{-1}\cos\omega+z^{-2}}$	$\lvert z\rvert > 1$

例題 6.3 以下の z 変換と収束領域をそれぞれ求めよ．

(1) 複素指数関数 $e^{j\omega n} \cdot u_0[n]$

(2) ランプ関数 $n \cdot u_0[n]$

解答 (1) 複素指数関数 $e^{j\omega n} \cdot u_0[n]$ は，指数関数 $\alpha^n \cdot u_0[n]$ の特別な場合 ($\alpha = e^{j\omega}$) であることを利用して，以下のように求められる．

$$\mathcal{Z}[e^{j\omega n} \cdot u_0[n]] = \mathcal{Z}[\alpha^n \cdot u_0[n]]\big|_{\alpha=e^{j\omega}} = \left.\frac{1}{1-\alpha z^{-1}}\right|_{\alpha=e^{j\omega}}$$

$$= \frac{1}{1-e^{j\omega}z^{-1}},\quad \text{収束領域：} |z| > |e^{j\omega}|,\ \text{すなわち } |z| > 1 \tag{6.14}$$

(2) ランプ関数 $n \cdot u_0[n]$ の z 変換を $R(z)$ とおけば，

$$R(z) = 0\cdot z^{-0} + 1\cdot z^{-1} + 2\cdot z^{-2} + 3\cdot z^{-3} + 4\cdot z^{-4} + \cdots \tag{6.15}$$

$$\begin{aligned} R(z) - z^{-1}R(z) &= z^{-1} + z^{-2} + z^{-3} + z^{-4} + \cdots \\ &= z^{-1}\left(1 + z^{-1} + z^{-2} + z^{-3} + \cdots\right) \\ &= \frac{z^{-1}}{1-z^{-1}},\quad \text{収束領域：} |z| > 1 \end{aligned} \tag{6.16}$$

となる．上式から，以下のように求められる．

$$\begin{aligned} R(z) &= \frac{z^{-1}}{1-z^{-1}} \cdot \frac{1}{1-z^{-1}} \\ &= \frac{z^{-1}}{(1-z^{-1})^2},\quad \text{収束領域：} |z| > 1 \end{aligned} \tag{6.17}$$

6.1.3 z 変換の極と零点

z 変換の重要なクラスは，次のように表される z^{-1} に関する有理多項式のクラスである．

$$H(z) = \frac{N(z)}{D(z)} = \frac{\displaystyle\sum_{k=0}^{N} b_k z^{-k}}{\displaystyle\sum_{k=0}^{N} a_k z^{-k}} \tag{6.18}$$

このような多項式 $H(z)$ は，**分母多項式** (denominator polynomial) $D(z)$ と**分子多項式** (numerator polynomial) $N(z)$ の比によって表されるため，**有理多項式** (rational polynomial) とよばれる．

有理多項式 $H(z)$ が零となる z の値は $H(z)$ の**零点** (zero) とよばれる．零点は分子多項式 $N(z)$ の根である．一方，$H(z)$ が無限大となる z の値は $H(z)$ の**極** (pole) とよばれる．z の有限の値での極は分母多項式 $D(z)$ の根である．極は，これ以外に $z = 0$ あるいは $z = \infty$ でも現れる可能性がある．

後述するように，z 変換は離散時間信号やディジタルフィルタを解析するための代数的解法を与える．このとき，z 変換の極と零点の配置が重要な役割を担う．

例題 6.4 次の z 変換の零点と極を求め，z 平面上に図示せよ．

$$H(z) = \frac{N(z)}{D(z)} = \frac{1 + 2z^{-1} + z^{-2}}{1 - z^{-1} + 0.75z^{-2}} \tag{6.19}$$

解答 分子多項式 $N(z)$ の根は 2 重根 $z = -1$ であり，これらが零点である．一方，分母多項式 $D(z)$ の根は $z = (1 \pm j\sqrt{2})/2$ であり，これらが極である．図 6.2 に，z 平面上の零点 “$\circ$” と極 “$\times$” の配置を示す．実行例をプログラム 6.1 に示す．

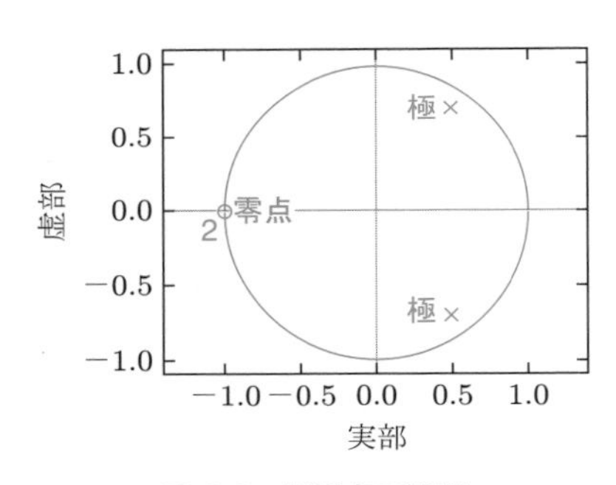

図 6.2 **極零点の配置**

プログラム 6.1 **z 変換 $H(z) = N(z)/D(z)$ の極と零点の配置（例題 6.4，図 6.2）**

```
Nz = [1,  2, 1   ];         % 分子係数
Dz = [1, -1, 0.75];         % 分母係数
zr = roots(Nz)              % 零点の計算(N(z)の根)
pl = roots(Dz)              % 極の計算(D(z)の根)
zplane(Nz, Dz);             % 極零点の図示
legend('zeros', 'poles');   % 凡例
```

ディスプレイの表示

```
zr =
    -1
    -1
```

```
pl =
   0.5000 + 0.7071i
   0.5000 - 0.7071i
```

6.1.4　z 変換と離散時間フーリエ変換との関係

次に，z 変換と離散時間フーリエ変換の関係について述べよう．信号 $x[n]$ の z 変換 $X(z)$ において，z は複素数であるから，$z = re^{j\omega}$（r は非負の実数，ω は実数）と書くことができる．これを z 変換の定義式に代入すると次式が得られる．

$$X(z)|_{z=re^{j\omega}} = X(re^{j\omega}) = \sum_{n=-\infty}^{\infty} x[n]r^{-n}e^{-j\omega n} \tag{6.20}$$

上式において $r = 1$ とすれば，$X(z) = X(e^{j\omega})$ となる．したがって，$x[n]$ の z 変換において $z = e^{j\omega}$ とした場合が $x[n]$ の離散時間フーリエ変換となっている．このため，離散時間フーリエ変換は z 平面上の単位円で定義された z 変換であるということができる．

離散時間フーリエ変換は，絶対加算可能な信号（$\sum_{n=-\infty}^{\infty} |x[n]| < \infty$ となる信号）に対して収束する．このため，たとえば単位ステップのような絶対加算可能ではない信号に対しては離散時間フーリエ変換は存在しない．そこで，z 変換では，強制的減衰の変数 r を設定することで，絶対加算可能ではない信号に対しても級数が収束するようにし，より広いクラスの信号に対して変換が求められるようにしている．

6.2　z 変換の性質

以下に z 変換の代表的な性質を挙げる．これらの性質が成り立つことの証明は，演習問題 6.3 として残されている．

(1)　線形性 (linearity)

定数 a_1 と a_2 に対して，次式が成り立つ．

$$\mathcal{Z}[a_1x_1[n] + a_2x_2[n]] = a_1X_1(z) + a_2X_2(z) \tag{6.21}$$

例題 6.5　余弦波 $\cos\omega n \cdot u_0[n]$ の z 変換を求めよ．

解答　オイラーの公式により $\cos\omega n = (e^{j\omega n} + e^{-j\omega n})/2$ であるから

$$\begin{aligned}
\mathcal{Z}[\cos\omega n \cdot u_0[n]] &= \frac{1}{2}\mathcal{Z}[e^{j\omega n} \cdot u_0[n]] + \frac{1}{2}\mathcal{Z}[e^{-j\omega n} \cdot u_0[n]] \\
&= \frac{1}{2}\frac{1}{1 - e^{j\omega}z^{-1}} + \frac{1}{2}\frac{1}{1 - e^{-j\omega}z^{-1}} \\
&= \frac{1 - z^{-1}\cos\omega}{1 - 2z^{-1}\cos\omega + z^{-2}}, \quad \text{収束領域：} |z| > 1
\end{aligned} \tag{6.22}$$

と求められる．

(2) 推移 (shift)

整数 m に対して，次式が成り立つ．

$$\mathcal{Z}[x[n-m]] = z^{-m}X(z) \tag{6.23}$$

上の性質において，$m=1$ のとき，信号 $x[n]$ に対して $x[n-1]$ は単位時間遅れている信号であり，この単位時間の信号の遅れは z 変換では z^{-1} となって現れていることになる．5.6 節において，ディジタルフィルタを構成するための単位遅延素子を z^{-1} によって表したのはこの理由による．

例題 6.6 次の 2 次差分方程式によって表されるディジタルフィルタの出力 $y[n]$ の z 変換 $Y(z)$ を，入力の z 変換 $X(z)$ を用いて表せ．

$$y[n] = -a_1y[n-1] - a_2y[n-2] + b_0x[n] + b_1x[n-1] + b_2x[n-2] \tag{6.24}$$

解答 線形性と推移の性質を用いることにより，$Y(z)$ が次のように求められる．

$$\begin{aligned} Y(z) &= -a_1z^{-1}Y(z) - a_2z^{-2}Y(z) + b_0X(z) + b_1z^{-1}X(z) + b_2z^{-2}X(z) \\ &= -(a_1z^{-1} + a_2z^{-2})Y(z) + (b_0 + b_1z^{-1} + b_2z^{-2})X(z) \end{aligned} \tag{6.25}$$

よって，

$$Y(z) = \frac{b_0 + b_1z^{-1} + b_2z^{-2}}{1 + a_1z^{-1} + a_2z^{-2}}X(z) \tag{6.26}$$

と求められる．

(3) α^n による乗算 (multiplication)

次式が成り立つ．

$$\mathcal{Z}[\alpha^n x[n]] = X(\alpha^{-1}z) \tag{6.27}$$

例題 6.7 $\alpha^n \cos\omega n \cdot u_0[n]$ の z 変換を求めよ．

解答 表 6.1 から，$\cos\omega n$ の z 変換は

$$\mathcal{Z}[\cos\omega n \cdot u_0[n]] = \frac{1 - z^{-1}\cos\omega}{1 - 2z^{-1}\cos\omega + z^{-2}} \tag{6.28}$$

と与えられている．この z 変換と式 (6.27) の性質を利用すると

$$\mathcal{Z}[\alpha^n \cos\omega n \cdot u_0[n]] = \frac{1 - \alpha z^{-1}\cos\omega}{1 - 2\alpha z^{-1}\cos\omega + \alpha^2 z^{-2}} \tag{6.29}$$

と求められる．

(4) 微分 (differentiation)

次式が成り立つ．

$$\mathcal{Z}[nx[n]] = -z\frac{dX(z)}{dz} \tag{6.30}$$

例題 6.8 ランプ関数 $n \cdot u_0[n]$ の z 変換を求めよ．

解答 z 変換の微分の性質と $\mathcal{Z}[u_0[n]] = 1/(1-z^{-1})$ であることを利用すると，以下のように求められる．

$$\mathcal{Z}[n \cdot u_0[n]] = -z\frac{d}{dz}\left[\frac{1}{1-z^{-1}}\right] = \frac{z^{-1}}{(1-z^{-1})^2} \tag{6.31}$$

(5) たたみこみ (convolution)

5.2 節で述べたように，$h[n]$ と $x[n]$ のたたみこみ $y[n]$ は次のように表される．

$$y[n] = h[n] * x[n] = \sum_{k=-\infty}^{\infty} h[k]x[n-k] \tag{6.32}$$

たたみこみ $y[n]$ の z 変換は，$h[n]$ と $x[n]$ の z 変換を用いて次式で与えられる．

$$Y(z) = H(z)X(z) \tag{6.33}$$

例題 6.9 例題 5.1 では，二つの信号 $h[n] = [\underline{1}, 3, -1]$ と $x[n] = [\underline{2}, 1, 5, 3]$ のたたみこみが計算され，その結果，$y[n] = h[n]*x[n] = [\underline{2}, 7, 6, 17, 4, -3]$ が求められた．$h[n]$ と $x[n]$，$y[n]$ の z 変換をそれぞれ求めることで，このたたみこみに対して式 (6.33) が成り立つことを実際に確かめよ．

解答 信号 $h[n]$ と $x[n]$，$y[n]$ は有限長の信号であるから，これらの z 変換は以下のように容易に求められる．

$$H(z) = 1 + 3z^{-1} - z^{-2} \tag{6.34}$$

$$X(z) = 2 + z^{-1} + 5z^{-2} + 3z^{-3} \tag{6.35}$$

$$Y(z) = 2 + 7z^{-1} + 6z^{-2} + 17z^{-3} + 4z^{-4} - 3z^{-5} \tag{6.36}$$

ここで，$H(z)$ と $X(z)$ の積は以下のように求められる．

$$\begin{array}{rrrrrr}
 & & & -z^{-2} & +3z^{-1} & +1 \\
 & \times & 3z^{-3} & +5z^{-2} & +z^{-1} & +2 \\
\hline
 & & & -2z^{-2} & 6z^{-1} & 2 \\
 & & -z^{-3} & 3z^{-2} & z^{-1} & \\
 & -5z^{-4} & 15z^{-3} & 5z^{-2} & & \\
-3z^{-5} & 9z^{-4} & 3z^{-3} & & & \\
\hline
-3z^{-5} & +4z^{-4} & +17z^{-3} & +6z^{-2} & +7z^{-1} & +2
\end{array} \tag{6.37}$$

上のように求められた積 $H(z)X(z)$ は式 (6.36) の $Y(z)$ に等しい．以上の計算は本質的に式 (5.24) のたたみこみの計算と等価である．

例題 6.10 二つの信号 $h[n] = \alpha^n \cdot u_0[n]$（ただし，$\alpha \neq 1$）と $x[n] = u_0[n]$ のたたみこみ $y[n] = h[n]*x[n]$ を考える．$h[n]$ と $x[n]$，$y[n]$ の z 変換をそれぞれ求めることで，式 (6.33) が成り立つことを実際に確かめよ．

解答 表 6.1 から，$h[n]$ と $x[n]$ の z 変換は

$$H(z) = \frac{1}{1-\alpha z^{-1}} \tag{6.38}$$

$$X(z) = \frac{1}{1 - z^{-1}} \tag{6.39}$$

となる．したがって，

$$H(z)X(z) = \frac{1}{1 - \alpha z^{-1}} \cdot \frac{1}{1 - z^{-1}} \tag{6.40}$$

である．

一方，たたみこみ $y[n]$ は

$$\begin{aligned} y[n] &= \sum_{k=0}^{\infty} \alpha^k u_0[n-k] \\ &= 1 + \alpha^1 + \alpha^2 + \cdots + \alpha^n \\ &= \frac{1 - \alpha^{n+1}}{1 - \alpha} \end{aligned} \tag{6.41}$$

となる．よって，以下のようになる．

$$\begin{aligned} Y(z) &= \sum_{n=0}^{\infty} \frac{1 - \alpha^{n+1}}{1 - \alpha} z^{-n} \\ &= \frac{1}{1 - \alpha} \left(\sum_{n=0}^{\infty} z^{-n} - \alpha \sum_{n=0}^{\infty} \alpha^n z^{-n} \right) \\ &= \frac{1}{1 - \alpha} \left(\frac{1}{1 - z^{-1}} - \frac{\alpha}{1 - \alpha z^{-1}} \right) \\ &= \frac{1}{(1 - \alpha z^{-1})(1 - z^{-1})} \end{aligned} \tag{6.42}$$

式 (6.40) と式 (6.42) の比較から，$Y(z) = H(z)X(z)$ が成立することが実際に確かめられる．

(6) 初期値定理 (initial value theorem)

因果的信号 $x[n]$ に対して，次式が成り立つ．

$$x[0] = \lim_{z \to \infty} X(z) \tag{6.43}$$

(7) 最終値定理 (final value theorem)

因果的信号 $x[n]$ に対して，次式が成り立つ．

$$\lim_{n \to \infty} x[n] = \lim_{z \to 1} (1 - z^{-1}) X(z) \tag{6.44}$$

例題 6.11 前述の例題 6.10 の z 変換

$$Y(z) = \frac{1}{(1 - \alpha z^{-1})(1 - z^{-1})} \tag{6.45}$$

において，$|\alpha| < 1$ のときの初期値 $y[0]$ と最終値 $y[\infty]$ を求めよ．

解答 初期値の定理を利用すると，$y[0]$ が以下のように求められる．

$$y[0] = \lim_{z \to \infty} Y(z)$$

$$
\begin{aligned}
&= \lim_{z\to\infty} \frac{1}{(1-\alpha z^{-1})(1-z^{-1})} \\
&= 1
\end{aligned} \tag{6.46}
$$

最終値の定理を利用すると，$y[\infty]$ が以下のように求められる．

$$
\begin{aligned}
y[\infty] &= \lim_{z\to 1}(1-z^{-1})Y(z) \\
&= \lim_{z\to 1} \frac{1-z^{-1}}{(1-\alpha z^{-1})(1-z^{-1})} \\
&= \frac{1}{1-\alpha}
\end{aligned} \tag{6.47}
$$

以上のように求められた $y[0]$ と $y[\infty]$ は，前述の例題 6.10 のたたみこみの結果の式 (6.41) $y[n] = (1-\alpha^{n+1})/(1-\alpha)$ から求めたものと等しくなることを，以下のように確認できる．

$$
\begin{aligned}
y[0] &= \left.\frac{1-\alpha^{n+1}}{1-\alpha}\right|_{n=0} \\
&= 1
\end{aligned} \tag{6.48}
$$

$$
\begin{aligned}
y[\infty] &= \lim_{n\to\infty} \frac{1-\alpha^{n+1}}{1-\alpha} \\
&= \frac{1}{1-\alpha}
\end{aligned} \tag{6.49}
$$

6.3 逆 z 変換

6.3.1 周回積分による解析的方法

これまで，時間領域の信号 $x[n]$ を変換領域の z 変換 $X(z)$ へ変換する場合を考えてきた．次に，その逆として関数 $X(z)$ から信号 $x[n]$ を求める変換を考える．このような変換は $X(z)$ の**逆 z 変換** (inverse z-transform) とよばれる．$X(z)$ の逆 z 変換は次式の周回積分 (contour integration) によって与えられる．

$$
x[n] = \mathcal{Z}^{-1}[X(z)] = \frac{1}{2\pi j}\oint_{\Gamma} X(z) z^{n-1} dz \tag{6.50}
$$

ただし，Γ は $X(z)$ の収束領域内にあり，原点を反時計回りに回る閉路である．

式 (6.50) が $X(z)$ の逆 z 変換となることは以下のように証明できる．まず，複素解析における次の**コーシーの積分定理** (Cauchy's integral theorem) が成立することに注意する．

$$
\frac{1}{2\pi j}\oint_{\Gamma} z^{n-k-1} dz = \delta[n-k] \tag{6.51}
$$

この関係を用いると，$X(z) = \sum_{k=-\infty}^{\infty} x[k] z^{-k}$ に対して次式が得られる．

$$
\frac{1}{2\pi j}\oint_{\Gamma} X(z) z^{n-1} dz = \frac{1}{2\pi j}\oint_{\Gamma} \sum_{k=-\infty}^{\infty} x[k] z^{n-k-1} dz
$$

$$= \sum_{k=-\infty}^{\infty} x[k] \cdot \frac{1}{2\pi j} \oint_{\Gamma} z^{n-k-1} dz$$
$$= \sum_{k=-\infty}^{\infty} x[k]\delta[n-k]$$
$$= x[n] \tag{6.52}$$

したがって，式 (6.50) は $X(z)$ の逆 z 変換であることが示された．

式 (6.50) において，**コーシーの留数定理** (Cauchy's residue theorem) を用いれば

$$\begin{aligned} x[n] &= \frac{1}{2\pi j} \oint_{\Gamma} X(z) z^{n-1} dz \\ &= \sum_{\text{すべての極}} \Gamma\text{内にある } X(z)z^{n-1}\text{の極の留数} \end{aligned} \tag{6.53}$$

と求められる．ただし，$z = \alpha$ が $X(z)z^{n-1}$ の 1 位の極の場合，$z = \alpha$ の留数 $\mathrm{Res}(\alpha)$ は

$$\mathrm{Res}(\alpha) = \lim_{z \to \alpha} (z - \alpha) X(z) z^{n-1} \tag{6.54}$$

となる．$z = \alpha$ が m 位の極 $(m \geq 2)$ の場合は次式で与えられる．

$$\mathrm{Res}(\alpha) = \frac{1}{(m-1)!} \lim_{z \to \alpha} \frac{d^{m-1}}{dz^{m-1}} \left\{ (z-\alpha)^m X(z) z^{n-1} \right\} \tag{6.55}$$

例題 6.12 $X(z)$ が次のように与えられているとき，コーシーの留数定理を用いて逆 z 変換を行い，$x[n]$ を求めよ．

$$X(z) = \frac{(1-r)z^{-1}}{(1-z^{-1})(1-rz^{-1})} \tag{6.56}$$

解答 $X(z)z^{n-1}$ は $z = 1$ と $z = r$ で 1 位の極をもつ．$X(z)z^{n-1}$ の $z = 1$ と $z = r$ の留数をそれぞれ $\mathrm{Res}(1)$ と $\mathrm{Res}(r)$ とすると

$$x[n] = \mathrm{Res}(1) + \mathrm{Res}(r) \tag{6.57}$$

であり，

$$\begin{aligned} \mathrm{Res}(1) &= \lim_{z \to 1} (z-1) X(z) z^{n-1} \\ &= \lim_{z \to 1} \frac{(z-1)(1-r)z^{-1}}{(1-z^{-1})(1-rz^{-1})} z^{n-1} \\ &= 1 \end{aligned} \tag{6.58}$$

$$\begin{aligned} \mathrm{Res}(r) &= \lim_{z \to r} (z-r) X(z) z^{n-1} \\ &= \lim_{z \to r} \frac{(z-r)(1-r)z^{-1}}{(1-z^{-1})(1-rz^{-1})} z^{n-1} \\ &= -r^n \end{aligned} \tag{6.59}$$

と求められる．したがって，

$$x[n] = 1 - r^n, \quad n = 0, 1, 2, \cdots \tag{6.60}$$

となる．

6.3.2 実際的方法

式 (6.50) によって逆 z 変換は一般的に与えられるが，これを実際に用いることはきわめて煩雑となる．因果的信号で，その z 変換が有理多項式となっている場合には，以下のような二つの実際的な方法によって容易に逆 z 変換が求められる．

(1) 部分分数展開法 (partial-fraction expansion method)

与えられた $X(z)$ が，次のように 1 次の部分分数 $X_k(z)$ に展開できるものとする．

$$X(z) = \sum_{k=1}^{K} X_k(z) = \sum_{k=1}^{K} \frac{a_k}{1 - b_k z^{-1}} \tag{6.61}$$

このとき，表 6.1 と z 変換の線形性から，各部分分数 $X_k(z) = a_k/(1 - b_k z^{-1})$ の逆 z 変換 $x_k[n]$ は

$$\mathcal{Z}^{-1}[X_k(z)] = a_k b_k^n, \quad n = 0, 1, 2, \cdots \tag{6.62}$$

となる．よって，$X(z) = \sum_{k=1}^{K} X_k(z)$ の逆 z 変換は，$a_k b_k^n$ の k に関する和として以下のように求められる．

$$x[n] = \sum_{k=1}^{K} a_k b_k^n, \quad n = 0, 1, 2, \cdots \tag{6.63}$$

もし，$X_k(z)$ が 2 次以上の部分分数であるときには，表 6.1 と z 変換の性質を組み合わせて，$X_k(z)$ の逆 z 変換を求めればよい．

(2) べき級数展開法 (power series expansion method)

$X(z)$ の分子多項式を分母多項式で割ることにより，$X(z)$ を以下のように z^{-1} のべき級数に展開する．

$$X(z) = \frac{a_0 + a_1 z^{-1} + \cdots + a_N z^{-N}}{1 + b_1 z^{-1} + \cdots + b_N z^{-N}} = c_0 + c_1 z^{-1} + c_2 z^{-2} + \cdots + c_n z^{-n} + \cdots \tag{6.64}$$

z 変換の定義から，z^{-n} の係数 c_n が時刻 n の信号 $x[n]$ となる．すなわち，

$$x[n] = c_n, \quad n = 0, 1, 2, \cdots \tag{6.65}$$

となる．

例題 6.13 因果的信号 $x[n]$ に対して $X(z)$ が次のように与えられているとき，部分分数展開法とべき級数展開法により逆 z 変換を行い，$x[n]$ を求めよ．

$$X(z) = \frac{(1 - r)z^{-1}}{(1 - z^{-1})(1 - rz^{-1})} \tag{6.66}$$

解答 まず，式 (6.61) のように部分分数に分解すると

$$X(z) = \frac{1}{1-z^{-1}} - \frac{1}{1-rz^{-1}} \tag{6.67}$$

を得る．上式の部分分数の $1/(1-z^{-1})$ と $1/(1-rz^{-1})$ のそれぞれの逆 z 変換は $u_0[n]$ と $r^n \cdot u_0[n]$ であるから，この二つの信号の和として $X(z)$ の逆 z 変換が次のように求められる．

$$x[n] = 1 - r^n, \quad n = 0, 1, 2, \cdots \tag{6.68}$$

次に，$X(z)$ をべき級数で展開すると

$$X(z) = (1-r)z^{-1} + (1-r^2)z^{-2} + (1-r^3)z^{-3} + \cdots + (1-r^n)z^{-n} + \cdots \tag{6.69}$$

が得られる．したがって同様に，

$$x[n] = 1 - r^n, \quad n = 0, 1, 2, \cdots \tag{6.70}$$

と求められる．

演習問題

6.1 以下の因果的信号 $x[n]$ の z 変換を求めよ．

(1) $x[n] = n\alpha^n \cdot u_0[n]$

(2) $x[n] = \begin{cases} \dfrac{1}{n!}, & n \geq 0 \\ 0, & n < 0 \end{cases}$

(3) $x[n] = \sin \omega n \cdot u_0[n]$

(4) $x[n] = \alpha^n \sin \omega n \cdot u_0[n]$

6.2 因果的信号 $x[n]$ の z 変換を $X(z)$ とするとき，以下の信号の z 変換を $X(z)$ を用いて表せ．

(1) $x^*[n]$

(2) $x[-n]$

(3) $n^2 x[n]$

(4) $[\underline{x[0]}, 0, x[1], 0, x[2], 0, x[3], 0, \cdots]$

(5) $\left[\underline{x[0]}, x[0]+x[1], x[0]+x[1]+x[2], x[0]+x[1]+x[2]+x[3], \cdots, \sum_{k=0}^{n} x[k], \cdots\right]$

6.3 z 変換に対して 6.2 節の性質(1) ～ (7)が成り立つことを証明せよ．

6.4 非再帰形フィルタ $h[n] = [\underline{1}, 3, 3, 1]$ に入力信号 $x[n] = [\underline{1}, -2, 3, 2]$ が加えられた場合について，以下の問いに答えよ．

(1) 出力 $y[n]$ を求めよ．

(2) $Y(z) = H(z)X(z)$ の関係が成り立っていることを実際に確かめよ．

6.5 次の差分方程式で表される 1 次再帰形フィルタに対して，以下の問いに答えよ．ただし，$y[-1] = 0$ とせよ．

$$y[n] = 0.5y[n-1] + 0.5x[n], \quad n \geq 0$$

(1) 単位インパルス応答を求めよ．
(2) 入力 $x[n]=[\underline{1},1,1,1]$ に対する出力 $y[n]$ を求めよ．
(3) $Y(z)=H(z)X(z)$ の関係が成り立っていることを実際に確かめよ．

6.6 次の $X(z)$ の逆 z 変換 $x[n]$ を求めよ．ただし，$x[n]$ は因果的であると仮定せよ．

(1) $X(z)=(1+z^{-1})^N, \quad N=0,1,2,\cdots$

(2) $X(z)=e^{1/z}$

(3) $X(z)=\log(1-z^{-1})$

(4) $X(z)=\sin z^{-1}$

(5) $X(z)=\cos z^{-1}$

6.7 次の $X(z)$ の極と零点を求め，z 平面上に図示せよ．また，部分分数展開法とべき級数展開法を用いて，逆 z 変換 $x[n]$ を求めよ．ただし，$x[n]$ は因果的であると仮定せよ．

(1) $X(z)=\dfrac{1}{1-z^{-4}/16}$

(2) $X(z)=\dfrac{1}{1+z^{-4}/16}$

6.8 次の z 変換 $X(z)$ の極と零点を求め，z 平面上に図示せよ．また，逆 z 変換 $x[n]$ を求めよ．ただし，$x[n]$ は因果的であると仮定せよ．

(1) $X(z)=\dfrac{1}{1-0.9z^{-1}+0.81z^{-2}}$

(2) $X(z)=\dfrac{1}{(1-0.5z^{-1})^2}$

(3) $X(z)=\dfrac{z^{-3}-z^{-8}}{1-z^{-1}}$

6.9 周回積分を用いて以下の $X(z)$ の逆 z 変換 $x[n]$ を求めよ．ただし，$x[n]$ は因果的であると仮定せよ．

(1) $X(z)=\dfrac{1-0.5z^{-1}}{1-0.5z^{-1}-0.5z^{-2}}$

(2) $X(z)=\dfrac{z^{-2}}{1-0.5z^{-1}-0.5z^{-2}}$

6.10 $X(z)$ の逆 z 変換 $x[n]$ は次式によって与えられることを示せ．ただし，$x[n]$ は因果的であると仮定せよ．

$$x[n]=\frac{1}{n!}\frac{d^n}{d(z^{-1})^n}X(z)\bigg|_{z^{-1}=0}$$

7 ディジタルフィルタの解析

本章では，周波数領域と時間領域におけるディジタルフィルタの動的性質について学ぶ．まず，ディジタルフィルタの表現として伝達関数を与える．ディジタルフィルタの入出力関係を周波数領域において理解するために，伝達関数は有用である．その極と零点の配置はディジタルフィルタの周波数応答だけではなく，時間応答にも密接に関係している．安定性はディジタルフィルタに対して課される最も基本的な性質であり，z 平面上の極の位置によって決定される．

7.1 伝達関数と周波数応答

7.1.1 伝達関数

ディジタルフィルタの入力 $x[n]$ の z 変換 $X(z)$ に対する，出力 $y[n]$ の z 変換 $Y(z)$ の比 $Y(z)/X(z)$ を，このディジタルフィルタの**伝達関数** (transfer function) という．本章では，図 7.1(a) に示される単位インパルス応答 $h[n]$ をもつ因果的ディジタルフィルタの伝達関数をまず考える．このディジタルフィルタの入力 $x[n]$ と出力 $y[n]$ の関係は，以下のたたみこみによって記述される．

$$y[n] = \sum_{k=0}^{\infty} h[k]x[n-k] \tag{7.1}$$

上式の両辺に z 変換を適用すれば，6.2 節で示されているように次式が成立する．

$$Y(z) = H(z)X(z) \tag{7.2}$$

ここで，$H(z)$ は単位インパルス応答 $h[n]$ の z 変換である．すなわち，

$$H(z) = \sum_{n=0}^{\infty} h[n]z^{-n} \tag{7.3}$$

である．式 (7.2) より，伝達関数 $Y(z)/X(z)$ は単位インパルス応答の z 変換 $H(z)$ そのものとなる．もし，単位インパルス応答 $h[n]$ が有限長（$n = 0, 1, 2, \cdots, N$ の範囲）であり，ディジタルフィルタが FIR フィルタであるならば，式 (7.3) の右辺の無限和を

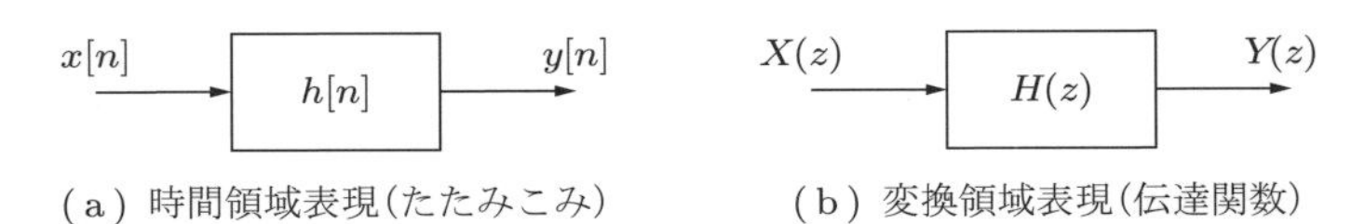

(a) 時間領域表現（たたみこみ）　(b) 変換領域表現（伝達関数）

図 7.1　ディジタルフィルタの入出力関係

$n = 0, 1, 2, \cdots, N$ までの有限和に置き換えれば伝達関数が求められる．

次に，N 次差分方程式で記述される次のディジタルフィルタを考える．

$$y[n] = -\sum_{k=1}^{N} a_k y[n-k] + \sum_{k=0}^{N} b_k x[n-k] \tag{7.4}$$

上式の両辺に z 変換を適用すると，z 変換の線形性と推移の性質から

$$Y(z) = -\sum_{k=1}^{N} a_k z^{-k} Y(z) + \sum_{k=0}^{N} b_k z^{-k} X(z) \tag{7.5}$$

となる．よって，ディジタルフィルタの伝達関数 $H(z) = Y(z)/X(z)$ は，上式から以下のように求められる．

$$H(z) = \frac{Y(z)}{X(z)} = \frac{\displaystyle\sum_{k=0}^{N} b_k z^{-k}}{1 + \displaystyle\sum_{k=1}^{N} a_k z^{-k}} \tag{7.6}$$

図 7.1(a) のような時間領域表現では，ディジタルフィルタの入力 $x[n]$ と出力 $y[n]$ の関係を単純に表す“増幅率”は存在しない．伝達関数 $H(z)$ をもつディジタルフィルタを図 7.1(b) のように表すと，伝達関数 $H(z)$ によって入力 $X(z)$ を“$H(z)$”倍だけ増幅して出力 $Y(z)$ が得られるものと理解することができる．この意味で，伝達関数 $H(z)$ はディジタルフィルタの“増幅率”に相当する．ただし，この“増幅率”は定数ではなく，z の関数である．

ディジタルフィルタの伝達関数 $H(z)$ はディジタルフィルタの差分方程式に一対一で対応し，この意味でフィルタの入出力関係を一義的に記述する．そこで，以後，式 (7.4) の差分方程式で表されるディジタルフィルタと式 (7.6) の伝達関数 $H(z)$ を同一視する．すなわち，伝達関数 $H(z)$ をもつディジタルフィルタを単にディジタルフィルタ $H(z)$ とよぶ．

7.1.2 周波数応答

ディジタルフィルタの伝達関数 $H(z)$ に $z = e^{j\omega}$ を代入すると，関数 $H(e^{j\omega})$ はディジタルフィルタの周波数応答となる．これは，単位インパルス応答 $h[n]$ をもつディジタルフィルタの周波数応答 $H(e^{j\omega})$ の定義式 (2.15) と伝達関数の定義式 (7.3) を比較することにより明らかである．また，差分方程式によって表されるディジタルフィルタにおいては，周波数応答の定義式 (5.50) と伝達関数の定義式 (7.6) の比較から容易に理解される．

例題 7.1 次の 4 次 FIR フィルタ $h[n]$ の伝達関数と周波数応答を求めよ．また，振幅特性と位相特性を図示せよ．

$$h[n] = \frac{1}{5}[\underline{1}, 1, 1, 1, 1] \tag{7.7}$$

解答 伝達関数の定義式から

$$H(z) = \sum_{n=0}^{\infty} h[n]z^{-n} \tag{7.8}$$
$$= \frac{1}{5}(1 + z^{-1} + z^{-2} + z^{-3} + z^{-4}) \tag{7.9}$$

となる．$H(z)$ は次のようにも表せる．

$$H(z) = \frac{1}{5}\frac{1 - z^{-5}}{1 - z^{-1}} \tag{7.10}$$

$z = e^{j\omega}$ を $H(z)$ に代入すると，周波数応答が次のように得られる．

$$H(e^{j\omega}) = \frac{1}{5}\frac{1 - e^{-j5\omega}}{1 - e^{-j\omega}}$$
$$= \frac{1}{5}\frac{\sin(5\omega/2)}{\sin(\omega/2)} \cdot e^{-j2\omega} \tag{7.11}$$

よって，振幅特性は $|H(e^{j\omega})| = |(1/5)\sin(5\omega/2)/\sin(\omega/2)|$，位相特性は $\theta(\omega) = -2\omega$ である†．図 7.2 に振幅特性と位相特性を示す．また，実行例をプログラム 7.1 に示す．

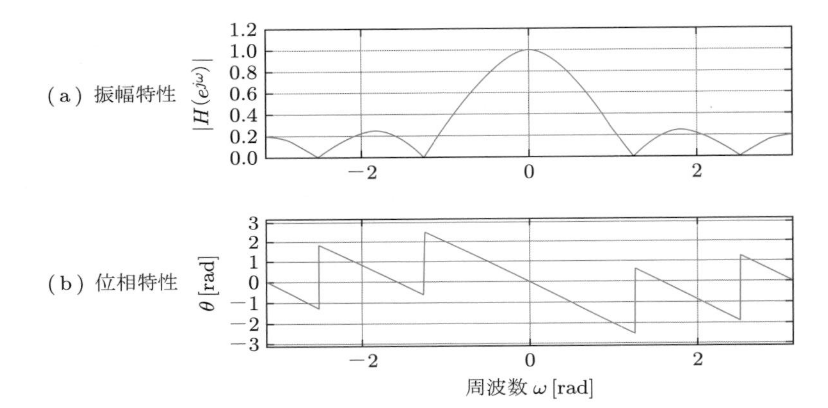

図 7.2　FIR フィルタの周波数応答

プログラム 7.1　FIR フィルタの振幅特性と位相特性（例題 7.1，図 7.2）

```
h = [1, 1, 1, 1, 1] / 5;                          % 単位インパルス応答
w = linspace(-pi, pi - 2 * pi / 1024, 1024);  % 周波数の範囲と刻み
H = freqz(h, 1, w);                               % 周波数応答
magH = abs(H);                                    % 振幅特性
argH = angle(H);                                  % 位相特性
subplot(2, 1, 1);
plot(w, magH);                                    % 振幅特性の図示
axis([-pi, pi, 0, 1.2]); grid;
xlabel('Frequency \omega [rad]'); ylabel('|H(e^{j\omega})|');
subplot(2, 1, 2);
plot(w, argH);                                    % 位相特性の図示
axis([-pi, pi, -pi, pi]); grid;
xlabel('Frequency \omega [rad]'); ylabel('\theta [rad]');
```

† 厳密には，振幅特性が 0 となる周波数において，位相特性の $+\pi$ あるいは $-\pi$ のジャンプがあることに注意してほしい．例題 7.2 においても同様である．

例題 7.2 次の差分方程式で表される 2 次 IIR フィルタの伝達関数 $H(z)$ と周波数応答を求めよ．また，振幅特性と位相特性を図示せよ．

$$y[n] = 0.9y[n-1] - 0.81y[n-2] + x[n] + x[n-2] \tag{7.12}$$

解答 式 (7.12) の両辺の z 変換を求めれば

$$Y(z) = 0.9z^{-1}Y(z) - 0.81z^{-2}Y(z) + X(z) + z^{-2}X(z) \tag{7.13}$$

となる．よって，伝達関数は以下のように得られる．

$$H(z) = \frac{Y(z)}{X(z)} = \frac{1 + z^{-2}}{1 - 0.9z^{-1} + 0.81z^{-2}} \tag{7.14}$$

$z = e^{j\omega}$ とすると，周波数応答 $H(e^{j\omega})$ は以下のようになる．

$$H(e^{j\omega}) = \frac{1 + e^{-j2\omega}}{1 - 0.9e^{-j\omega} + 0.81e^{-j2\omega}} \tag{7.15}$$

振幅特性と位相特性は，計算機を用いて描くと 図 7.3 のようになる．実行例をプログラム 7.2 に示す．

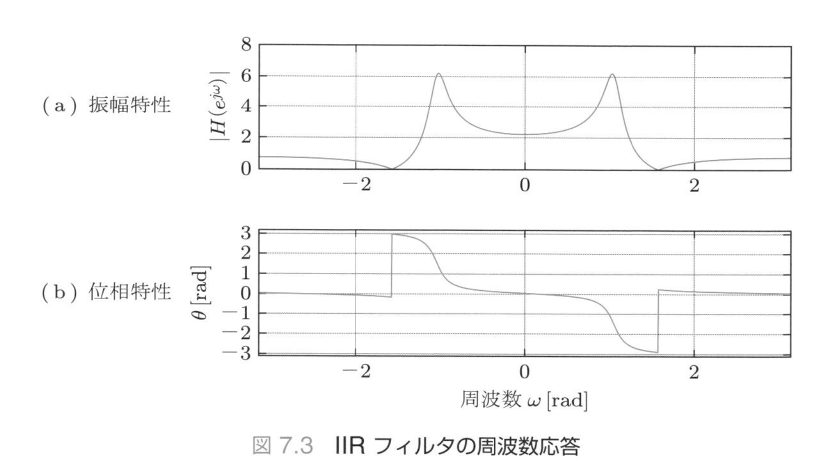

図 7.3 IIR フィルタの周波数応答

プログラム 7.2 IIR フィルタの振幅特性と位相特性（例題 7.2，図 7.3）

```
b = [1,  0,   1   ];                              % 分子係数
a = [1, -0.9, 0.81];                              % 分母係数
w = linspace(-pi, pi - 2 * pi / 1024, 1024);     % 周波数の範囲と刻み
H = freqz(b, a, w);                               % 周波数応答
magH = abs(H);                                    % 振幅特性
argH = angle(H);                                  % 位相特性
subplot(2, 1, 1);
plot(w, magH);                                    % 振幅特性の図示
axis([-pi, pi, 0, 8]); grid;
xlabel('Frequency \omega [rad]'); ylabel('|H(e^{j\omega})|');
subplot(2, 1, 2);
plot(w, argH);                                    % 位相特性の図示
axis([-pi, pi, -pi, pi]); grid;
xlabel('Frequency \omega [rad]'); ylabel('\theta [rad]');
```

7.1.3 極と零点

(1) IIR フィルタの極と零点

N 次 IIR フィルタ $H(z)$ を考える．この伝達関数 $H(z)$ は，z に関する N 次の有理多項式として，$H(z) = N(z)/D(z)$ のように表される．$H(z) = 0$ となる z の値を伝達関数あるいはディジタルフィルタの**零点** (zero) という．零点は分子多項式 $N(z)$ の根である．したがって，零点を z_k とおけば，分子多項式は

$$N(z) = N_0 \prod_{k=1}^{N} (1 - z_k z^{-1}) \tag{7.16}$$

と因数分解される．ただし，N_0 は定数である．

一方，$H(z) = \infty$ となる z の値を伝達関数あるいはディジタルフィルタの**極** (pole) という．z の有限な値の極は分母多項式 $D(z)$ の根である．極は $z = 0$ または $z = \infty$ にも現れることに注意してほしい．したがって，極を p_k とおくと，分母多項式は

$$D(z) = D_0 \prod_{k=1}^{N} (1 - p_k z^{-1}) \tag{7.17}$$

と因数分解される．ただし，D_0 は定数である．よって，伝達関数 $H(z) = N(z)/D(z)$ は，極と零点を用いて以下のように因数分解される．

$$H(z) = \frac{H_0 \prod_{k=1}^{N} (1 - z_k z^{-1})}{\prod_{k=1}^{N} (1 - p_k z^{-1})} \tag{7.18}$$

ここで，$H_0 = N_0/D_0$ とおいた．上式において，極と零点が同じ値となる場合があり，このとき極と零点は**相殺** (cancel) される．これは，同じ値の極と零点に関する分母と分子多項式で伝達関数を通分することに対応する．

(2) FIR フィルタの極と零点

N 次有理多項式形の伝達関数 $H(z) = N(z)/D(z)$ において，$D(z) = 1$ とおけば，N 次 FIR フィルタの伝達関数が以下のように得られる．

$$H(z) = \sum_{k=0}^{N} b_k z^{-k} \tag{7.19}$$

この伝達関数は，以下のように零点 z_k を用いて表現できる．

$$H(z) = H_0 \prod_{k=1}^{N} (1 - z_k z^{-1})$$

$$= \frac{H_0 \prod_{k=1}^{N} (z - z_k)}{z^N} \tag{7.20}$$

したがって，N 次 FIR フィルタは N 個の零点 z_k と N 重の極 $p_k = 0$ をもつことに注意してほしい．

例題 7.3 次の 4 次 FIR フィルタ $h[n]$ を考える．

$$h[n] = \frac{1}{5}[\underline{1}, 1, 1, 1, 1] \tag{7.21}$$

これは例題 7.1 の FIR フィルタである．このディジタルフィルタの極と零点を求め，z 平面上に図示せよ．

解答 例題 7.1 から，伝達関数は

$$H(z) = \frac{1}{5}\frac{1 - z^{-5}}{1 - z^{-1}} = \frac{1}{5}\frac{z^5 - 1}{z^4(z-1)} \tag{7.22}$$

となる．分子多項式 $z^5 - 1$ は次の根をもつ．

$$z_0 = 1 \text{ および } z_k = e^{j2\pi k/5}, \quad k = 1, 2, 3, 4 \tag{7.23}$$

分母多項式 $z^4(z-1)$ は次の根をもつ．

$$p_0 = 1 \text{ および } p_k = 0, \quad k = 1, 2, 3, 4 \tag{7.24}$$

したがって，$z_0 = 1$ と $p_0 = 1$ は等しいので相殺されるため，零点と極には含めない．残りの z_k および p_k，$k = 1, 2, 3, 4$ がそれぞれ零点と極である．図 7.4 に極と零点を示す．また，実行例をプログラム 7.3 に示す．

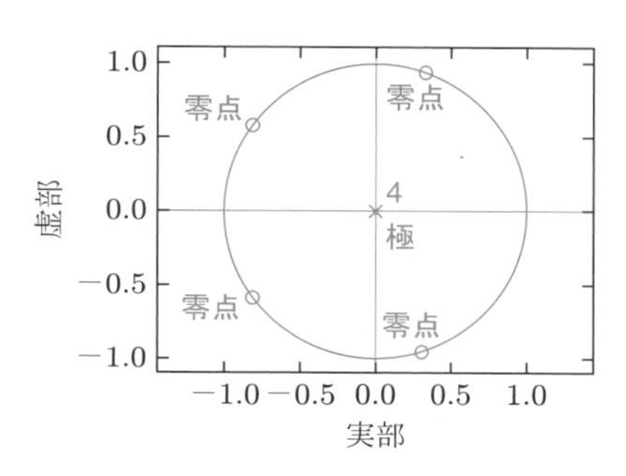

図 7.4 **極と零点の配置**

プログラム 7.3 **FIR フィルタの伝達関数の極と零点の配置（例題 7.3，図 7.4）**

```
h = [1, 1, 1, 1, 1] / 5;     % 分子係数（単位インパルス応答）
a = [1, 0, 0, 0, 0];         % 分母係数
zr = roots(h)                % 零点の計算
pl = roots(a)                % 極の計算
zplane(h, a);                % 極零点の図示
legend('zeros', 'poles');    % 凡例
```

ディスプレイの表示

```
zr =
   0.3090 + 0.9511i
   0.3090 - 0.9511i
  -0.8090 + 0.5878i
  -0.8090 - 0.5878i

pl =
     0
     0
     0
     0
```

例題 7.4 次の 2 次 IIR フィルタ $H(z)$ の極と零点を求め，z 平面上に図示せよ．

$$H(z) = \frac{1 + z^{-2}}{1 - 0.9z^{-1} + 0.81z^{-2}} \tag{7.25}$$

これは例題 7.2 の伝達関数である．

解答 伝達関数の分子多項式 $1 + z^{-2}$ および分母多項式 $1 - 0.9z^{-1} + 0.81z^{-2}$ の根を求めると，零点 z_k と極 p_k が以下のように求められる．

$$z_1 = j = e^{j\pi/2}, \quad z_2 = -j = e^{-j\pi/2} \tag{7.26}$$

$$p_1 = 0.9(1 + j\sqrt{3})/2 = 0.9e^{j\pi/3}, \quad p_2 = 0.9(1 - j\sqrt{3})/2 = 0.9e^{-j\pi/3} \tag{7.27}$$

極と零点を図 7.5 に示す．また，実行例をプログラム 7.4 に示す．

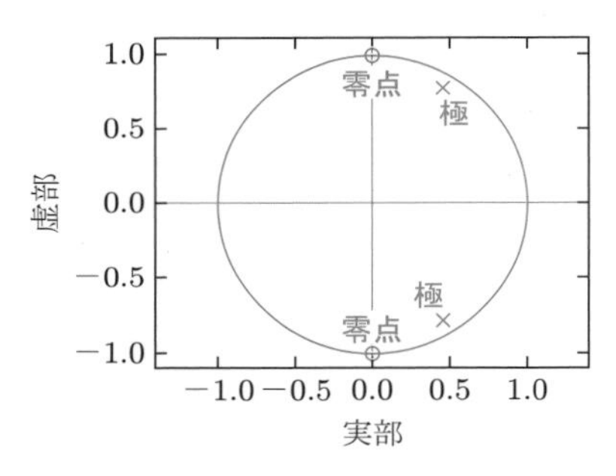

図 7.5 **極と零点の配置**

プログラム 7.4 **IIR フィルタの伝達関数の極と零点の配置（例題 7.4，図 7.5）**

```
b = [1,  0,   1   ];         % 分子係数
a = [1, -0.9, 0.81];         % 分母係数
zr = roots(b)                % 零点の計算
pl = roots(a)                % 極の計算
zplane(b, a);                % 極零点の図示
legend('zeros', 'poles');    % 凡例
```

ディスプレイの表示

```
zr =
   0.0000 + 1.0000i
   0.0000 - 1.0000i
```

```
pl =
   0.4500 + 0.7794i
   0.4500 - 0.7794i
```

(3)　極零点配置と周波数応答

ディジタルフィルタの**極零点配置** (pole-zero configuration) は，振幅特性と位相特性の双方を決定する．以下では，極零点配置と振幅特性の関係を手短かに述べておく．

いま，ディジタルフィルタ $H(z)$ の一つの零点 $z_k = r_0 e^{j\omega_0}$ に着目すると，周波数応答は以下のように記述される．

$$H(e^{j\omega}) = (1 - r_0 e^{j\omega_0} z^{-1}) H'(z)|_{z=e^{j\omega}} \tag{7.28}$$

ここで，$H'(z)$ は $H(z)$ から $1 - r_0 e^{j\omega_0} z^{-1}$ を除いた部分である．もし，$r_0 = 1$ ならば，零点 $z_k = e^{j\omega_0}$ は単位円上にあり，周波数 $\omega = \omega_0$ において振幅特性は $|H(e^{j\omega_0})| = 0$ となる．なぜならば，$\omega = \omega_0$ において，$|1 - r_0 e^{j\omega_0} z^{-1}|\big|_{z=e^{j\omega_0}} = 0$ となるからである．よって，振幅特性は周波数 $\omega = \omega_0$ 付近で鋭いくぼみをもつことになる．

$r_0 \simeq 1$ のときには，周波数 $\omega = \omega_0$ において振幅特性は $|H(e^{j\omega})| \simeq 0$ となり，この周波数の周辺で緩やかなくぼみをもつことも同様に理解される．

一方，ディジタルフィルタ $H(z)$ の一つの極 $p_k = r_{\mathrm{p}} e^{j\omega_{\mathrm{p}}}$ に着目すると，周波数応答は以下のように記述される．

$$H(e^{j\omega}) = \frac{1}{1 - r_{\mathrm{p}} e^{j\omega_{\mathrm{p}}} z^{-1}} H'(z)|_{z=e^{j\omega}} \tag{7.29}$$

ここで，$H'(z)$ は $H(z)$ から $1/(1 - r_{\mathrm{p}} e^{j\omega_{\mathrm{p}}} z^{-1})$ を除いた部分である．このとき，r_{p} が 1 より小さく 1 に近いとき，周波数 $\omega = \omega_{\mathrm{p}}$ 付近で振幅特性 $|H(e^{j\omega})|$ はピークをもつ．なぜならば，$\omega = \omega_{\mathrm{p}}$ において，$|1/(1 - r_{\mathrm{p}} e^{j\omega_{\mathrm{p}}} z^{-1})|\big|_{z=e^{j\omega_{\mathrm{p}}}} \gg 1$ となるからである．とくに，r_{p} が 1 に近いとき，すなわち極 p_k が単位円に近いとき，振幅特性のピークは大きく，形状が鋭くなる．

以上のように，極零点配置はディジタルフィルタの振幅特性の形状を決定する重要な要因となっている．例題 7.3 の FIR フィルタの場合，零点は $e^{j2\pi k/5}$，$k = 1, 2, 3, 4$ にある．したがって，図 7.2 では，周波数 $2\pi k/5$，$k = 1, 2, 3, 4$ において振幅特性が 0 となっている．一方，例題 7.4 の IIR フィルタの場合，零点は $e^{\pm j\pi/2}$ にあり，極は $0.9e^{\pm j\pi/3}$ にある．したがって，図 7.3 では，振幅特性は周波数 $\pm\pi/2$ において 0 となり，周波数 $\pm\pi/3$ において鋭いピークをもつ．

7.2　時間応答と安定性

7.2.1　単位インパルス応答と極

2 次ディジタルフィルタは高次のディジタルフィルタを構成するための重要な基本ブロックとなる．また，再帰形ディジタルフィルタでは再帰的計算が時間応答に重要な役割を果たすため，ここでは再帰的計算のみから構成されるフィルタを取り上げる．そこで以下では，次の差分方程式で表される 2 次ディジタルフィルタに着目し，時間応答として単位インパルス応答について考える．

$$y[n] = -a_1 y[n-1] - a_2 y[n-2] + x[n] \tag{7.30}$$

このようなディジタルフィルタの伝達関数は

$$H(z) = \frac{1}{1 + a_1 z^{-1} + a_2 z^{-2}} \tag{7.31}$$

となる．このように，伝達関数が分母多項式のみからなるディジタルフィルタは**全極形** (all-pole) フィルタとよばれる．

2 次全極形フィルタの極 p_1 と p_2 は，式 (7.31) から以下のように求められる．

$$p_1, p_2 = \frac{-a_1 \pm \sqrt{a_1^2 - 4a_2}}{2} \tag{7.32}$$

よって，a_1 と a_2 によってディジタルフィルタの極は，次の三つの場合に分類される．

(1) 異なる実数の極の場合（$a_1^2 - 4a_2 > 0$ のとき）
(2) 重根の極の場合（$a_1^2 - 4a_2 = 0$ のとき）
(3) 複素共役の極の場合（$a_1^2 - 4a_2 < 0$ のとき）

この三つの場合に関して，以下ではディジタルフィルタの単位インパルス応答を極を用いて表す．

(1)　異なる実数の極の場合

極を p と q（p と q は異なる実数）とするとき，伝達関数 $H(z)$ は次のように因数分解される．

$$\begin{aligned} H(z) &= \frac{1}{1 - (p+q)z^{-1} + pqz^{-2}} \\ &= \frac{1}{(1 - pz^{-1})(1 - qz^{-1})} \\ &= \frac{p}{p-q}\frac{1}{1 - pz^{-1}} + \frac{q}{q-p}\frac{1}{1 - qz^{-1}} \end{aligned} \tag{7.33}$$

上式の逆 z 変換を求めれば，単位インパルス応答 $h[n]$ は以下のように求められる†．

$$h_1[n] = \frac{p}{p-q}p^n + \frac{q}{q-p}q^n, \quad n = 0, 1, 2, \cdots \tag{7.34}$$

よって，$h_1[n]$ は指数関数的に単調に減少あるいは増加する項の和となっている．このとき，絶対値の大きい極が応答に対して支配的となる．

---

† $1/(1 - az^{-1})$ の逆 z 変換は $a^n u_0[n]$ であることを思い出そう．

(2) 重根の極の場合

2 重極を r（r は実数）とすると，伝達関数は以下のように表される．

$$H(z) = \frac{1}{1 - 2rz^{-1} + r^2 z^{-2}} = \frac{1}{1 - rz^{-1}} \frac{1}{1 - rz^{-1}} \tag{7.35}$$

この伝達関数は z 変換 $1/(1 - rz^{-1})$ と $1/(1 - rz^{-1})$ の積であり，これは時間領域では，対応する二つの信号（二つの $r^n u_0[n]$）のたたみこみに対応する．このことを利用すると，単位インパルス応答は以下のように求められる．

$$h_2[n] = \sum_{k=0}^{n} r^k r^{n-k} = (n+1)r^n, \quad n = 0, 1, 2, \cdots \tag{7.36}$$

よって，$h_2[n]$ は時間に対して直線的に増加する項 $(n+1)$ と，指数関数的に単調に減少あるいは増加する項 r^n の積となっている．

(3) 複素共役の極の場合

複素共役の極を α と α^* とおけば，伝達関数は以下のように表される．

$$H(z) = \frac{1}{1 - (\alpha + \alpha^*)z^{-1} + \alpha\alpha^* z^{-2}} = \frac{1}{(1 - \alpha z^{-1})(1 - \alpha^* z^{-1})} = \frac{\alpha}{\alpha - \alpha^*} \frac{1}{1 - \alpha z^{-1}} + \frac{\alpha^*}{\alpha^* - \alpha} \frac{1}{1 - \alpha^* z^{-1}} \tag{7.37}$$

上式の逆 z 変換を求めれば

$$h_3[n] = \frac{\alpha}{\alpha - \alpha^*}(\alpha)^n + \frac{\alpha^*}{\alpha^* - \alpha}(\alpha^*)^n, \quad n = 0, 1, 2, \cdots \tag{7.38}$$

となる．上式において $\alpha = \rho e^{j\phi}$，$\alpha^* = \rho e^{-j\phi}$（$\rho$ は非負実数，ϕ は実数）とすると，

$$h_3[n] = \rho^n \frac{\sin(n+1)\phi}{\sin\phi}, \quad n = 0, 1, 2, \cdots \tag{7.39}$$

となる．よって，$h_3[n]$ は $\sin(n+1)\phi$ によって正弦的に振動し，ρ^n によって指数関数的に減少あるいは増加する応答となる．

例題 7.5 次のような極をもつ 2 次全極形ディジタルフィルタの単位インパルス応答を求め，図示せよ．

(1) 異なる実数の極の場合：$p = 0.9$，$q = 0.4$

(2) 重根の極の場合：$r = 0.9$

(3) 複素共役の極の場合：$\alpha = 0.9e^{j\pi/6}$，$\alpha^* = 0.9e^{-j\pi/6}$

解答 (1) 式 (7.34) から次のようになる．

$$h_1[n] = 1.8(0.9)^n - 0.8(0.4)^n, \quad n = 0, 1, 2, \cdots \tag{7.40}$$

(2) 式 (7.36) から次のようになる．

$$h_2[n] = (n+1)(0.9)^n, \quad n = 0, 1, 2, \cdots \tag{7.41}$$

(3) 式 (7.38) から次のようになる．

$$h_3[n] = 2(0.9)^n \sin\frac{(n+1)\pi}{6}, \quad n = 0, 1, 2, \cdots \tag{7.42}$$

単位インパルス応答 $h_1[n], h_2[n], h_3[n]$ を，図 7.6 (a), (b), (c) にそれぞれ示す．また，実行例をプログラム 7.5 に示す†．

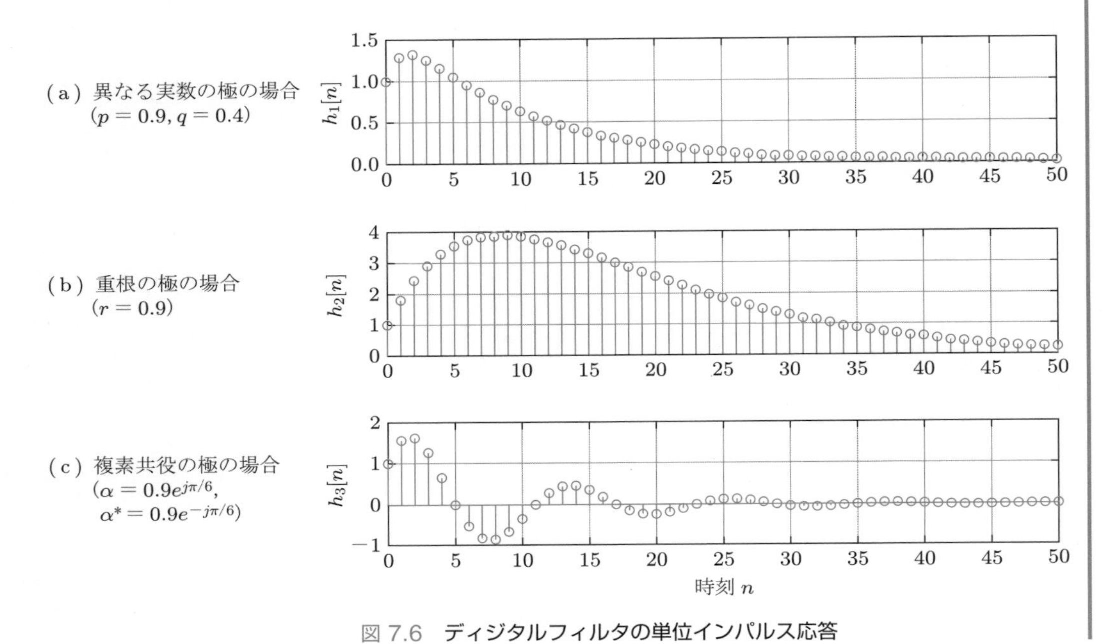

図 7.6　ディジタルフィルタの単位インパルス応答

プログラム 7.5　ディジタルフィルタの極と単位インパルス応答（例題 7.5，図 7.6）

```
% 共通の準備事項
zr = [0; 0];                    % 二つの零点の位置（縦ベクトルで）
nend = 50; n = 0 : nend;        % 時刻の範囲
x = [1, zeros(1, nend)];        % 単位インパルスの入力

% 異なる実数の極の場合
pl1 = [0.4; 0.9];                   % 二つの極の位置（縦ベクトルで）
[b1, a1] = zp2tf(zr, pl1, 1);       % 零・極から2次フィルタの分子・分母係数
h1 = filter(b1, a1, x);             % フィルタリングによる単位インパルス応答
subplot(3, 1, 1);
stem(n, h1); grid;                  % 単位インパルス応答の図示
xlabel('Time n'); ylabel('h_1[n]');
```

† このプログラムでは，極と零点から伝達関数（差分方程式）を求め，フィルタリングを実行することで単位インパルス応答を計算している．

```
% 重根の極の場合
pl2 = [0.9; 0.9];  % 以下同様に
[b2, a2] = zp2tf(zr, pl2, 1);
h2 = filter(b2, a2, x);
subplot(3, 1, 2);
stem(n, h2); grid;
xlabel('Time n'); ylabel('h_2[n]');

% 複素共役の極の場合
pl3 = [0.9 * exp(1j * pi / 6);  0.9 * exp(-1j * pi / 6)];
[b3, a3] = zp2tf(zr, pl3, 1);
h3 = filter(b3, a3, x);
subplot(3, 1, 3);
stem(n, h3); grid;
xlabel('Time n'); ylabel('h_3[n]');
```

7.2.2 安定性と極

5.4 節において示したように，因果的ディジタルフィルタ $h[n]$ が安定であるための必要十分条件は次式である．

$$\sum_{n=0}^{\infty} |h[n]| < \infty \tag{7.43}$$

これは単位インパルス応答の絶対値和が有界であることを意味する．したがって，ディジタルフィルタの単位インパルス応答をすべての時刻において求めて，その絶対値和を計算することで安定性が判別できる．このため，FIR フィルタは，単位インパルス応答の継続区間が有限であるから，$\sum_{n=0}^{\infty} |h[n]| < \infty$ となり，必ず安定であることがわかる．この安定判別法は原理的には単純である．

しかし，IIR フィルタでは単位インパルス応答の継続区間が無限であるため，単位インパルス応答の絶対値和の理論的な導出や，その実際の数値計算は困難となる．このため，伝達関数の極によって安定性を判別する方法が用いられる．

ディジタルフィルタの安定性と極に関して次の定理がある．

定理 7.1（ディジタルフィルタの安定性）
N 次ディジタルフィルタ $H(z)$ の極を p_k，$k = 1, 2, \cdots, N$ とする．ディジタルフィルタはそのすべての極の絶対値が 1 より小さいとき，すなわち $|p_k| < 1$，$k = 1, 2, \cdots, N$ のときに限って安定である．いいかえれば，ディジタルフィルタはそのすべての極が z 平面上の単位円内（ただし，円周は除く．図 7.7）にあるときに限って安定である．

この定理の厳密な証明は省略するが，以下では 2 次ディジタルフィルタに対して上の定理を説明しておく．

2 次ディジタルフィルタの伝達関数の中で安定性にかかわる部分はフィードバックに対

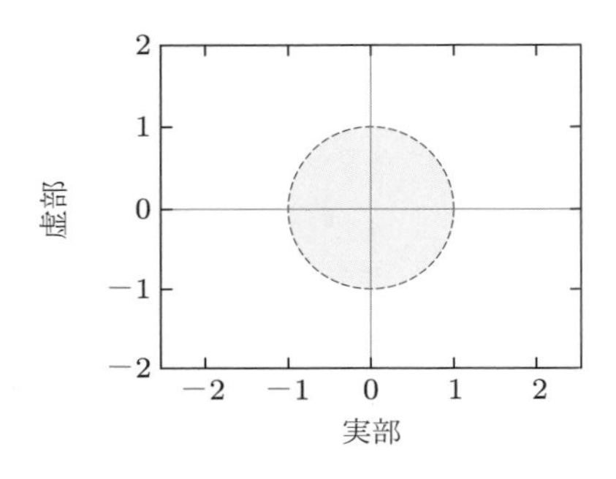

図 7.7 安定なディジタルフィルタの極の範囲（円周を除く単位円内）

応する分母多項式であり，フィードフォワードに対応する分子多項式は安定性には影響を与えない．したがって，式 (7.31) の全極形伝達関数に対して安定性を考察しても一般性を失わない．7.2.1 項において求められたように，2 次全極形ディジタルフィルタの単位インパルス応答は，p^n と q^n の線形結合（式 (7.34)，異なる実数の極の場合），あるいは $(n+1)r^n$（式 (7.36)，重根の極の場合），$\rho^n \sin(n+1)\phi/\sin\phi$（式 (7.39)，複素共役の極の場合）となる．したがって，極の絶対値（それぞれ $|p|, |q|, |r|, |\rho|$）が 1 より小さければ，それぞれの単位インパルス応答の絶対値和は有界となる．また，この逆も成り立つこともわかる．よって，すべての極の絶対値が 1 より小さいときに限って（極が z 平面上の単位円内にあるときに限って），ディジタルフィルタは安定となる．

例題 7.6 次の 2 次ディジタルフィルタ $H(z)$ の安定性を判別せよ．

$$H(z) = \frac{1+z^{-2}}{1-0.9z^{-1}+0.81z^{-2}} \tag{7.44}$$

解答 例題 7.4 を参照すると，このディジタルフィルタの極は

$$p_1, p_2 = 0.9(1 \pm j\sqrt{3})/2 = 0.9e^{\pm j\pi/3} \tag{7.45}$$

であった．この二つの極の絶対値は 1 より小さい．よって，このディジタルフィルタは安定である．実行例をプログラム 7.6 に示す．

プログラム 7.6 極によるディジタルフィルタの安定性判別（例題 7.6）

```
a = [1, -0.9, 0.81];   % 伝達関数の分母係数
pl = roots(a)          % 極の計算
maxpl = max(abs(pl))   % 極の絶対値の最大値
if maxpl < 1           % 極の絶対値の最大値が1より小さいならば
   disp('Stable.');    % 安定と表示
else
   disp('Unstable.');  % その他のとき不安定と表示
end
```

ディスプレイの表示

```
pl =
   0.4500 + 0.7794i
   0.4500 - 0.7794i


maxpl =
```

```
    0.9000

Stable.
```

7.2.3 安定三角形

2 次のディジタルフィルタ

$$H(z) = \frac{b_0 + b_1 z^{-1} + b_2 z^{-2}}{1 + a_1 z^{-1} + a_2 z^{-2}} = \frac{H_0(1 - z_1 z^{-1})(1 - z_2 z^{-1})}{(1 - p_1 z^{-1})(1 - p_2 z^{-1})} \tag{7.46}$$

は，分母係数 a_1 と a_2 がある単純な不等式を満たすときに限って安定となることを示そう．まず，このディジタルフィルタの極 p_1 と p_2 は，係数 a_1 と a_2 によって以下のように与えられる．

$$p_1, p_2 = -\frac{a_1}{2} \pm \sqrt{\frac{a_1^2 - 4a_2}{4}} \tag{7.47}$$

ここで，$|p_1| < 1$ かつ $|p_2| < 1$ のときに限って，ディジタルフィルタは安定である．根と係数の関係から

$$a_1 = -(p_1 + p_2) \tag{7.48}$$

$$a_2 = p_1 p_2 \tag{7.49}$$

となる．式 (7.48) と (7.49) から，安定性の条件（$|p_1| < 1$ かつ $|p_2| < 1$ の条件）は，以下のときに限って成立することが容易に確かめられる．

$$|a_2| < 1 \tag{7.50}$$

$$|a_1| < 1 + a_2 \tag{7.51}$$

上の二つの不等式は安定な 2 次のディジタルフィルタの係数の範囲を表す．この範囲は図 7.8 に示される三角形の内部となる．この三角形を**安定三角形** (stability triangle) とよぶ．

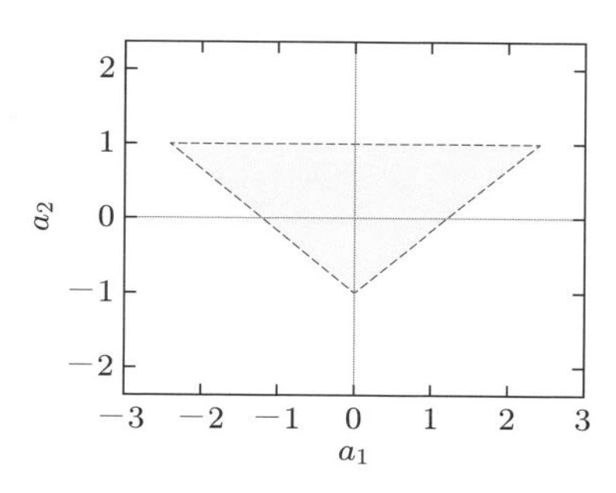

図 7.8 安定な 2 次ディジタルフィルタの係数の範囲（安定三角形，境界を除く）

例題 7.7 安定三角形を使って，次の 2 次ディジタルフィルタ $H(z)$ の安定性を判別せよ．

$$H(z) = \frac{1 + z^{-2}}{1 - 0.9z^{-1} + 0.81z^{-2}} \tag{7.52}$$

解答 このディジタルフィルタの伝達関数の分母係数は $a_1 = -0.9$，$a_2 = 0.81$ である．点 $(a_1, a_2) = (-0.9, 0.81)$ に対して，以下の式が成り立つことがわかる．

$$|a_2| = 0.81 < 1 \tag{7.53}$$

$$|a_1| = 0.9 < 1 + a_2 = 1.81 \tag{7.54}$$

よって，点 $(a_1, a_2) = (-0.9, 0.81)$ は図 7.8 の安定三角形の内側にある．したがって，このディジタルフィルタは安定である．当然，この結果は例題 7.6 の結果と一致する．

以上のように，ディジタルフィルタの安定性は，その極を求め，これが z 平面上の単位円内にあるかどうかを調べることで判別される．しかし，安定性判別には極の位置を直接には知る必要はないことに注意してほしい．なぜならば，安定性の判別のためには，すべての極が z 平面上の単位円内にあるかどうかだけを知ればよいからである．そこで，実際には極を直接には求めることなく安定性が判別できることになる．このような安定判別法として，シュール・コーンの安定判別法やリアプノフの安定判別法が知られている．

7.3 縦続接続と並列接続

5.3 節では，たたみこみによって表されるディジタルフィルタの縦続接続と並列接続について説明した．ここでは，これを伝達関数を用いて説明する．実際，高次のディジタルフィルタを低次ディジタルフィルタの縦続あるいは並列接続によって実現することには，以下のような利点があるからである．

(1) 設計と実現が容易な低次ディジタルフィルタを用意し，これを縦続または並列に接続することで，ハードウェアあるいはソフトウェアで実現する際の設計と実現が効率化される．

(2) ハードウェアを用いるにしろ，ソフトウェアを用いるにしろ，実際のディジタルフィルタは有限の語長によって実現されるため，係数や乗算結果に量子化誤差が発生し，これが出力に誤差となって現れることに注意しなければならない．とくに，高次の直接形 II はきわめて大きい量子化誤差が発生する構造として知られている．2 次あるいは 1 次ディジタルフィルタの縦続形あるいは並列形によって高次のディジタルフィルタを実現することで，量子化誤差は低減されることが知られている．

7.3.1 縦続形

高次のディジタルフィルタの伝達関数 $H(z)$ は，低次の伝達関数 $C_m(z)$ の積として次のように因数分解されることが，代数学の基本定理から知られている．

$$H(z) = \prod_{m=1}^{M} C_m(z) \tag{7.55}$$

ここで，$C_m(z)$ は**2 次セクション** (second-order section)

$$C_m(z) = \frac{b_{0m} + b_{1m}z^{-1} + b_{2m}z^{-2}}{1 + a_{1m}z^{-1} + a_{2m}z^{-2}} \tag{7.56}$$

あるいは**1 次セクション** (first-order section)

$$C_m(z) = \frac{b_{0m} + b_{1m}z^{-1}}{1 + a_{1m}z^{-1}} \tag{7.57}$$

である．したがって，ディジタルフィルタの入出力関係 $Y(z) = H(z)X(z)$ は以下のように表される．

$$Y(z) = \prod_{m=1}^{M} C_m(z)X(z) \tag{7.58}$$

$$= C_M(z) \cdots C_2(z)C_1(z)X(z) \tag{7.59}$$

上式の意味するところは，入力 $x[n]$ をディジタルフィルタ $C_1(z)$ に通し出力 $y_1[n]$ を得て，これをディジタルフィルタ $C_2(z)$ に通し出力 $y_2[n]$ を得て，…，という処理を続けていき，最後に，$y_{M-1}[n]$ をディジタルフィルタ $C_M(z)$ に通すことによって，ディジタルフィルタ $H(z)$ 全体の出力 $y[n]$ が得られることである．したがって，図 7.9 のように，ディジタルフィルタ $H(z)$ は 2 次および 1 次セクションを基本ブロックとして縦続接続により構成される．このようなフィルタ構造を**縦続形** (cascade form) という．

このような伝達関数の因数分解に対応する縦続形の構成は，伝達関数が分子多項式からなる FIR フィルタに対しても同様に適用できる．

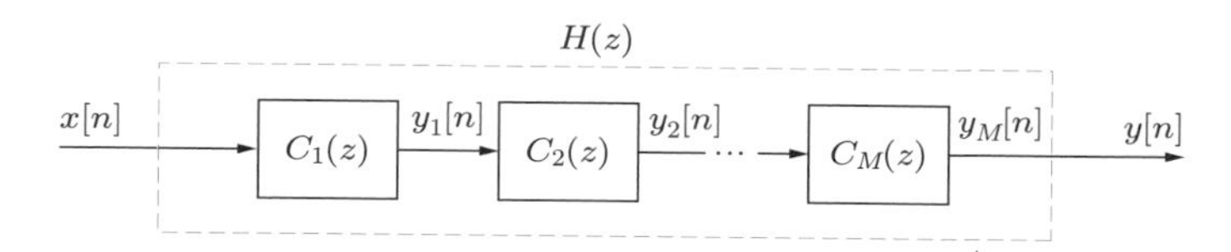

図 7.9 ディジタルフィルタの縦続形による構成

例題 7.8 次の 4 次ディジタルフィルタ $H(z)$ の縦続形の構成を求めよ．

$$H(z) = \frac{1 - z^{-1} - 3z^{-2} + z^{-3} + 2z^{-4}}{1 + 0.75z^{-1} + 0.125z^{-2} - 0.25z^{-3} - 0.0625z^{-4}} \tag{7.60}$$

解答 伝達関数 $H(z)$ は以下のように因数分解される．

$$H(z) = \frac{1 - 3z^{-1} + 2z^{-2}}{1 - 0.25z^{-1} - 0.125z^{-2}} \cdot \frac{1 + 2z^{-1} + z^{-2}}{1 + z^{-1} + 0.5z^{-2}} \tag{7.61}$$

よって，このディジタルフィルタは図 7.10 のように縦続形として実現される．実行例をプログラム 7.7 に示す．

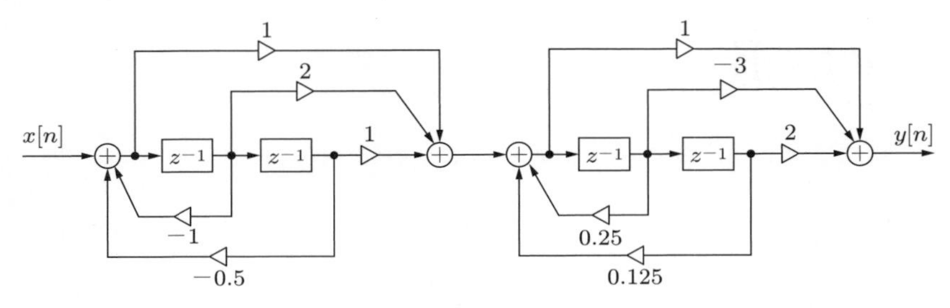

図 7.10 4次ディジタルフィルタの縦続形による構成

プログラム 7.7 ディジタルフィルタの縦続形実現（例題 7.8，図 7.10）

```
b = [1, -1,    -3,      1,     2     ];  % 分子係数
a = [1,  0.75, 0.125, -0.25, -0.0625];   % 分母係数
[sos, g] = tf2sos(b, a)                   % 2次伝達関数の分子・分母とゲイン
```

ディスプレイの表示

```
sos =
    1.0000   -3.0000    2.0000    1.0000   -0.2500   -0.1250
    1.0000    2.0000    1.0000    1.0000    1.0000    0.5000


g =
     1
```

7.3.2 並列形

高次のディジタルフィルタの伝達関数 $H(z)$ は，低次の伝達関数の部分分数の和として次のように表すこともできる．

$$H(z) = \sum_{m=1}^{M} P_m(z) \tag{7.62}$$

ここで，$P_m(z)$ は 2 次または 1 次のセクションである．したがって，ディジタルフィルタの入出力関係 $Y(z) = H(z)X(z)$ は以下のように表される．

$$\begin{aligned} Y(z) &= \sum_{m=1}^{M} P_m(z)X(z) \\ &= P_1(z)X(z) + P_2(z)X(z) + \cdots + P_M(z)X(z) \end{aligned} \tag{7.63}$$

上式は，入力 $x[n]$ をディジタルフィルタ $P_1(z), P_2(z), \cdots, P_M(z)$ に共通に加えたときのそれぞれの出力 $y_1[n], y_2[n], \cdots, y_M[n]$ の和としてディジタルフィルタ $H(z)$ の出力 $y[n]$ が得られることを意味している．よって，ディジタルフィルタ $H(z)$ は，図 7.11 に示されるように，2 次および 1 次セクションの並列接続により構成される．このようなフィルタ構造を**並列形** (parallel form) という．

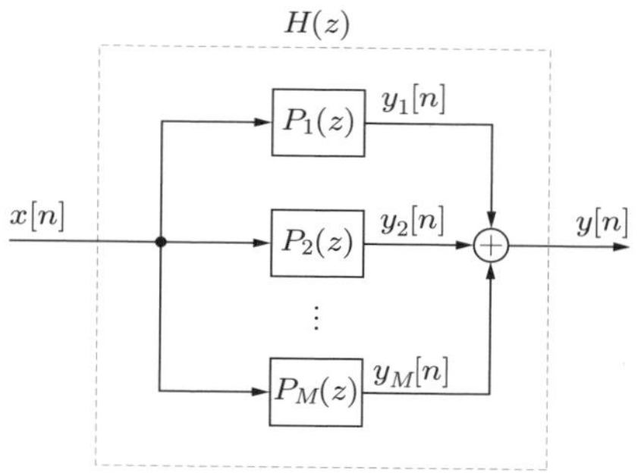

図 7.11　ディジタルフィルタの並列形による構成

演習問題

7.1　次の単位インパルス応答で表される安定なディジタルフィルタについて，以下の問いに答えよ．

$$h[n] = \frac{1}{N}[\underbrace{1, 1, \cdots, 1}_{N}] \quad (たとえば，N = 8)$$

(1) 伝達関数を求めよ．
(2) 周波数応答を求め，振幅特性と位相特性を図示せよ．
(3) 極と零点を求め，z 平面上に図示せよ．極零点配置と振幅特性の関係を議論せよ．
(4) 単位ステップ応答を求め，図示せよ．

7.2　次の差分方程式で表される安定なディジタルフィルタについて，演習問題 7.1 と同じ問いに答えよ．

$$y[n] = 2\rho\cos\phi y[n-1] - \rho^2 y[n-2] + x[n] + 2x[n-1] + x[n-2]$$

$$(たとえば, \rho = 0.8, \phi = \pi/8)$$

7.3　複素係数 $\rho e^{j\phi}$ をもつ次の 1 次ディジタルフィルタを考える．

$$y[n] = \rho e^{j\phi} y[n-1] + x[n]$$

係数 $\rho e^{j\phi}$ が以下のような場合について，以下の問いに答えよ．

$$\rho = 0.8, 1.0, 1.2, \quad \phi = 0, \pi/8, \pi/4, \pi/2$$

(1) 単位インパルス応答を求め，図示せよ．
(2) 伝達関数を求めよ．また，ディジタルフィルタが安定であるとき周波数応答を求め，振幅特性と位相特性を図示せよ．
(3) 極と零点を図示せよ．

7.4　次の安定なディジタルフィルタ $H(z)$ はその振幅特性の形状から，くし形フィルタとよばれる．以下の問いに答えよ．

$$H(z) = \frac{1 - z^{-N}}{1 - az^{-N}}, \quad |a| < 1$$

(1) このディジタルフィルタの極と零点を求め，z 平面上に図示せよ（たとえば，$N = 8$ とせよ）．

(2) 周波数応答を求め，振幅特性を図示することで，このディジタルフィルタの振幅特性がくし形となっていることを確認せよ．

7.5 次の安定なディジタルフィルタ $H(z)$ について，以下の問いに答えよ．

$$H(z) = \frac{a_1 + z^{-1}}{1 + a_1 z^{-1}}, \quad |a_1| < 1$$

(1) このディジタルフィルタは全域通過フィルタであること，すなわちすべての周波数 ω に対して $|H(e^{j\omega})| = 1$ となることを示せ．

(2) このディジタルフィルタの極と零点を求めよ．全域通過フィルタの極零点配置はどのような特徴をもっているか答えよ．

7.6 次の安定な 2 次ディジタルフィルタについて，演習問題 7.5 と同じ問いに答えよ．

$$H(z) = \frac{a_2 + a_1 z^{-1} + z^{-2}}{1 + a_1 z^{-1} + a_2 z^{-2}}$$

7.7 次の安定な 2 次ディジタルフィルタ $H(z)$ はディジタル共振器とよばれ，振幅特性の鋭いピークをもつ．以下の問いに答えよ．

$$H(z) = \frac{K(1 - z^{-2})}{1 - 2\rho\cos\phi z^{-1} + \rho^2 z^{-2}}$$

(1) 極と零点を求め，z 平面上に図示せよ．

(2) $0 \ll \rho < 1$ のとき，振幅特性の概形を描け．

(3) 振幅特性の最大値を求めよ．また，共振周波数 ω_0（振幅特性が最大となる周波数）を求めよ．

(4) 共振周波数において振幅特性が 1 となるようにゲイン K を決定せよ．

7.8 次の安定な 2 次ディジタルフィルタ $H(z)$ はノッチフィルタとよばれ，振幅特性の鋭いくぼみをもつ．以下の問いに答えよ．

$$H(z) = \frac{K(1 - 2\cos\phi z^{-1} + z^{-2})}{1 - 2\rho\cos\phi z^{-1} + \rho^2 z^{-2}}$$

(1) 極と零点を求め，z 平面上に図示せよ．

(2) $0 \ll \rho < 1$ のとき，振幅特性の概形を描け．

(3) 振幅特性の最大値と最小値を求めよ．また，これらの値を与える周波数を求めよ．

(4) 振幅特性の最大値が 1 となるようにゲイン K を決定せよ．

7.9 次のような振幅特性をもつ安定なディジタルフィルタを実現したい．

- 周波数 $\omega = \pm\pi/2$ において振幅特性が鋭いピークをもつ．
- 周波数 $\omega = \pm\pi/4$ と $\omega = \pm 3\pi/4$ において振幅特性が完全に 0 となる．

このような振幅特性をもつディジタルフィルタの極と零点の配置を求めよ．また，この極と零点から伝達関数を求め，その振幅特性を描くことで，このディジタルフィルタが上の二つの条件を満足することを確かめよ．

7.10 7.2.3 項で説明したように，伝達関数 $H(z) = 1/(1 + a_1 z^{-1} + a_2 z^{-2})$ をもつディジタルフィルタは $|a_2| < 1$ かつ $|a_1| < 1 + a_2$ のときに限って安定である．これを証明せよ．

7.11 伝達関数 $H(z) = 1/(1 + a_1 z^{-1} + a_2 z^{-2})$ の極が異なる実根の場合，重根の場合，複素共役となる場合のそれぞれについて，係数 a_1 と a_2 の範囲を求め，安定三角形の中に図示せよ．

7.12 次のディジタルフィルタ $H_1(z)$ と $H_2(z)$ について，以下の問いに答えよ．

$$H_1(z) = \frac{1}{1 + az^{-1}}, \quad H_2(z) = \frac{1/a}{1 + z^{-1}/a}$$

ただし，$0 < |a| < 1$ である．

(1) $|H_1(e^{j\omega})| = |H_2(e^{j\omega})|$ となることを示せ．

(2) $H_1(z)$ と $H_2(z)$ の極配置を z 平面上に描き，$H_1(z)$ は安定であるが $H_2(z)$ は不安定であることを示せ．

7.13 次のディジタルフィルタ $H(z)$ を考える．

$$H(z) = \frac{0.7(1 - z^{-2})}{1 - 0.3z^{-1} - 0.4z^{-2}}$$

このディジタルフィルタを直接形 II で構成し，そのブロック図を描け．また，1 次セクションの縦続形および並列形で構成し，そのブロック図を示せ．

8 周波数選択性ディジタルフィルタ

ディジタルフィルタは，単位インパルス応答の形状や差分方程式の係数の値によって様々な周波数応答をもつ．本章では，典型的な周波数応答として周波数選択特性を取り上げ，その信号処理における役割を説明する．また，FIR および IIR の周波数選択性ディジタルフィルタの設計に共通する設計仕様の与え方について説明する．ついで，ディジタルフィルタの位相特性の役割と重要性について説明し，ディジタルフィルタが線形位相特性をもつための条件を与える．

8.1 周波数選択性ディジタルフィルタの役割

ディジタル信号処理の応用においては，周波数のある帯域で振幅特性が 1 に近く，その他の帯域では振幅特性が 0 に近いディジタルフィルタを利用することが多い．このような振幅特性をもつディジタルフィルタは**周波数選択性ディジタルフィルタ** (frequency selective digital filter) とよばれる．たとえば，理想的な**低域フィルタ** (lowpass filter) の場合，図 8.1(a) のように，帯域 $[-\omega_c, \omega_c]$ では振幅特性は 1 であり，その他の帯域では振幅特性は 0 である．すなわち，周波数応答は以下のように与えられる．

$$H(e^{j\omega}) = \begin{cases} 1, & |\omega| \leq \omega_c \\ 0, & \text{その他} \end{cases} \tag{8.1}$$

ここで，周波数 ω_c は振幅特性の 1 と 0 の境界の周波数であり，**遮断周波数** (cutoff frequency) とよばれる．

信号中に混入した雑音を分離・除去することは，ディジタル信号処理において最も重要かつ基礎的な処理である．時間領域では雑音を直接的には分離・除去できない場合でも，周波数領域において周波数選択性フィルタにより雑音を分離・除去できることを以下に示そう．いま，信号 $x[n]$ が以下のように二つの信号 $s[n]$ と $v[n]$ の和として与えられているものとする．

$$x[n] = s[n] + v[n] \tag{8.2}$$

ここで，$s[n]$ は望ましい信号であり，$v[n]$ は $s[n]$ に混入する**雑音** (noise) である．雑音とはランダムな信号を意味するのではなく，望ましい信号 $s[n]$ とは異なる信号を意味する．したがって，以下の議論では，信号 $s[n]$ と雑音 $v[n]$ の役割は交換可能である．上式の両辺に離散時間フーリエ変換を適用すれば，上式は周波数領域では次式の周波数スペクトルに対応することがわかる．

$$X(e^{j\omega}) = S(e^{j\omega}) + V(e^{j\omega}) \tag{8.3}$$

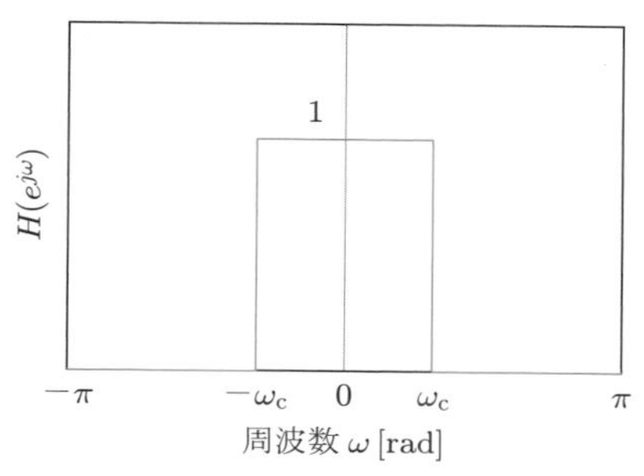

（a）周波数選択性フィルタの周波数応答

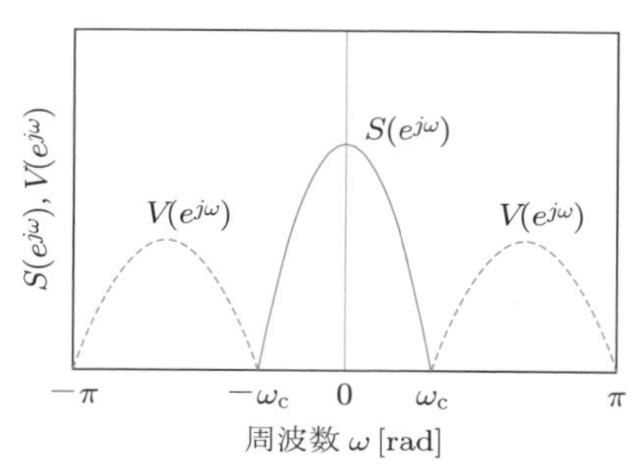

（b）加法的に混合した二つの信号

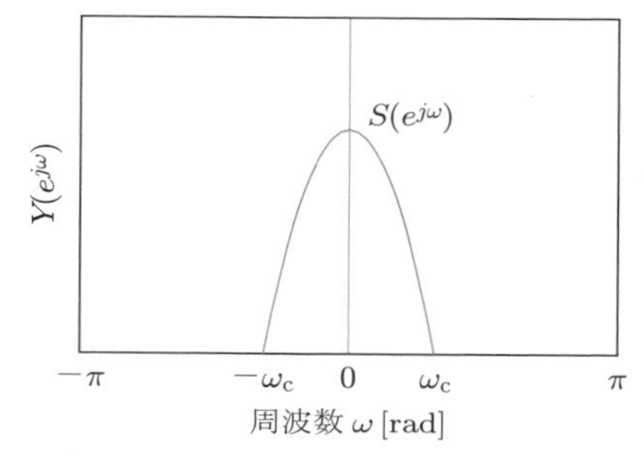

（c）周波数選択性フィルタによって分離された信号

図 8.1　周波数選択性フィルタとそのはたらき

いま，ディジタルフィルタ $h[n]$ に信号 $x[n] = s[n] + v[n]$ を入力し，雑音 $v[n]$ を除去し，望ましい信号 $s[n]$ を取り出すことを考えよう．すなわち，ディジタルフィルタの出力を $y[n]$ とすれば

$$
\begin{aligned}
y[n] &= \sum_{k=-\infty}^{\infty} h[k]x[n-k] \\
&= \sum_{k=-\infty}^{\infty} h[k]s[n-k] + \sum_{k=-\infty}^{\infty} h[k]v[n-k]
\end{aligned}
\tag{8.4}
$$

である．上式は，周波数領域では次式の周波数スペクトルに対応する．

$$
\begin{aligned}
Y(e^{j\omega}) &= H(e^{j\omega})X(e^{j\omega}) \\
&= H(e^{j\omega})S(e^{j\omega}) + H(e^{j\omega})V(e^{j\omega})
\end{aligned}
\tag{8.5}
$$

信号 $x[n]$ 中の望ましい信号 $s[n]$ と雑音 $v[n]$ は，時間領域では加算され混じり合っているが，周波数領域では分離しているものとする．すなわち，図 8.1(b) のように，周波数 ω_c を境界として信号 $s[n]$ の周波数スペクトル $S(e^{j\omega})$ と $v[n]$ の周波数スペクトル $V(e^{j\omega})$ は分離しているものとする．このとき，図 8.1(a) と (b) から $H(e^{j\omega})S(e^{j\omega}) = S(e^{j\omega})$ および $H(e^{j\omega})V(e^{j\omega}) = 0$ であることを利用すると，出力 $y[n]$ の周波数スペクトルは以下のようになる．

$$
Y(e^{j\omega}) = H(e^{j\omega})S(e^{j\omega}) + H(e^{j\omega})V(e^{j\omega})
$$

$$= S(e^{j\omega}) \tag{8.6}$$

すなわち，図 8.1(c) に示されるように，出力 $y[n]$ の周波数スペクトル $Y(e^{j\omega})$ は望ましい信号 $s[n]$ の周波数スペクトル $S(e^{j\omega})$ に等しい．上式の離散時間フーリエ逆変換を求めれば，上式は時間領域では次式に対応することがわかる．

$$\begin{aligned} y[n] &= \sum_{k=-\infty}^{\infty} h[k]s[n-k] + \sum_{k=-\infty}^{\infty} h[k]v[n-k] \\ &= s[n] \end{aligned} \tag{8.7}$$

すなわち，出力 $y[n]$ は望ましい信号 $s[n]$ に等しい．以上のように，二つの信号が時間領域において加算され混じり合っていても，周波数領域では分離しているならば，適当な周波数選択性フィルタによって雑音を除去し，望ましい信号を取り出すことができる．

例題 8.1　次のような信号を考える．

$$x[n] = s[n] + v[n] \tag{8.8}$$

ただし，

$$s[n] = \sin\frac{\pi}{8}n, \quad v[n] = \cos\frac{7\pi}{8}n \tag{8.9}$$

とする．このとき以下の問いに答えよ．

(1) 信号 $s[n]$ と $v[n]$，$x[n]$ を図示せよ．

(2) 次の FIR フィルタ $h[n]$ の周波数応答を求め，図示せよ．

$$h[n] = \frac{1}{16}[\underline{1}, 4, 6, 4, 1] \tag{8.10}$$

(3) FIR フィルタ $h[n]$ によって信号 $x[n]$ をフィルタリングすることで，$v[n]$ が抑制され $s[n]$ が取り出されることを示せ．

解答　(1) 図 8.2(a) と (b) に信号 $s[n]$ と $v[n]$，$x[n]$ を示す．

(2) FIR フィルタ $h[n]$ の周波数応答は以下のように求められ，図 8.2(c) のようになる．

$$\begin{aligned} H(e^{j\omega}) &= \frac{1}{16}(1 + 4e^{-j\omega} + 6e^{-j2\omega} + 4e^{-j3\omega} + e^{-j4\omega}) \\ &= \frac{1}{16}(1 + e^{-j\omega})^4 \\ &= \cos^4\frac{\omega}{2} \cdot e^{-j2\omega} \end{aligned} \tag{8.11}$$

(3) 信号 $s[n] = \sin(\pi n/8)$ は相対的に低い周波数成分 $\pm\pi/8\,[\mathrm{rad}]$ をもち，$v[n] = \cos(7\pi n/8)$ は相対的に高い周波数成分 $\pm 7\pi/8\,[\mathrm{rad}]$ をもつ．周波数 $\pm\pi/8\,[\mathrm{rad}]$ において FIR フィルタ $h[n]$ は振幅 $|H(e^{j\omega})| = 0.9253$ をもち，周波数 $\pm 7\pi/8\,[\mathrm{rad}]$ において振幅 $|H(e^{j\omega})| = 0.0014$ をもつ．したがって，信号 $x[n]$ を FIR フィルタ $h[n]$ に通すと，$x[n]$ 中の $s[n]$ の振幅は 0.9253 倍になり，また $v[n]$ の振幅は 0.0014 倍に減衰される．したがって，出力 $y[n]$ の中では，$s[n]$ に比べて $v[n]$ は約 $1/661(= 0.0014/0.9253)$ 程度に抑制され，$s[n]$ だけが残ることになる．FIR フィルタ $h[n]$ の出力を図 8.2(d) に示す．

以上の実行例をプログラム 8.1 に示す．

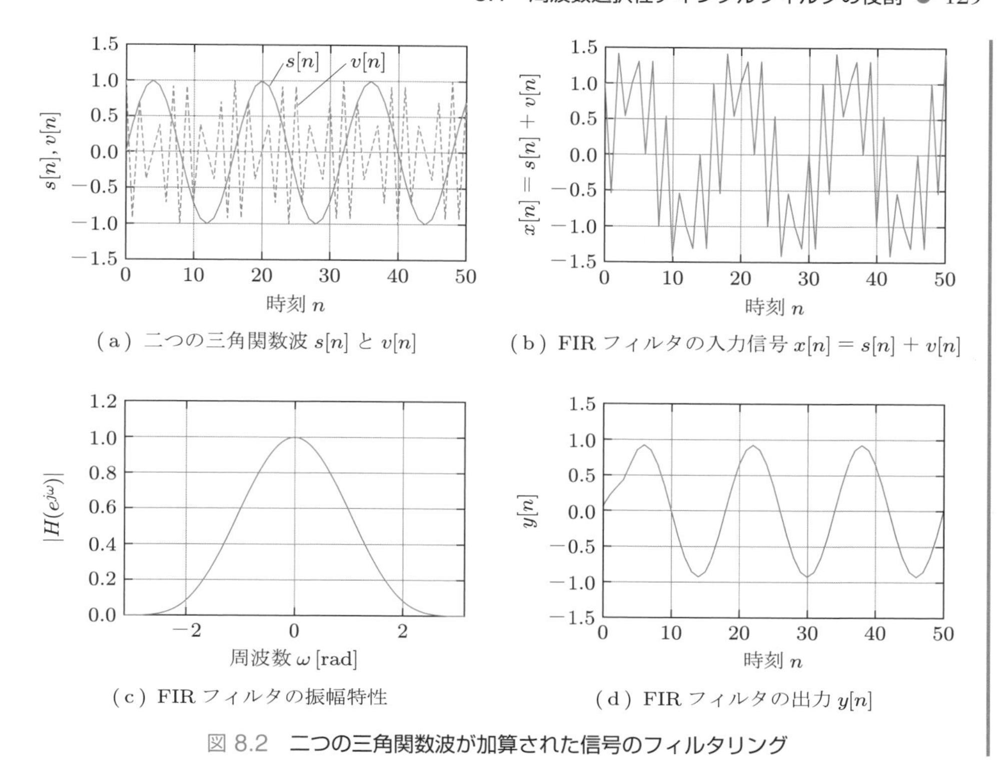

(a) 二つの三角関数波 $s[n]$ と $v[n]$

(b) FIR フィルタの入力信号 $x[n] = s[n] + v[n]$

(c) FIR フィルタの振幅特性

(d) FIR フィルタの出力 $y[n]$

図 8.2 二つの三角関数波が加算された信号のフィルタリング

プログラム 8.1 周波数選択性フィルタによるフィルタリング（例題 8.1，図 8.2）

```
% 二つの三角関数波の合成
wl = pi / 8; wh = 7 * pi / 8;  % 周波数の値の設定
nend = 50; n = 0 : nend;       % 信号の区間
s = sin(wl * n);               % 信号s
v = cos(wh * n);               % 雑音v
x = s + v;                     % 信号x=s+vの合成
subplot(2, 2, 1);
plot(n, s, '-', n, v, ':');    % sとvの図示
ymax = 1.5;
axis([0, nend, -ymax, ymax]); grid;
xlabel('Time n'); ylabel('s[n] and v[n]');
legend('s[n]', 'v[n]');
subplot(2, 2, 2);
plot(n, x);                    % x=s+vの図示
axis([0, nend, -ymax, ymax]); grid;
xlabel('Time n'); ylabel('x[n]=s[n]+v[n]');

% FIRフィルタの振幅特性
h = [1, 4, 6, 4, 1] / 16;                    % 単位インパルス応答
w = linspace(-pi, pi - 2 * pi / 1024, 1024); % 周波数の範囲と刻み
H = freqz(h, 1, w);                          % 周波数応答
subplot(2, 2, 3);
plot(w, abs(H));                             % 振幅特性の図示
axis([-pi, pi, 0, 1.2]); grid;
```

```
xlabel('Frequency \omega [rad]'); ylabel('|H(e^{j\omega})|');

% FIRフィルタリング
y = filter(h, 1, x);  % フィルタリング
subplot(2, 2, 4);
plot(n, y);           % フィルタ出力の図示
axis([0, nend, -ymax, ymax]); grid;
xlabel('Time n'); ylabel('y[n]');
```

8.2 設計仕様の与え方

8.2.1 周波数領域仕様と時間領域仕様

これまでの章では，単位インパルス応答や差分方程式，あるいは伝達関数によって記述されているディジタルフィルタの応答や特性を解析した．今後は逆に，望ましい応答や特性をもつディジタルフィルタを記述する単位インパルス応答や差分方程式，伝達関数を求めることを考える．このような手続きは**フィルタの設計** (filter design) とよばれる．ディジタルフィルタを設計するためには，望ましい応答や特性をまず与えなければならない．ディジタルフィルタを設計するために与える応答や特性を，**設計仕様** (design specification) あるいは**フィルタ仕様** (filter specification) という．

第 5 章で述べたように，ディジタルフィルタの応答は

(1) 周波数応答 $H(e^{j\omega}) = M(\omega)e^{j\theta(\omega)}$
(2) 単位インパルス応答 $h[n]$

で表される．したがって，設計仕様の与え方には以下のものがある．

(1) 振幅特性 $M(\omega)$ の指定
(2) 位相特性 $\theta(\omega)$ の指定
(3) 単位インパルス応答 $h[n]$ の指定

これらを組み合わせた設計仕様もある．振幅特性あるいは位相特性の指定は**周波数領域仕様** (frequency domain specification) とよばれ，単位インパルス応答の指定は**時間領域仕様** (time domain specification) とよばれる．

ディジタルフィルタを用いる目的によって，仕様の与え方は多種多様である．分野により大きく分ければ，これまで慣習的に情報通信，画像処理，音響・音声処理などの分野ではおもに周波数領域仕様が用いられ，システム制御などの分野では時間領域仕様が用いられてきたといえよう．

周波数領域仕様において振幅特性の設計仕様は，たとえば周波数分割多重通信において信号を様々な帯域に分割するためのフィルタ設計に使われる．また，位相特性の設計仕様は，伝送路や信号処理システムを通ることにより生じた信号の位相ひずみを改善するためのフィルタ設計などに用いられる．データ伝送などの符号伝送や画像処理などの波形処理の場合には，振幅と位相の両特性を考慮する必要がある．とくに，後に述べるように線形

位相特性が要求される．また，符号伝送で用いられるフィルタの設計には，周波数領域と時間領域の双方の領域での設計仕様が与えられることがある．

以下では，周波数選択性フィルタの振幅特性の与え方について述べる．図 8.3 は，次の代表的な四つの周波数選択性フィルタの振幅特性の概形を示している．

(1) **低域フィルタ**（低域通過フィルタ，lowpass filter）
(2) **高域フィルタ**（高域通過フィルタ，highpass filter）
(3) **帯域フィルタ**（帯域通過フィルタ，bandpass filter）
(4) **帯域阻止フィルタ**（帯域除去フィルタ，bandstop filter）

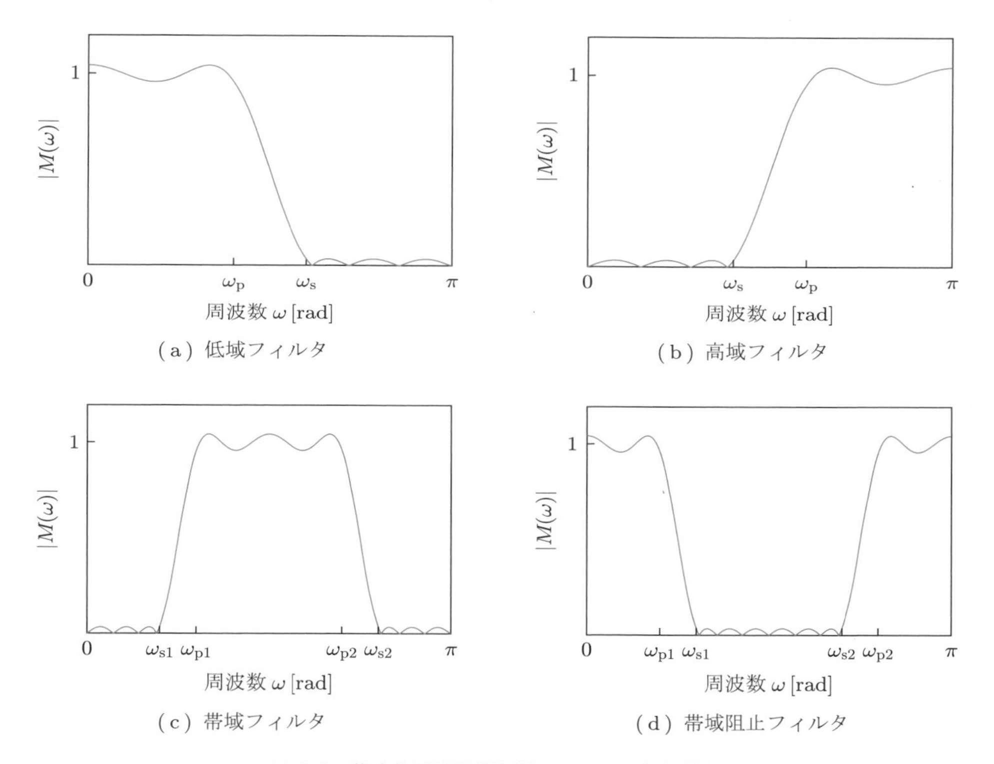

図 8.3 代表的周波数選択性フィルタの振幅特性

フィルタ設計に際しては，これらのフィルタ特性を個別に設計することができる．しかし，まず低域フィルタを設計し，これに基づき後述する適当な周波数変換を施すことにより，任意の特性をもつフィルタを得ることができ，このほうが効率的なことが多い．したがって，まず基本となる低域フィルタ，すなわち**プロトタイプフィルタ** (prototype filter) を設計することが必要である．そこで，本章と次章では，おもに低域フィルタに対する設計法を説明していく．

8.2.2 周波数領域仕様の与え方

周波数領域の設計仕様の与え方には，**絶対仕様** (absolute specification) として振幅特性 $M(\omega)$ を与える方法と，**相対仕様** (relative specification) として後に述べる減衰量 $A(\omega)$

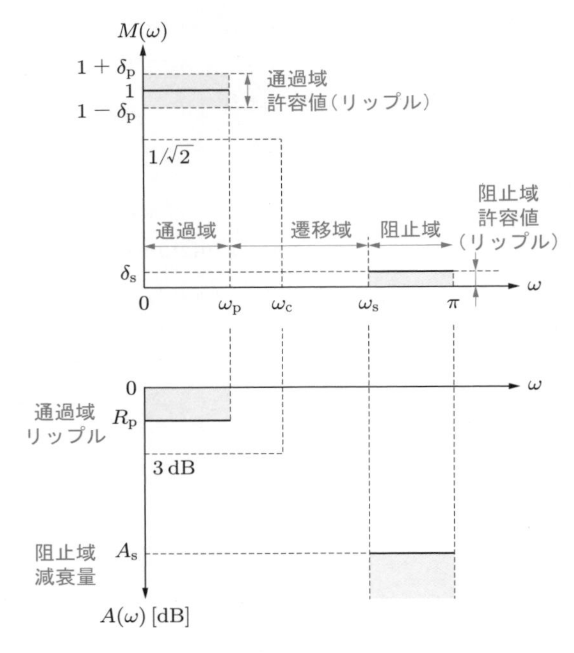

図 8.4　低域フィルタの設計仕様

を与える方法の二つの種類がある．ここでは，図 8.4 の低域フィルタの仕様の与え方を例にとり，設計仕様の与え方において必要とされる用語をまず説明する．

- **通過域** (passband) $0 \leq \omega \leq \omega_p$：

  入力信号を通過させる周波数帯域を通過域という．より厳密には，与えられた許容誤差 δ_p に対して，振幅特性が

$$1-\delta_p \leq M(\omega) \leq 1+\delta_p \tag{8.12}$$

  となる周波数帯域 $[0, \omega_p]$ を通過域という．すなわち，通過域では振幅特性が許容誤差 δ_p の範囲で 1 に近くなければならない．δ_p を通過域の**許容値** (tolerance) という．$1 \pm \delta_p$ の許容範囲は**通過域リップル** (passband ripple) とよばれる．ω_p を**通過域端周波数** (passband edge frequency) という．

- **阻止域** (stopband)　$\omega_s \leq \omega \leq \pi$：

  入力信号を阻止する周波数帯域を阻止域という．より厳密には，与えられた許容誤差 δ_s に対して，振幅特性が

$$0 \leq M(\omega) \leq \delta_s \tag{8.13}$$

  となる周波数帯域 $[\omega_s, \pi]$ を阻止域という．すなわち，阻止域では振幅特性が誤差 δ_s の範囲で 0 に近くなければならない．δ_s は阻止域の許容値である．δ_s の許容範囲は**阻止域リップル** (stopband ripple) とよばれる．ω_s を**阻止域端周波数** (stopband edge frequency) という．

- **遷移域** (transition band)　$\omega_p < \omega < \omega_s$：

通過域と阻止域の中間の周波数帯域を遷移域という．遷移域 $(\omega_\mathrm{p}, \omega_\mathrm{s})$ では，振幅特性が $1 \pm \delta_\mathrm{p}$ から δ_s 以下へとなだらかに減少しなければならない．

- **遮断周波数** (cutoff frequency)：

相対的な仕様では，振幅特性の最大値によって正規化された振幅特性 $M(\omega)/M_{\max}(\omega)$ に着目する．正規化振幅特性が $1/\sqrt{2}$ となる周波数 ω_c を遮断周波数という．すなわち，遮断周波数 ω_c においては，$M(\omega_\mathrm{c})/M_{\max}(\omega) = 1/\sqrt{2}$, $M^2(\omega_\mathrm{c})/M^2_{\max}(\omega) = 1/2$ となる．また，図 8.1(a) のように，遮断周波数は理想的な低域通過特性において通過域と阻止域を明確に分ける境界の周波数を表す場合もあることに注意する．

- **減衰量** (attenuation)：

ディジタルフィルタの周波数応答を考えるとき，振幅特性という絶対的な特性ではなく，相対的な振幅特性の**デシベル量** (decibel, dB) である減衰量を用いて考えたほうが便利なことが多い．フィルタの減衰量 $A(\omega)$ は以下のように定義される．

$$A(\omega) = -20 \log_{10} \frac{M(\omega)}{M_{\max}(\omega)} \ [\mathrm{dB}] \tag{8.14}$$

すなわち，振幅特性の最大値によって正規化された振幅特性のデシベル量の符号を反転したものが減衰量である．振幅特性の最大値に対する相対的な減衰の度合いを減衰量は表している．この値はその定義から 0 以上となる†．参考として，振幅特性の相対値 $M(\omega)/M_{\max}(\omega)$ と減衰量 $A(\omega)$ の代表的な数値を表 8.1 に示す．

図 8.4 に示した通過域における振幅特性の許容値 δ_p の減衰量は，**通過域リップル** (passband ripple) R_p とよばれ，以下のように与えられる．

$$R_\mathrm{p} = -20 \log_{10} \frac{1-\delta_\mathrm{p}}{1+\delta_\mathrm{p}} \ [\mathrm{dB}] \tag{8.15}$$

表 8.1 **正規化振幅特性と減衰量**

正規化振幅特性 $M(\omega)/M_{\max}(\omega)$	**減衰量** [dB] $A(\omega)$
1.0	0.0
0.9988	0.01
0.9886	0.1
0.8913	1.0
0.7071 $(= 1/\sqrt{2})$	3.0103
0.5	6.0206
0.1	20.0
0.0316	30.0
0.0100	40.0
0.0032	50.0
0.0010	60.0
0.0001	80.0

† これとは反対に増幅器や制御系の設計の場合には，減衰量を $A(\omega) = 20 \log_{10}(M(\omega)/M_{\max}(\omega))$ と定義し，負の値として表すことが慣習となっている．

阻止域における振幅特性の許容値 δ_s は，減衰量としては**阻止域減衰量** (stopband attenuation) とよばれる．阻止域減衰量 A_s は，阻止域の許容値 δ_s を用いて以下のように与えられる．

$$A_s = -20 \log_{10} \frac{\delta_s}{1+\delta_p} \,[\mathrm{dB}] \tag{8.16}$$

低域フィルタを設計する場合，通過域では減衰量が通過域リップル R_p を超えないようにし，阻止域では減衰量が阻止域減衰量 A_s 以上であることを必要とする．

以上の説明をまとめると，低域フィルタを設計する場合には，設計仕様として次の四つの量を指定すればよい．

絶対仕様の場合

(1) 通過域端周波数 ω_p [rad]
(2) 通過域リップル δ_p
(3) 阻止域端周波数 ω_s [rad]
(4) 阻止域リップル δ_s

あるいは，これと等価であるが，減衰量を用いると設計仕様は次の四つの量となる．

相対仕様の場合

(1) 通過域端周波数 ω_p [rad]
(2) 通過域リップル R_p [dB]
(3) 阻止域端周波数 ω_s [rad]
(4) 阻止域減衰量 A_s [dB]

与えられた仕様を満足するディジタルフィルタを設計する際には，仕様を満足する範囲の中でできるだけ低い次数のディジタルフィルタを設計しなければならない．なぜならば，信号処理を行うためのハードウェア量や計算量の削減の必要性，および入出力間の不要な遅延の低減の必要性があるからである．

図 8.3 に示したように，高域フィルタや帯域フィルタ，帯域阻止フィルタを設計するための設計仕様の与え方は，低域フィルタの場合と同様である．ただし，帯域フィルタと帯域阻止フィルタでは，阻止域あるいは通過域が二つの帯域に分かれているために，阻止域と通過域の範囲を示す周波数領域の数が増えることに注意が必要である．

例題 8.2 低域フィルタの次の設計仕様が与えられているものとする．

(1) 通過域端周波数 $\omega_p = \pi/3$ [rad]
(2) 通過域リップル $\delta_p = 0.1$
(3) 阻止域端周波数 $\omega_s = \pi/2$ [rad]
(4) 阻止域リップル $\delta_s = 0.01$

この設計仕様を満足するディジタルフィルタの振幅特性 $M(\omega)$ の概形を図示せよ．また，この仕様の通過域リップル R_p [dB] と阻止域減衰量 A_s [dB] を求め，この設計仕様を満足するディィジタルフィルタの減衰量 $A(\omega)$ の概形を図示せよ．

解答 与えられた仕様を満足する振幅特性は，通過域 $[0,\pi/3]$ では 0.9 と 1.1 の間にあり，阻止域 $[\pi/2,\pi]$ では 0.0 と 0.01 の間にある．また，遷移域 $(\pi/3,\pi/2)$ では 1 ± 0.1 から 0.01 以下に向かってなだらかに減少しなければならない．この条件を満たす振幅特性の概形は図 8.5 上のようになる．

一方，通過域リップル R_{p} と阻止域減衰量 A_{s} は以下のように求められる．

$$
\begin{aligned}
R_{\mathrm{p}} &= -20\log_{10}\frac{1-0.1}{1+0.1}\\
&= 1.743\,[\mathrm{dB}]
\end{aligned}
\tag{8.17}
$$

$$
\begin{aligned}
A_{\mathrm{s}} &= -20\log_{10}\frac{0.01}{1+0.1}\\
&= 40.828\,[\mathrm{dB}]
\end{aligned}
\tag{8.18}
$$

したがって，与えられた仕様を満足する減衰量は通過域 $[0,\pi/3]$ では $0\sim1.743\,[\mathrm{dB}]$ の間にあり，阻止域 $[\pi/2,\pi]$ では $40.828\,[\mathrm{dB}]$ 以上である．また，遷移域 $(\pi/3,\pi/2)$ では $0\sim1.743\,[\mathrm{dB}]$ から $40.828\,[\mathrm{dB}]$ 以上に向かってなだらかに増加しなければならない．この条件を満たす減衰量の概形は図 8.5 下のようになる．

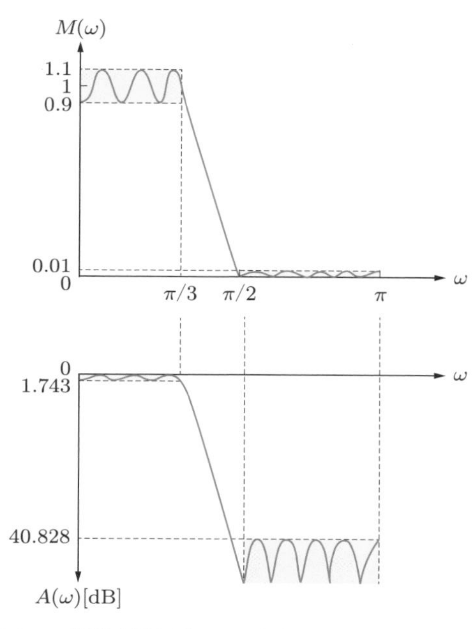

図 8.5 設計仕様を満足する振幅特性と減衰量の概形

8.3 線形位相特性

8.3.1 位相遅延・群遅延・線形位相特性

これまで，周波数選択性フィルタの周波数応答 $H(e^{j\omega})$ の特性として，振幅特性を取り上げてきた．ここでは，もう一つの特性である位相特性を取り上げ，位相特性の役割と重要性について説明する．

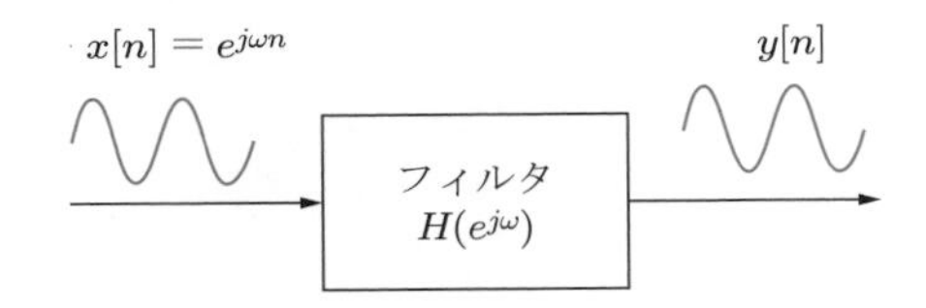

図 8.6 ディジタルフィルタへの複素指数関数の入力

周波数応答 $H(e^{j\omega}) = M(\omega)e^{j\theta(\omega)}$ のディジタルフィルタを考える．ここで，$M(\omega)$ は振幅特性であり，$\theta(\omega)$ は位相特性である．図 8.6 のように，このディジタルフィルタに入力として周波数 ω の複素指数関数 $e^{j\omega n}$ が入ってきたときの出力 $y[n]$ は，5.7 節で述べたように以下のようになる．

$$\begin{aligned} y[n] &= H(e^{j\omega})x[n] \\ &= M(\omega)e^{j\theta(\omega)} \cdot e^{j\omega n} \\ &= M(\omega)e^{j\omega(n+\theta(\omega)/\omega)} \end{aligned} \tag{8.19}$$

上式 (8.19) は以下のことを意味する．

- 周波数応答 $H(e^{j\omega})$ のフィルタに振幅 1 の複素指数関数 $e^{j\omega n}$ が入ってきたときの出力 $y[n]$ は，周波数 ω の複素指数関数である．
- 出力の振幅は $M(\omega)$ に変化し，出力波形は入力に比べて時間的に $\theta(\omega)/\omega$ だけ進んでいる．逆の言い方をすれば，入力に比べて出力は $-\theta(\omega)/\omega$ だけ遅れたものとなっている．

そこで，次の量 $\tau_{\mathrm{p}}(\omega)$ に着目し，これを**位相遅延** (phase delay) とよぶことにする．

$$\tau_{\mathrm{p}}(\omega) = -\frac{\theta(\omega)}{\omega} \tag{8.20}$$

離散時間フーリエ変換から，任意の入力信号 $x[n]$ は様々な周波数の複素指数関数の線形結合で表されることを思い出そう．いま，すべての周波数 ω に対して，位相遅延が一定値 τ となる場合を考えると

$$\tau_{\mathrm{p}}(\omega) = -\frac{\theta(\omega)}{\omega} = \tau \tag{8.21}$$

となる．よって

$$\theta(\omega) = -\tau\omega\,[\mathrm{rad}] \tag{8.22}$$

となり，位相特性は周波数 ω に比例し，その比例係数が $-\tau$ となる．このように，位相特性が周波数に対して線形であるとき，この位相特性を**線形位相** (linear phase) あるいは直線位相という．

次のように位相特性を周波数で微分し，符号を反転して得られる量は**群遅延** (group delay) とよばれる．

$$\tau_{\rm g}(\omega) = -\frac{\partial \theta(\omega)}{\partial \omega} \tag{8.23}$$

線形位相特性の場合の式 (8.21) から群遅延特性を計算すると

$$\tau_{\rm g}(\omega) = \tau \tag{8.24}$$

となる．すなわち，線形位相特性は群遅延が一定の特性であり，そのときの一定値 τ が入力に対する出力の時間的遅れを表す．したがって，出力の時間的な遅れを表すには群遅延が便利である†1．

線形位相特性の特別な場合として，すべての周波数に対して $\theta(\omega) = 0$ のように位相特性が零になる場合がある．このような位相特性を**零位相特性** (zero phase characteristic) という．零位相特性は入力に対する出力の位相遅延がない特性である．

例題 8.3 次の 3 次 FIR フィルタ $h[n]$ の位相特性を求め，これが線形位相特性をもつことを示せ．また，位相遅延と群遅延を求めよ．

$$h[n] = \frac{1}{4}[\underline{1}, 1, 1, 1] \tag{8.25}$$

解答 式 (3.28) ∼ (3.30) を参考にすると，この FIR フィルタの周波数応答は以下のようになる．

$$\begin{aligned} H(e^{j\omega}) &= \frac{1}{4}\left(1 + e^{-j\omega} + e^{-j2\omega} + e^{-j3\omega}\right) \\ &= \frac{1}{4}\frac{\sin 2\omega}{\sin(\omega/2)} \cdot e^{-j3\omega/2} \end{aligned} \tag{8.26}$$

よって，位相特性は $\theta(\omega) = -3\omega/2$ であり†2，これは線形位相である．また，位相遅延は $\tau_{\rm p}(\omega) = -\theta(\omega)/\omega = 3/2$ であり，群遅延は同じく $\tau_{\rm g}(\omega) = -\partial\theta(\omega)/\partial\omega = 3/2$ である．

8.3.2 線形位相特性と単位インパルス応答の関係

ディジタルフィルタはその単位インパルス応答が対称性をもつとき，零位相あるいは線形位相特性をもつことが容易に証明できる．いま，図 8.7(a) に示されるように，ディジタルフィルタの単位インパルス応答 $h_{\rm z}[n]$ が実数で次のように対称性をもつとしよう．

$$h_{\rm z}[n] = h_{\rm z}[-n], \quad n = -L, -L+1, \cdots, L-1, L \tag{8.27}$$

このとき，周波数応答は以下のように実数となり，零位相であることがわかる．

$$\begin{aligned} H_{\rm z}(e^{j\omega}) &= \sum_{n=-L}^{L} h_{\rm z}[n] e^{-j\omega n} \\ &= h_{\rm z}[0] + \sum_{n=1}^{L} h_{\rm z}[n](e^{j\omega n} + e^{-j\omega n}) \end{aligned}$$

---

†1 周波数 ω と位相特性 $\theta(\omega)$ の単位をラジアン (rad) とすると，位相遅延 $\tau_{\rm p}(\omega)$ の単位は，その定義から無次元である．群遅延 $\tau_{\rm g}(\omega)$ の単位も同様に無次元である．

†2 厳密には，振幅特性が 0 となる周波数において，位相特性の $+\pi$ あるいは $-\pi$ のジャンプがある．このとき，位相特性は区分的に線形となるが，このような位相特性も慣習的に線形位相とよぶ．

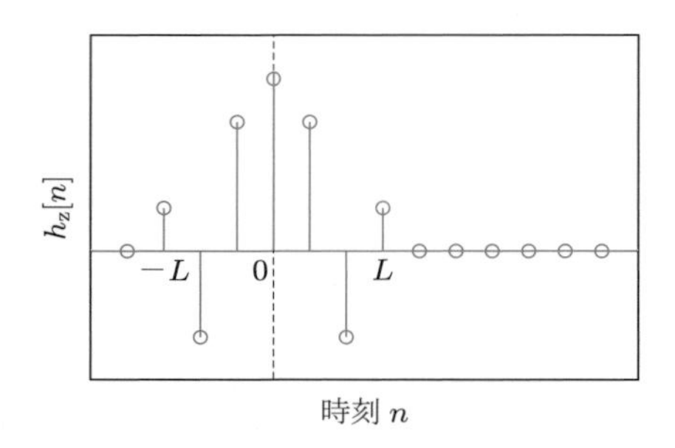

(a) 零位相特性の単位インパルス応答

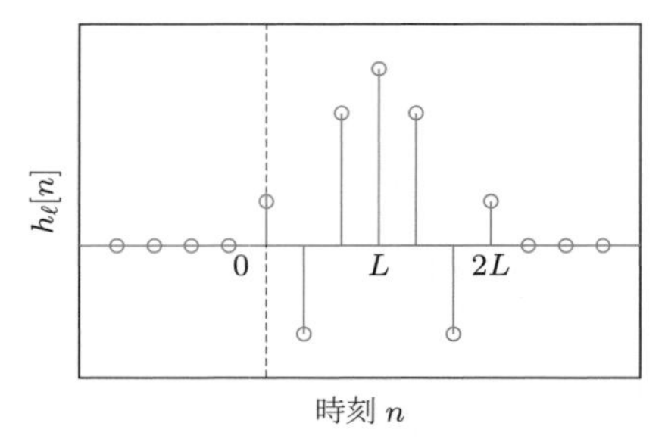

(b) 線形位相特性の単位インパルス応答

図 8.7 零位相と線形位相特性の単位インパルス応答

$$= h_z[0] + \sum_{n=1}^{L} 2h_z[n] \cos \omega n = \text{実数} \tag{8.28}$$

式 (8.27) で表されるように，零位相特性をもつ単位インパルス応答 $h_z[n]$ は非因果的となるため，物理的には実現できないことに注意する必要がある．そこで，図 8.7(b) のように，$h_z[n]$ を時間的に L だけ遅延させ，$h_\ell[n] = h_z[n-L]$，$n = 0, 1, 2, \cdots, 2L$ を作れば，この単位インパルス応答は因果的であり，次のように線形位相特性となる．

$$\begin{aligned} H_\ell(e^{j\omega}) &= \sum_{n=0}^{2L} h_\ell[n] e^{-j\omega n} \\ &= \sum_{n=0}^{2L} h_z[n-L] e^{-j\omega n} \\ &= \sum_{k=-L}^{L} h_z[k] e^{-j\omega(k+L)} \\ &= e^{-j\omega L} H_z(e^{j\omega}) \end{aligned} \tag{8.29}$$

このとき，単位インパルス応答の中心は時刻 $n = L$ である．上式から $H_\ell(e^{j\omega})$ の位相特性は $\theta(\omega) = -\omega L$ であり，確かに線形位相特性をもつ．以上のように，非因果的な零位相の単位インパルス応答を遅延させ，因果的な線形位相の単位インパルス応答を実現する考え方は次章の FIR フィルタの設計において利用される．

より一般的には，因果的な単位インパルス応答 $h[n]$ が次のような対称性をもつとき，このディジタルフィルタは線形位相特性をもつ†．

$$h[n] = h[N-1-n], \quad n = 0, 1, 2, \cdots, N-1 \tag{8.30}$$

このとき，$h[n]$ の周波数応答は以下のように求められ，線形位相特性をもつことが確かめられる．

† 式 (8.30) はディジタルフィルタが線形位相特性をもつための必要十分条件であることが証明されている．

$$H(e^{j\omega}) = \begin{cases} e^{-j\omega(N-1)/2}\left[h\left[\frac{N-1}{2}\right] + \sum_{n=0}^{(N-1)/2-1} 2h[n]\cos\left\{\omega\left(n-\frac{N-1}{2}\right)\right\}\right], & N：奇数 \\ e^{-j\omega(N-1)/2}\left[\sum_{n=0}^{N/2-1} 2h[n]\cos\left\{\omega\left(n-\frac{N-1}{2}\right)\right\}\right], & N：偶数 \end{cases} \tag{8.31}$$

上式から $H(e^{j\omega})$ の群遅延は $(N-1)/2$ である．この群遅延は N が奇数のとき整数の遅延を表し，N が偶数のとき整数 $+1/2$ の遅延を表す．線形位相をもつ単位インパルス応答の例を図 8.8 に示す．

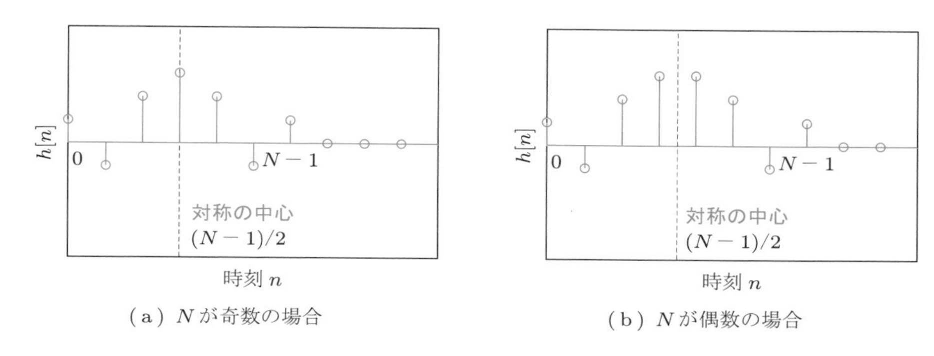

(a) N が奇数の場合　　(b) N が偶数の場合

図 8.8 線形位相特性をもつ単位インパルス応答の例

上の考察からわかるように，因果的 IIR フィルタは線形位相特性を実現できないことになる．なぜならば，因果的 IIR フィルタの単位インパルス応答は時刻 $n=0$ から始まり，無限の時刻まで継続するため，対称性をもち得ないからである．

8.3.3 信号処理における線形位相特性の重要性

多くの信号処理の応用において，入力信号の周波数スペクトルの位相をひずませることなくフィルタリングを行うことがしばしば望まれる．とくに，データ伝送などの波形伝送・処理や画像処理の場合には，位相ひずみのないフィルタリングが必要となる．ここで，位相ひずみとは信号の周波数スペクトルに対する位相のずれが原因で発生する信号波形のひずみである．位相ひずみのないフィルタリングは，入力中の各周波数成分に対しての遅延がすべて等しい値をもてば実現できる．すなわち，群遅延が一定の特性が位相ひずみのないフィルタリングのために必要となる．これはディジタルフィルタが全周波数領域において線形位相特性をもたなければならないことを要求する．したがって，位相ひずみのないフィルタリングのためには FIR フィルタを用いなければならない．

一方，ディジタルフィルタの阻止域では位相特性が非線形であっても，通過域で線形であれば，実質的には位相ひずみを回避できる．なぜならば，阻止域では振幅特性が小さい（減衰量が大きい）ため，位相の非線形性による位相ひずみはフィルタ出力側には実質的に現れないからである．したがって，この場合には IIR フィルタを用いることができる．

もちろん，IIR フィルタを用いた場合には，通過域において実現できる位相特性は近似的な線形位相特性である．

次の例題では，同一の振幅特性をもつが，位相特性が線形と非線形のディジタルフィルタによって，位相ひずみがどのように現れるかを実際に観察する．

例題 8.4 次のように，1 と −1 が 8 個ずつ繰り返される方形波の入力信号 $x[n]$ を考える．

$$x[n] = [\underbrace{\underline{1}, 1, \cdots, 1}_{8}, \underbrace{-1, -1, \cdots, -1}_{8}, \underbrace{1, 1, \cdots, 1}_{8}, \underbrace{-1, -1, \cdots, -1}_{8}, \cdots] \tag{8.32}$$

いま，次のような FIR フィルタ $H_\ell(z)$ と IIR フィルタ $H_{n\ell}(z)$ を用意する．

$$H_\ell(z) = \frac{1}{16}(1 + 4z^{-1} + 6z^{-2} + 4z^{-3} + z^{-4}) \tag{8.33}$$

$$H_{n\ell}(z) = H_\ell(z) \cdot H_{ap}(z) \tag{8.34}$$

ただし，

$$H_{ap}(z) = \frac{-\alpha + z^{-1}}{1 - \alpha z^{-1}}, \quad \alpha = 0.8 \tag{8.35}$$

である．このとき以下の問いに答えよ．

(1) FIR フィルタ $H_\ell(z)$ の振幅特性と位相特性を求め，図示せよ．また，$H_\ell(z)$ は線形位相特性をもつことを示せ．

(2) IIR フィルタ $H_{n\ell}(z)$ の振幅特性と位相特性を求め，図示せよ．また，$H_{n\ell}(z)$ の振幅特性は $H_\ell(z)$ と同一であるが，位相特性は $H_\ell(z)$ とは異なっており，非線形位相特性をもつことを示せ．

(3) 入力 $x[n]$ を FIR フィルタ $H_\ell(z)$ と IIR フィルタ $H_{n\ell}(z)$ に通したときのそれぞれの出力 $y_\ell[n]$ と $y_{n\ell}[n]$ を求めて図示せよ．二つの出力 $y_\ell[n]$ と $y_{n\ell}[n]$ を比較することで，$y_\ell[n]$ には位相ひずみはないが，$y_{n\ell}[n]$ には位相ひずみがあることを示せ．

解答 (1) $H_\ell(z)$ の振幅特性と位相特性は以下のように求められる．

$$\begin{aligned} H_\ell(e^{j\omega}) &= \frac{1}{16}(1 + 4z^{-1} + 6z^{-2} + 4z^{-3} + z^{-4})\Big|_{z=e^{j\omega}} \\ &= \frac{1}{16}(1 + z^{-1})^4\Big|_{z=e^{j\omega}} \\ &= \cos^4\frac{\omega}{2} \cdot e^{-j2\omega} \end{aligned} \tag{8.36}$$

よって，振幅特性は $|H_\ell(e^{j\omega})| = \cos^4\omega/2$，位相特性は $\theta_\ell(\omega) = -2\omega$ であり，これは線形位相特性である．振幅特性と位相特性を図 8.9(a) と (b) にそれぞれ示す．

(2) まず，$H_{ap}(z)$ の振幅特性と位相特性は以下のように求められる．

$$\begin{aligned} |H_{ap}(e^{j\omega})| &= \sqrt{H_{ap}(e^{j\omega})H_{ap}^*(e^{j\omega})} \\ &= \sqrt{\frac{-\alpha + e^{-j\omega}}{1 - \alpha e^{-j\omega}} \cdot \frac{-\alpha + e^{j\omega}}{1 - \alpha e^{j\omega}}} \\ &= \sqrt{\frac{\alpha^2 - 2\alpha\cos\omega + 1}{1 - 2\alpha\cos\omega + \alpha^2}} \\ &= 1 \end{aligned} \tag{8.37}$$

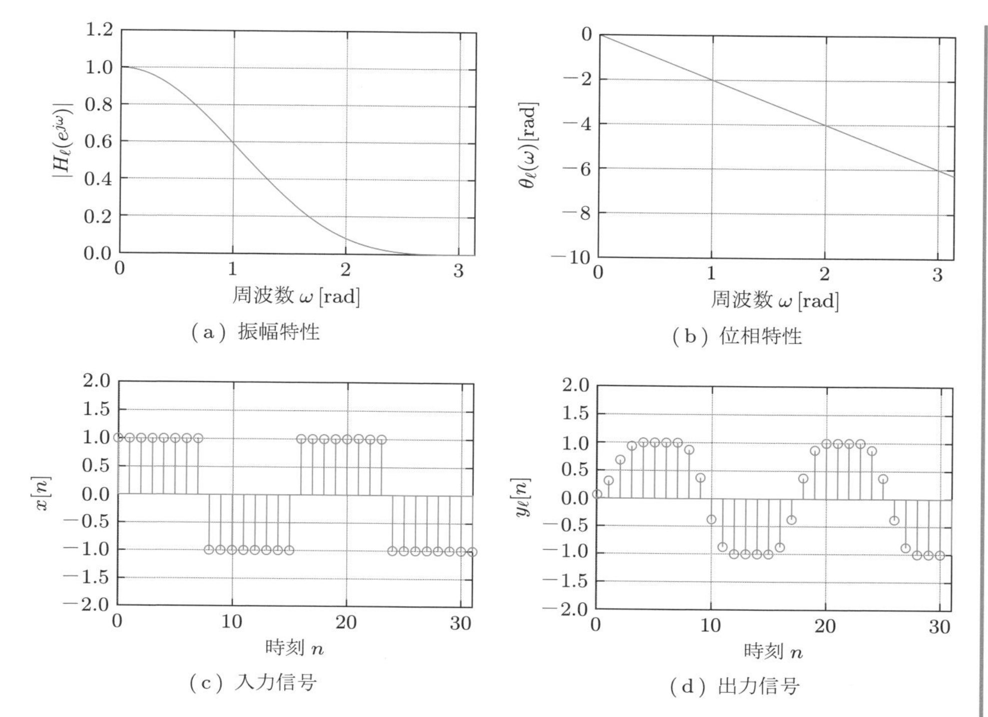

(a) 振幅特性

(b) 位相特性

(c) 入力信号

(d) 出力信号

図 8.9 線形位相特性をもつ低域フィルタリング

$$H_{\mathrm{ap}}(e^{j\omega}) = \frac{(-\alpha + e^{-j\omega})(1-\alpha e^{j\omega})}{(1-\alpha e^{-j\omega})(1-\alpha e^{j\omega})}$$
$$= \frac{-2\alpha + (\alpha^2+1)\cos\omega + j(\alpha^2-1)\sin\omega}{1-2\alpha\cos\omega+\alpha^2} \tag{8.38}$$

$$\theta_{\mathrm{ap}}(\omega) = \tan^{-1}\frac{(1-\alpha^2)\sin\omega}{2\alpha-(1+\alpha^2)\cos\omega} \tag{8.39}$$

よって，$H_{\mathrm{n}\ell}(z) = H_\ell(z)H_{\mathrm{ap}}(z)$ の振幅特性と位相特性は以下のように求められる．

$$|H_{\mathrm{n}\ell}(e^{j\omega})| = |H_\ell(e^{j\omega})H_{\mathrm{ap}}(e^{j\omega})|$$
$$= |H_\ell(e^{j\omega})|$$
$$= \cos^4\frac{\omega}{2} \tag{8.40}$$

$$\theta_{\mathrm{n}\ell}(\omega) = \theta_\ell(\omega) + \theta_{\mathrm{ap}}(\omega)$$
$$= -2\omega + \tan^{-1}\frac{(1-\alpha^2)\sin\omega}{2\alpha-(1+\alpha^2)\cos\omega} \tag{8.41}$$

したがって，振幅特性 $|H_{\mathrm{n}\ell}(e^{j\omega})|$ は振幅特性 $|H_\ell(e^{j\omega})|$ に等しい．しかし，式 (8.41) から，位相特性 $\theta_{\mathrm{n}\ell}(\omega)$ は位相特性 $\theta_\ell(\omega)$ とは異なり，非線形位相特性であることがわかる．

これらの振幅特性と位相特性を図 8.10(a) と (b) にそれぞれ示す．これらの図から，通過域（およそ $0 \le \omega \le 0.75$ の範囲）で位相特性 $\theta_{\mathrm{n}\ell}(\omega)$ は明らかに曲がっており，非線形性が強いことがわかる．

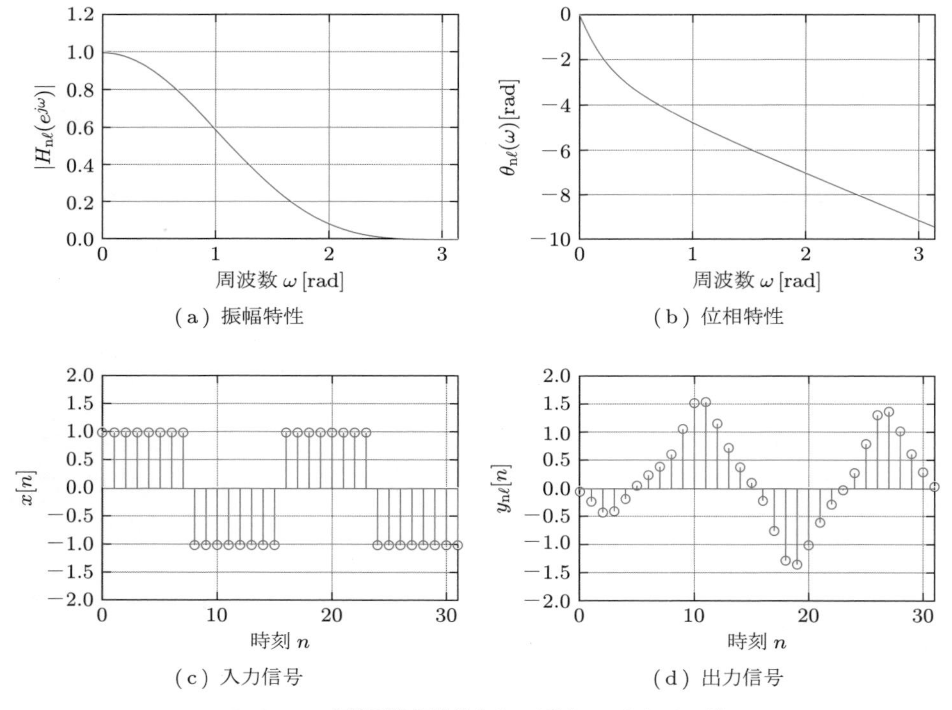

(a) 振幅特性　(b) 位相特性

(c) 入力信号　(d) 出力信号

図 8.10　非線形位相特性をもつ低域フィルタリング

(3) 入力 $x[n]$ を FIR フィルタ $H_\ell(z)$ と IIR フィルタ $H_{n\ell}(z)$ に通したときの出力 $y_\ell[n]$ と $y_{n\ell}[n]$ を，図 8.9(d) と図 8.10(d) にそれぞれ示す．これらの図の (c) には，比較のために入力 $x[n]$ を図示している．図 8.9(d) の $y_\ell[n]$ では位相ひずみがなく低域フィルタリングが行われており，図 8.10(d) の $y_{n\ell}[n]$ では低域フィルタリングは行われているが，位相ひずみのために出力波形が大きく崩れていることがわかる．

以上の実行例をプログラム 8.2 に示す．

プログラム 8.2　線形位相特性と非線形位相特性の比較（例題 8.4，図 8.9，図 8.10）

```
% 線形位相FIRフィルタ
hlin = [1, 4, 6, 4, 1] / 16;            % 線形位相フィルタの単位インパルス応答
w = linspace(0, pi - pi / 512, 512);  % 周波数の範囲と刻み
Hlin = freqz(hlin, 1, w);              % 周波数応答の計算
figure(1)
subplot(2, 2, 1);
plot(w, abs(Hlin));                    % 振幅特性の図示
axis([0, pi, 0, 1.2]); grid;
xlabel('Frequency \omega [rad]'); ylabel('|H_{l}(e^{j\omega})|');
subplot(2, 2, 2);
plot(w, unwrap(angle(Hlin)));          % 位相特性の図示
axis([0, pi, -10, 0]); grid;
xlabel('Frequency \omega [rad]'); ylabel('\theta_{l}(\omega) [rad]');

% 線形位相フィルタリング
x = [ones(1, 8), -ones(1, 8), ones(1, 8), -ones(1, 8)]; % 入力信号
```

```
n = 0 : length(x) - 1;                          % 時刻の範囲
subplot(2, 2, 3);
stem(n, x);                                     % 入力の図示
axis([0, length(x) - 1, -2, 2]); grid;
xlabel('Time n'); ylabel('x[n]');
ylin = filter(hlin, 1,  x);                     % 線形位相フィルタリング
subplot(2, 2, 4);
stem(n, ylin);                                  % 出力の図示
axis([0 length(x) - 1 -2 2]); grid;
xlabel('Time n'); ylabel('y_l[n]');

% 非線形位相IIRフィルタリング
alpha = 0.8;                        % 全域通過フィルタのパラメータ
aap = [-alpha,  1    ];             % 分子係数
bap = [ 1,      -alpha];            % 分母係数
Hap = freqz(aap, bap, w);           % 周波数応答の計算
Hnl = Hap .* Hlin;                  % 縦続接続の周波数応答の計算
figure(2)
subplot(2, 2, 1);
plot(w, abs(Hnl));                  % 振幅特性の図示
axis([0, pi, 0, 1.2]); grid;
xlabel('Frequency \omega [rad]'); ylabel('|H_{nl}(e^{j\omega})|');
subplot(2, 2, 2);
plot(w, unwrap(angle(Hnl)));        % 位相特性をアンラップして図示
axis([0, pi, -10, 0]); grid;
xlabel('Frequency \omega [rad]'); ylabel('\theta_{nl}(\omega) [rad]');
subplot(2, 2, 3);
stem(n, x);                         % 入力の図示
axis([0, length(x) - 1, -2, 2]); grid;
xlabel('Time n'); ylabel('x[n]');
ynonlin = filter(aap, bap, ylin);   % 非線形位相フィルタリング
subplot(2, 2, 4);
stem(n, ynonlin);                   % 出力の図示
axis([0, length(x) - 1, -2, 2]); grid;
xlabel('Time n'); ylabel('y_{nl}[n]');
```

演習問題

8.1 FIR フィルタ $h[n] = (1/4)[\underline{1}, 2, 1]$ に，以下の入力 $x[n]$ を加えた場合を考える．

$$x[n] = 2 + \sin\frac{\pi}{4}n + \frac{1}{2}\sin\frac{\pi}{2}n + \frac{1}{4}\cos\pi n$$

(1) FIR フィルタの出力 $y[n]$ の中に入っている直流成分（周波数 0 の成分）と，周波数 $\pm\pi/4$，$\pm\pi/2$，$\pm\pi$ の三角関数波の振幅の大きさを求めよ．

(2) FIR フィルタリングを行い，入力 $x[n]$ と出力 $y[n]$ を図示せよ．

8.2 単位インパルス応答が $h[n] = (1/4)[\underline{1}, -2, 1]$ であるとき，演習問題 8.1 と同じ問いに答えよ．

8.3 標本化周波数が $F_s = 16\,[\text{kHz}]$ のディジタルフィルタの設計仕様が次のように与えられている．この仕様を正規化角周波数を用いた設計仕様に書き換えよ．

(1) 通過域端周波数 4 [kHz]
(2) 通過域リップル δ_{p}
(3) 阻止域端周波数 6 [kHz]
(4) 阻止域リップル δ_{s}

8.4 次の設計仕様を満足する低域フィルタの振幅特性の概形を，絶対的特性および相対的特性として図示せよ．

(1) 通過域端周波数 $\omega_{\mathrm{p}} = 0.5\pi$ [rad]
(2) 通過域リップル $R_{\mathrm{p}} = 0.25$ [dB]
(3) 阻止域端周波数 $\omega_{\mathrm{s}} = 0.6\pi$ [rad]
(4) 阻止域減衰量 $A_{\mathrm{s}} = 50$ [dB]

8.5 次の設計仕様を満足する帯域フィルタの振幅特性の概形を，絶対的特性および相対的特性として図示せよ．

(1) 通過域端周波数 $\omega_{\mathrm{p1}} = 0.4\pi$ [rad]，$\omega_{\mathrm{p2}} = 0.6\pi$ [rad]
(2) 通過域リップル $\delta_{\mathrm{p}} = 0.01$
(3) 阻止域端周波数 $\omega_{\mathrm{s1}} = 0.2\pi$ [rad]，$\omega_{\mathrm{s2}} = 0.8\pi$ [rad]
(4) 阻止域リップル $\delta_{\mathrm{s}} = 0.001$

8.6 以下の三つのディジタルフィルタの周波数応答を求め，位相特性と群遅延特性をそれぞれ図示せよ．
(1) $h[n] = \frac{1}{4}[1, \underline{2}, 1]$
(2) $h[n] = \frac{1}{4}[\underline{1}, 2, 1]$
(3) $y[n] = \alpha y[n-1] + (1-\alpha)x[n]$ （たとえば，$\alpha = 0.5, -0.5$）

8.7 因果的な単位インパルス応答 $h[n]$ が次の対称性をもつならば，この FIR フィルタの周波数応答は式 (8.31) によって与えられ，線形位相特性をもつことを示せ．

$$h[n] = h[N-1-n], \quad n = 0, 1, 2, \cdots, N-1$$

8.8 零位相特性をもつディジタルフィルタは非因果的となるため，物理的には実現できないことを 8.3.2 項で示した．しかし，実時間処理を行うのでなければ，因果的ディジタルフィルタによって零位相のフィルタリングが実行できる．以下に示す二つの方法によって，任意の位相特性をもつ因果的ディジタルフィルタを用いて，零位相のフィルタリングが実行可能であることを確認せよ．ただし，この方法では，信号は有限の長さをもち，半導体メモリや磁気ディスクなどに記憶できるものとする．

任意の位相特性をもつ因果的ディジタルフィルタの単位インパルス応答を $h[n]$ とし，その周波数応答を $H(e^{j\omega})$ とする．
（方法 A）以下のように，入力 $x[n]$ から中間出力 $f[n]$ と $g[n]$ を経由して出力 $y[n]$ を得る．

- step 1：$f[n] = h[n] * x[n]$
- step 2：$g[n] = h[n] * f[-n]$
- step 3：$y[n] = g[-n]$

(1) 以上の一連の処理をディジタルフィルタとみなすとき，この単位インパルス応答 $h_{\mathrm{A}}[n]$

を求めよ．

(2) このディジタルフィルタの周波数応答 $H_{\mathrm{A}}(e^{j\omega})$ を求め，これが零位相であることを示せ．

（方法 B）以下のように，入力 $x[n]$ に対する部分出力 $f[n]$ と，入力 $x[-n]$ に対する部分出力 $g[n]$ から出力 $y[n]$ を得る．

- step 1：$f[n] = h[n] * x[n]$
- step 2：$g[n] = h[n] * x[-n]$
- step 3：$y[n] = f[n] + g[-n]$

(3) 以上の一連の処理をディジタルフィルタとみなすとき，この単位インパルス応答 $h_{\mathrm{B}}[n]$ を求めよ．

(4) このディジタルフィルタの周波数応答 $H_{\mathrm{B}}(e^{j\omega})$ を求め，これが零位相であることを示せ．

9 FIR フィルタの設計

本章は FIR フィルタの設計問題を取り上げている．ここで取り上げる設計問題は，与えられた周波数領域の設計仕様を満足する FIR フィルタの単位インパルス応答，あるいはこれと等価である伝達関数を見出すことである．因果的な FIR フィルタは線形位相特性を実現することができるため，多くの場合に線形位相特性が FIR フィルタに課される．ここでは，線形位相 FIR フィルタの代表的設計法である窓関数法について説明する．窓関数法は，理想低域特性をもつディジタルフィルタの無限長の単位インパルス応答を有限長の単位インパルス応答で近似し，FIR フィルタの係数を決定する方法である．設計された低域 FIR フィルタに対して適当な変数変換を行うことで，高域や帯域，帯域阻止フィルタも容易に設計できる．

9.1 窓関数法による FIR フィルタの設計

9.1.1 ディジタルトランスバーサルフィルタ

単位インパルス応答 $h[n]$，$n = 0, 1, 2, \cdots, N-1$ をもつ次の $N-1$ 次の FIR フィルタを考える．

$$y[n] = \sum_{k=0}^{N-1} h[k]x[n-k] \tag{9.1}$$

この FIR フィルタの伝達関数は

$$H(z) = \sum_{k=0}^{N-1} h[k]z^{-k} \tag{9.2}$$

となり，図 9.1 のような非再帰形フィルタとして実現される．この構造は N タップの**ディジタルトランスバーサルフィルタ** (digital transversal filter) ともよばれる．N タップのディジタルトランスバーサルフィルタの次数は $N-1$ であり，$N-1$ 個の遅延素子と，N 個の係数乗算器を用いて実現される．

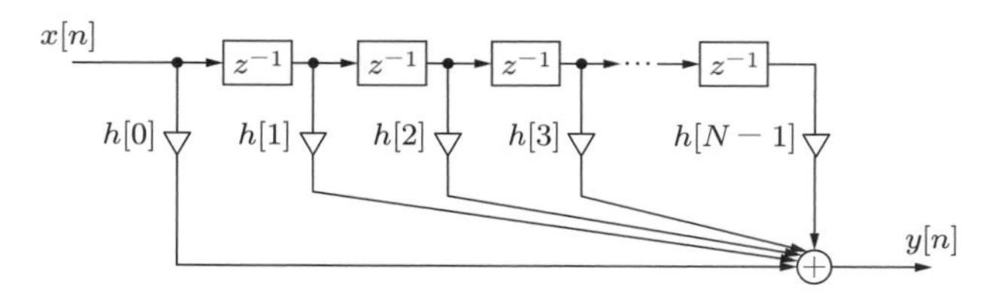

図 9.1　ディジタルトランスバーサルフィルタ

9.1.2 方形窓による設計

ここでは，線形位相 FIR フィルタ設計の最も基本的な考え方である方形窓による設計法を説明し，その特徴について検討する．

(1) 平均 2 乗誤差を最小とする設計

いま，FIR フィルタの設計仕様が零位相の周波数応答 $H_{\mathrm{d}}(e^{j\omega})$ によって与えられているとしよう．すなわち，$H_{\mathrm{d}}(e^{j\omega})$ は実数である．多くの場合，$H_{\mathrm{d}}(e^{j\omega})$ として箱型の理想的な低域通過特性が与えられる．この仕様に対応する単位インパルス応答を $h_{\mathrm{d}}[n]$ とすると，$H_{\mathrm{d}}(e^{j\omega})$ の離散時間フーリエ逆変換によって $h_{\mathrm{d}}[n]$ は求められる．$H_{\mathrm{d}}(e^{j\omega})$ が実数であることから，$h_{\mathrm{d}}[n]$ は偶対称性 $h_{\mathrm{d}}[n] = h_{\mathrm{d}}[-n]$ をもつ．

求める FIR フィルタの単位インパルス応答を $h[n]$，$n = -M, -M+1, \cdots, M-1, M$ とし，その周波数応答を $H(e^{j\omega})$ とする．このとき次の**誤差関数** (error function)$E(e^{j\omega})$ を考える．

$$E(e^{j\omega}) = H_{\mathrm{d}}(e^{j\omega}) - H(e^{j\omega}), \quad -\pi \leq \omega < \pi \tag{9.3}$$

設計仕様 $H_{\mathrm{d}}(e^{j\omega})$ と設計される FIR フィルタの周波数応答 $H(e^{j\omega})$ との周波数 ω における誤差を $E(e^{j\omega})$ は表す．誤差関数 $E(e^{j\omega})$ から，次の**平均 2 乗誤差** (mean square error, MSE) を定義する．

$$\mathrm{MSE} = \frac{1}{2\pi}\int_{-\pi}^{\pi} |E(e^{j\omega})|^2 d\omega \tag{9.4}$$

$$= \frac{1}{2\pi}\int_{-\pi}^{\pi} |H_{\mathrm{d}}(e^{j\omega}) - H(e^{j\omega})|^2 d\omega \tag{9.5}$$

この誤差は全周波数領域 $-\pi \leq \omega < \pi$ における誤差の 2 乗の平均値を表している．

与えられた設計仕様 $H_{\mathrm{d}}(e^{j\omega})$ に対して MSE が最小となる FIR フィルタ $h[n]$ を設計することを考えよう．パーセバルの関係 (2.43) から，式 (9.5) は以下のように書き換えられる．

$$\begin{aligned}\mathrm{MSE} &= \sum_{n=-\infty}^{\infty} \{h_{\mathrm{d}}[n] - h[n]\}^2 \\ &= \sum_{|n|\leq M} \{h_{\mathrm{d}}[n] - h[n]\}^2 + \sum_{|n|>M} \{h_{\mathrm{d}}[n]\}^2\end{aligned} \tag{9.6}$$

上式から，設計仕様の単位インパルス応答 $h_{\mathrm{d}}[n]$ と，求める単位インパルス応答の継続区間 $(n = -M, -M+1, \cdots, M-1, M)$ が与えられている場合には，$h[n]$ を以下のように選ぶとき MSE は最小となることは明らかである．

$$h[n] = \begin{cases} h_{\mathrm{d}}[n], & n = -M, -M+1, \cdots, M-1, M \\ 0, & \text{その他} \end{cases} \tag{9.7}$$

得られた単位インパルス応答 $h[n]$ は非因果的であり，偶対称性 $h[n] = h[-n]$ をもつ．そこで，次のように $h[n]$ を時間的に M だけ遅延させると，因果的単位インパルス応答が得られる．

$$h'[n] = h[n-M], \quad n = 0, 1, 2, \cdots, N-1 \tag{9.8}$$

ここで，$h'[n]$ のタップ長は $N = 2M+1$ であり，N は奇数となる．この単位インパルス応答は $h'[n] = h'[N-1-n]$ となり，線形位相である．

(2) 方形窓が周波数応答に与える影響

以上の設計法の周波数領域における特徴を窓関数を用いて再び考察する．このために，次のような奇数の長さ $N(=2M+1)$ の**方形窓** (rectangular window)

$$w[n] = \begin{cases} 1, & n = -M, -M+1, \cdots, M-1, M \\ 0, & \text{その他} \end{cases} \tag{9.9}$$

を用いると，式 (9.7) は以下のように書ける．

$$h[n] = h_{\mathrm{d}}[n]w[n] \tag{9.10}$$

したがって，設計仕様の単位インパルス応答 $h_{\mathrm{d}}[n]$ に長さ $N = 2M+1$ の方形窓 $w[n]$ をかけて得られた $h[n]$ が MSE を最小とする単位インパルス応答である．

いま，式 (9.10) の窓かけの効果を周波数領域において考察するために，式 (9.10) から FIR フィルタ $h[n]$ の周波数応答 $H(e^{j\omega})$ を求めると，以下のようになる†．

$$\begin{aligned} H(e^{j\omega}) &= \sum_{n=-\infty}^{\infty} h[n]e^{-j\omega n} \\ &= \sum_{n=-\infty}^{\infty} h_{\mathrm{d}}[n]w[n]e^{-j\omega n} \\ &= \frac{1}{2\pi}\int_{-\pi}^{\pi} H_{\mathrm{d}}\left(e^{j\theta}\right) W\left(e^{j(\omega-\theta)}\right) d\theta \end{aligned} \tag{9.11}$$

ここで，$W(e^{j\omega})$ は窓 $w[n]$ の周波数スペクトルである．上式は方形窓に対してのみ成り立つものではなく，一般の窓関数に対しても成り立つことに注意してほしい．

式 (9.11) が意味することは，図 9.2 に示されるように，設計仕様として与えられた周波数応答 $H_{\mathrm{d}}(e^{j\omega})$ と窓関数の周波数スペクトル $W(e^{j\omega})$ の周波数領域（変数 ω の領域）におけるたたみこみ（図 9.2(a)）によって，$H(e^{j\omega})$ の周波数応答（図 9.2(b)）が得られることである．タップ長 $N = 2M+1$ の方形窓 $w[n]$ の周波数スペクトルは

$$\begin{aligned} W(e^{j\omega}) &= \sum_{n=-M}^{M} 1 \cdot e^{-j\omega n} \\ &= \frac{\sin(N\omega/2)}{\sin(\omega/2)} \end{aligned} \tag{9.12}$$

---

† 離散時間フーリエ変換の性質 2.2.3 項の積の性質を利用している．

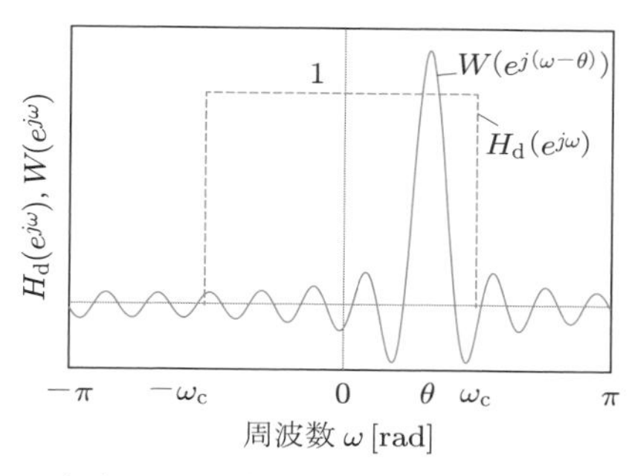

(a) $H_{\mathrm{d}}(e^{j\omega})$ と $W(e^{j\omega})$ のたたみこみ

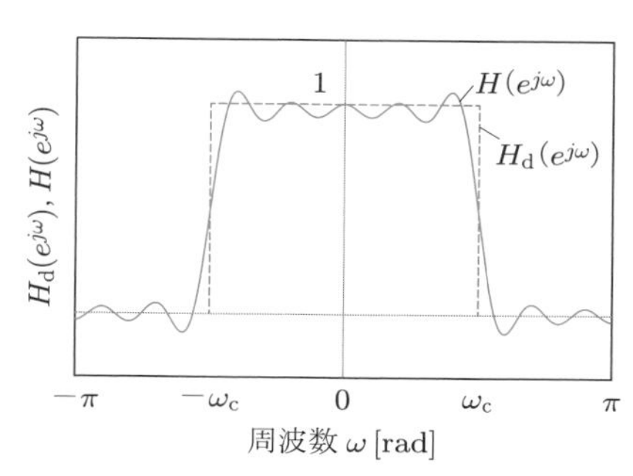

(b) 得られる周波数応答 $H(e^{j\omega})$

図 9.2 周波数領域における窓関数の効果

$$= N\frac{\mathrm{sinc}(N\omega/2\pi)}{\mathrm{sinc}(\omega/2\pi)} \tag{9.13}$$

となる．ここで，

$$\mathrm{sinc}\, t = \frac{\sin \pi t}{\pi t} \tag{9.14}$$

とおいている．$\mathrm{sinc}\, t$ は**カーディナルサイン関数** (cardinal sine function) とよばれる†．たとえば，$N = 21$ のとき，$W(e^{j\omega})$ は図 9.2(a) に図示されている．ただし，この図では，周波数軸上で θ だけ $W(e^{j\omega})$ がシフトされて図示されていることに注意してほしい．

例題 9.1 遮断周波数 ω_{c} の零位相の理想低域フィルタの周波数応答 $H_{\mathrm{d}}(e^{j\omega})$ が，図 9.3(a) のように与えられた場合について，以下の問いに答えよ．

(1) 理想低域フィルタの単位インパルス応答 $h_{\mathrm{d}}[n]$ を求めよ．

(2) $\omega_{\mathrm{c}} = \pi/2$ のとき，$h_{\mathrm{d}}[n]$ を図示せよ．

(3) $M = 10$ とし，方形窓 $w[n]$ を用いたときの単位インパルス応答 $h[n] = h_{\mathrm{d}}[n]w[n]$ を求め，図示せよ．

(4) 方形窓 $w[n]$ の周波数スペクトル $W(e^{j\omega})$ と設計された FIR フィルタ $h[n]$ の周波数応答 $H(e^{j\omega})$ をデシベル表示で図示せよ．

解答 (1) 図 9.3(a) で示される設計仕様の周波数応答は

$$H_{\mathrm{d}}(e^{j\omega}) = \begin{cases} 1, & |\omega| \le \omega_{\mathrm{c}} \\ 0, & \text{その他} \end{cases} \tag{9.15}$$

と表せる．したがって，離散時間フーリエ逆変換より

$$\begin{aligned} h_{\mathrm{d}}[n] &= \frac{1}{2\pi}\int_{-\omega_{\mathrm{c}}}^{\omega_{\mathrm{c}}} 1 \cdot e^{j\omega n} d\omega \\ &= \frac{\omega_{\mathrm{c}}}{\pi}\frac{\sin \omega_{\mathrm{c}} n}{\omega_{\mathrm{c}} n} \\ &= \frac{\omega_{\mathrm{c}}}{\pi}\mathrm{sinc}\,\frac{\omega_{\mathrm{c}}}{\pi}n \end{aligned} \tag{9.16}$$

と求められる．

---

† $\mathrm{sinc}\, t = (\sin \pi t)/(\pi t)$ はシンク関数（またはジンク関数），標本化関数ともよばれ，フーリエ変換や信号処理の分野においてきわめて重要な役割を果たす．$\mathrm{sinc}\, t = (1/2\pi)\int_{-\pi}^{\pi} e^{j\omega t} d\omega$ によって定義される．詳しくは演習問題 9.4 を参照されたい．

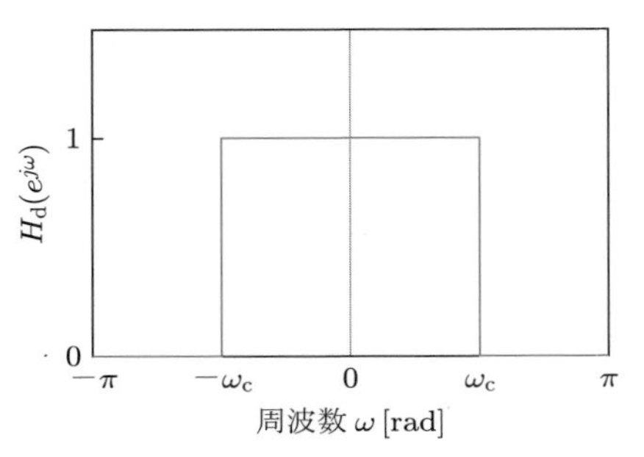

(a) 理想的低域フィルタの振幅特性

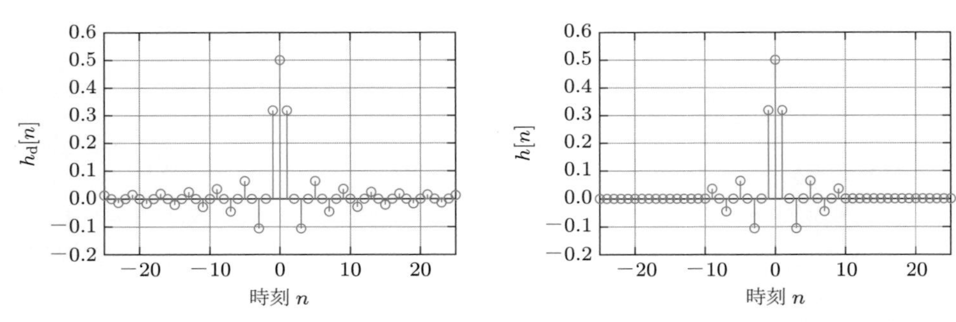

(b) 単位インパルス応答 $h_d[n]$($\omega_c = \pi/2$ の場合) (c) 方形窓をかけられた単位インパルス応答 $h[n]$

図 9.3 理想的低域フィルタと単位インパルス応答

(2) 上式で $\omega_c = \pi/2$ とすると,

$$h_d[n] = \frac{1}{2}\mathrm{sinc}\,\frac{n}{2} \tag{9.17}$$

が得られる(図 9.3(b)).

(3) 次式のように

$$h[n] = h_d[n]w[n] = \frac{1}{2}\mathrm{sinc}\,\frac{n}{2}, \quad n = -10, -9, \cdots, 9, 10$$

と求められる(図 9.3(c)).

(4) 式 (9.13) において $N = 2M + 1 = 21$ とすれば,方形窓の周波数スペクトルは

$$W(e^{j\omega}) = 21\frac{\mathrm{sinc}(21\omega/2\pi)}{\mathrm{sinc}(\omega/2\pi)} \tag{9.18}$$

となる.

得られた FIR フィルタ $h[n]$ の周波数応答 $H(e^{j\omega})$ は,次式によって求められる.

$$\begin{aligned} H(e^{j\omega}) &= \sum_{n=-10}^{10} h[n]e^{-j\omega n} \\ &= \sum_{n=-10}^{10} \frac{1}{2}\mathrm{sinc}\,\frac{n}{2} \cdot e^{-j\omega n} \end{aligned} \tag{9.19}$$

図 9.4(a) と (b) に $W(e^{j\omega})$ と $H(e^{j\omega})$ をデシベル表示で図示する.ただし,方形窓の周波数スペクトルは最大値 $|W(e^{j0})| = 21$ によって正規化されている.

以上の実行例をプログラム 9.1 に示す.

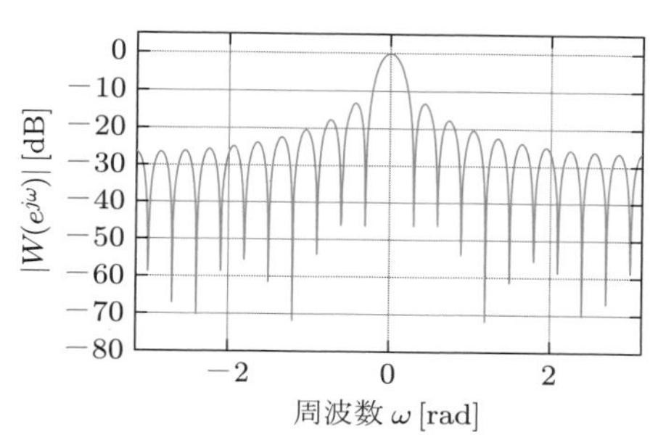

(a) 方形窓の周波数スペクトル

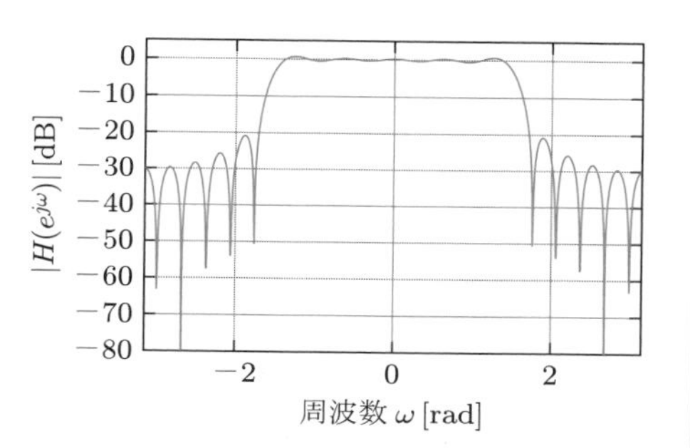

(b) 設計された FIR フィルタの周波数応答

図 9.4 窓関数の周波数スペクトルと FIR フィルタの周波数応答

プログラム 9.1 方形窓による低域 FIR フィルタの設計（例題 9.1，図 9.3，図 9.4）

```
% 理想低域フィルタhd(n)
L = 25; n = -L : L;                   % 信号の時間の範囲
wc = pi /2;                           % 遮断周波数
hd = (wc / pi) * sinc(n * wc / pi);   % 理想的単位インパルス応答
figure(1);
subplot(2, 2, 1);
stem(n, hd);
axis([-L, L, -0.2, 0.6]); grid;
xlabel('Time n'); ylabel('h_d[n]');

% 窓関数による設計h(n)
M = 10;
N = 2 * M + 1;                                      % タップ数
win = boxcar(N) .';                                 % 方形窓の選択
winz = [zeros(1, L - M), win, zeros(1, L - M)]';    % ゼロづめ(hdの切り出しのため)
h = hd .* (winz .');                                % 窓関数をかけられた単位インパルス応答h
subplot(2, 2, 2);
stem(n, h);
axis([-L, L, -0.2, 0.6]); grid;
xlabel('Time n'); ylabel('h[n]');

% 周波数スペクトルWと周波数応答Hの計算と図示
w = linspace(-pi, pi - 2 * pi / 1024, 1024);  % 周波数の範囲と刻み
Win = freqz(win, 1, w);                       % 窓の周波数スペクトル
maxWin = max(abs(Win));
figure(2);
subplot(2, 2, 1);
plot(w, 20 * log10(abs(Win) / maxWin));
axis([-pi, pi, -80, 5]); grid;
xlabel('Frequency \omega [rad]'); ylabel('|W(e^{j\omega})| [dB]');
H = freqz(h, 1, w);                           % 設計されたFIRフィルタの周波数応答
subplot(2, 2, 2);
plot(w, 20 * log10(abs(H)));
axis([-pi, pi, -80, 5]); grid;
xlabel('Frequency \omega [rad]'); ylabel('|H(e^{j\omega})| [dB]');
```

以上の方形窓によって設計された FIR フィルタの周波数応答は次の特徴をもつ．すなわち，式 (9.6) から，M を大きくし，タップ数 $N = 2M + 1$ を長くすれば MSE は小さくなっていく．また，タップ数 N に対して，周波数応答 $H(e^{j\omega})$ の遷移域は $1.8\pi/N$ となることが知られている．したがって，タップ数 N が大きくなるにつれて，遷移域幅は狭くなる．このことは 図 9.5 において見てとることができる．よって，理想低域フィルタに近い周波数応答を実現するためには，タップ数 N を大きく選ぶことが必要である．

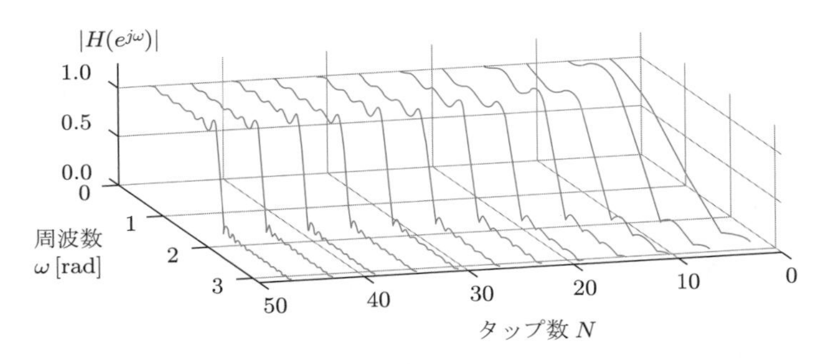

図 9.5　方形窓によって設計された FIR フィルタの周波数応答 ($\omega_c = \pi/2$)

一方，周波数応答の不連続点の近傍（遮断周波数 ω_c の近傍）では，図 9.4(b) に示すように，周波数応答の突起や振れが現れる．このような特異現象はフーリエ級数における**ギブス現象** (Gibbs phenomenon) とよばれる．この名称は，関数のフーリエ展開のとき必然的に起こるものであることをギブスが最初に指摘したことによる．式 (9.11) のように，$H_d(e^{j\omega})$ と $W(e^{j\omega})$ のたたみこみが行われることによって，突起や振れが発生する．このような周波数応答の突起や振れは**リップル** (ripple) とよばれる．図 9.5 からわかるように，このリップルの総面積と幅はタップ数 N が大きくなるに従って減少していく．しかし，リップルの振幅はタップ数 N に依存せずほぼ一定となる．すなわち，通過域では振幅 1.09，阻止域では振幅 0.09 のリップルのピークが現れ，これらの値はタップ数にはほとんど依存しない．したがって，これらの二つの値が方形窓によって設計される FIR フィルタの性能（通過域リップルと阻止域減衰量）の限界を与えている．

ギブス現象の影響を減少させる一つの方法は，周波数応答上の不連続を避けるために通過域と阻止域の間に遷移域を設けることである．さらに，より手間がかからない方法としては，次に述べる窓関数を適用することである．

9.1.3 窓関数による設計

(1)　窓関数に要求される条件

一般に長さ N（ただし奇数）の窓関数 $w[n]$ は偶対称であり，$|n| > (N-1)/2$ で $w[n] = 0$ であり，$|n|$ が大きくなるに従って $w[n]$ の値が単調に減少していく実数の関数である．理想的単位インパルス応答 $h_d[n]$ に窓関数 $w[n]$ をかけて得られる単位インパルス応答は $h[n] = h_d[n]w[n]$ であり，これは長さ N の零位相の単位インパルス応答となる．上式は $h_d[n]$ の中心部分に重み $w[n]$ をつけて取り出し，その他の部分を取り去ることを意味している．

式 (9.11) から，窓関数の周波数スペクトル $W(e^{j\omega})$ の中心部の幅が狭く，かつ周辺部の振動が小さければ，$H(e^{j\omega})$ は $H_\mathrm{d}(e^{j\omega})$ に近くなることがわかる†1．したがって，通過域リップルが小さく，阻止域減衰量が大きく，遷移域幅が狭いという意味で優れた低域フィルタ $H(e^{j\omega})$ を得るためには，窓関数の周波数スペクトル $W(e^{j\omega})$ のメインローブ（周波数スペクトルの中心部にある大きいスペクトル）の幅が狭く，サイドローブ（メインローブの周辺にある多数の小さいスペクトル）のピーク値が小さいことが必要とされる．一般に，長さ N を一定とした場合，窓関数の周波数応答のメインローブ幅とサイドローブのピーク値の大きさはトレードオフの関係にある．したがって，与えられた設計仕様に合わせて，適切な窓を選ぶことが必要となる．

(2) 窓関数とその特徴

表 9.1 に代表的な窓関数を示す．図 9.6 には方形窓とハミング窓，カイザー窓を示している．以下では，この三つの窓関数と，これを用いて設計される FIR フィルタの特徴について簡単に説明する†2．

表 9.1 窓関数（長さ N（ただし奇数），$|n| \leq (N-1)/2$）

窓	関 数
方形窓	$w_\mathrm{r}[n] = 1$
ハニング窓	$w_\mathrm{han}[n] = 0.5 + 0.5\cos\dfrac{2\pi n}{N-1}$
ハミング窓	$w_\mathrm{ham}[n] = 0.54 + 0.46\cos\dfrac{2\pi n}{N-1}$
ブラックマン窓	$w_\mathrm{b}[n] = 0.42 + 0.5\cos\dfrac{2\pi n}{N-1} + 0.08\cos\dfrac{4\pi n}{N-1}$
カイザー窓	$w_\mathrm{k}[n] = I_0\left(\beta\sqrt{1-\left(\dfrac{2n}{N-1}\right)^2}\right)\Big/ I_0(\beta)$

$I_0(x)$ は 0 次第 1 種変形ベッセル関数

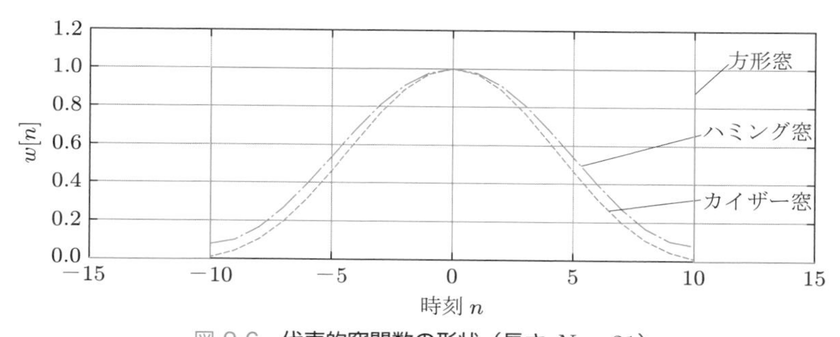

図 9.6 代表的窓関数の形状（長さ $N = 21$）

†1 窓関数については 3.3.2 項も参考にしてほしい．$W(e^{j\omega})$ の理想的なものはデルタ関数 $2\pi\delta(\omega)$ である（ここで，$\delta(\omega)$ は連続変数のデルタ関数である）．このとき，式 (9.11) から $H(e^{j\omega}) = H_\mathrm{d}(e^{j\omega})$ である．

†2 ハニング，ハミング，ブラックマンおよびカイザー窓の名称はその考案者名にちなんで名づけられている．ただし，ハニング窓は，考案者名 Julius von Hann にちなんでハン窓とよばれるものの，ディジタル信号処理の分野では伝統的にハニング窓としばしばよばれる．$n = \pm(N-1)/2$ において，$w_\mathrm{han}[n] = 0$，$w_\mathrm{b}[n] = 0$ となることから，ハニング窓とブラックマン窓の長さは実際には $N-2$ である．

(1) **方形窓**：

最も単純な窓であり，$|n| \leq (N-1)/2$ の範囲の信号 $h_{\mathrm{d}}[n]$ をひずませることなく切り出す．この窓はメインローブ幅が最小であるが，サイドローブのピーク値は最大である．

(2) **ハミング窓** (Hamming window)：

一般的な多くの信号処理において，メインローブ幅とサイドローブのピーク値のトレードオフの観点から最も優れた窓である．長さ $N = 21$ のハミング窓 $w_{\mathrm{ham}}[n]$ の周波数スペクトルを図 9.7(a) に示す．同図 (b) にハミング窓をかけて得られた FIR フィルタの周波数応答を示す．方形窓を用いた場合の周波数応答（図 9.4(b)）と比べて，通過域リップルが小さくなり，阻止域減衰量が大きくなっている．逆に遷移域幅は広がっている．

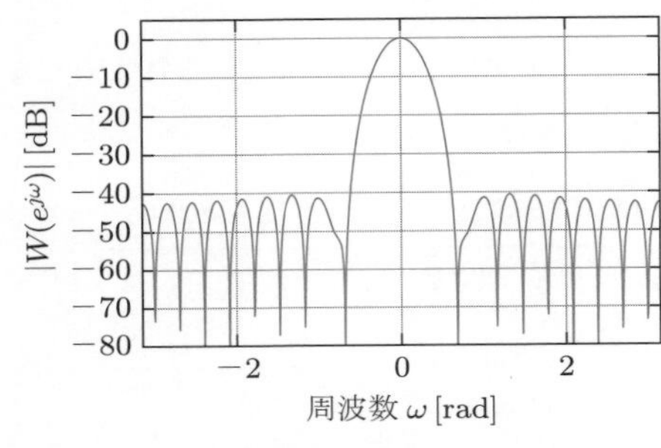

(a) 窓関数の周波数スペクトル

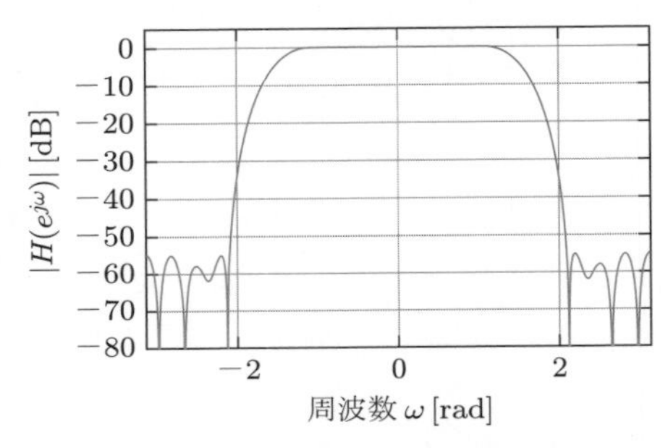

(b) 設計された FIR フィルタの周波数応答

図 9.7 ハミング窓による FIR フィルタの設計

(3) **カイザー窓** (Kaiser window)：

この窓の特徴は，パラメータ β を単に変えるだけでサイドローブの減衰量を連続的に変えられることである．このため，メインローブ幅とサイドローブのピーク値のトレードオフを実現できる．メインローブ幅については，他の窓関数と同様，長さ N を変えることにより調整することができる．与えられたサイドローブのピーク値の最大値に対して最も広いメインローブを与えるという意味で，すなわちメインローブの最も急峻な減衰を実現するという意味で，カイザー窓は最適である．

長さ $N = 21$，$\beta = 2\pi$ としたときのカイザー窓 $w_{\mathrm{k}}[n]$ の周波数スペクトルを図 9.8(a) に示す．同図 (b) には，カイザー窓を用いて設計された FIR フィルタの周波数応答を示す．方形窓とハミング窓を用いた場合（図 9.4(b) および図 9.7(b)）と比べて，カイザー窓による FIR フィルタの周波数応答の通過域リップルは小さく，阻止域減衰量は大きい．ただし，遷移域幅は方形窓の場合より広く，ハミング窓の場合より狭い．カイザー窓の数値を求めるためには **0 次第 1 種変形ベッセル関数** (zero-th order modified Bessel function of the first kind) $I_0(x)$ の計算を必要とする．$I_0(x)$ は次式によって与えられる関数である．

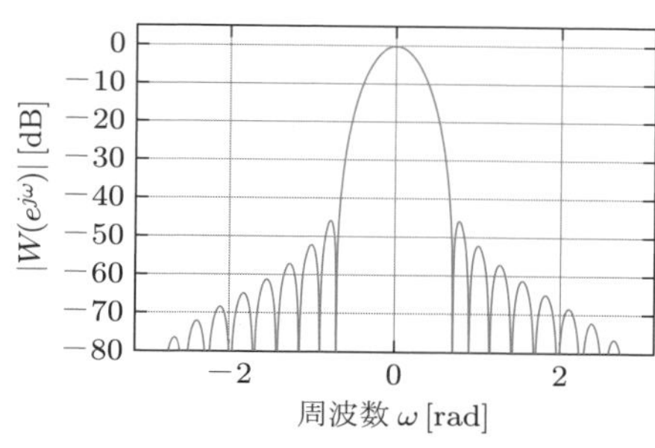

(a) 窓関数の周波数スペクトル

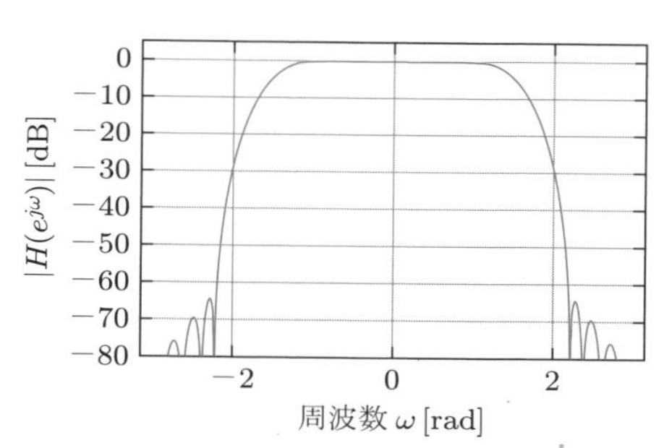

(b) 設計された FIR フィルタの周波数応答

図 9.8 カイザー窓による FIR フィルタの設計

$$I_0(x) = 1 + \sum_{m=1}^{\infty} \left\{ \frac{(x/2)^m}{m!} \right\}^2 \tag{9.20}$$

上式の無限和の代わりに，$m = 1, 2, \cdots, 15$ 程度の範囲の和を用いれば，$I_0(x)$ を精度よく計算できる．

窓関数による FIR フィルタの設計の実行例を，プログラム 9.2 に示す．

プログラム 9.2 窓関数による FIR フィルタの設計（図 9.7，図 9.8）

```
% 窓の選択 （選択しない窓をコメントアウトする）
N = 21;                        % 窓の長さ（フィルタのタップ数）
%win = boxcar(N)';             % 方形窓
%win = hanning(N)';            % ハニング窓
win = hamming(N)';             % ハミング窓
%win = blackman(N)';           % ブラックマン窓
%win = kaiser(N, 2*pi)';       % カイザー窓

% 窓の周波数応答
w = linspace(-pi, pi - 2 * pi / 1024, 1024);  % 周波数の範囲と刻み
Win = freqz(win, 1, w);                       % 周波数応答
maxWin = max(abs(Win));
subplot(2, 2, 1);
plot(w, 20 * log10(abs(Win) / maxWin));
axis([-pi, pi, -80, 5]); grid;
xlabel('Frequency \omega [rad]'); ylabel('|W(e^{j\omega})| [dB]');

% 窓関数によるFIRフィルタの設計
wc = pi / 2;                   % 遮断周波数
h = fir1(N - 1, wc / pi, win); % 単位インパルス応答（窓関数による設計）
H = freqz(h, 1, w);            % 設計されたフィルタの周波数応答
subplot(2, 2, 2);
plot(w, 20 * log10(abs(H)));
axis([-pi, pi, -80, 5]); grid;
xlabel('Frequency \omega [rad]'); ylabel('|H(e^{j\omega})| [dB]');
```

9.1.4 設計手順のまとめ

表 9.2 と 表 9.3 には，窓関数によって設計される低域 FIR フィルタのタップ数 N と周波数応答の遷移域幅，阻止域減衰量の関係を示している．所望の FIR フィルタを設計するためには，これらの表から設計仕様の阻止域減衰量を実現する窓関数をまず選び，遷移域幅を実現する窓関数の長さ（タップ数）N を次に決定しなければならない．

表 9.2 窓関数により設計される低域 FIR フィルタの性質（タップ数 N（ただし奇数））

窓関数	遷移域幅	阻止域減衰量 [dB]
方形窓	$1.8\pi/N$	21
ハニング窓	$6.2\pi/N$	44
ハミング窓	$6.6\pi/N$	53
ブラックマン窓	$11\pi/N$	74

表 9.3 カイザー窓により設計される低域 FIR フィルタの性質（タップ数 N（ただし奇数））

パラメータ β	遷移域幅	阻止域減衰量 [dB]
2.0	$3\pi/N$	29
3.0	$4\pi/N$	37
4.0	$5.2\pi/N$	45
5.0	$6.4\pi/N$	54
6.0	$7.6\pi/N$	63
7.0	$9.0\pi/N$	72
8.0	$10.2\pi/N$	81
9.0	$11.4\pi/N$	90
10.0	$12.8\pi/N$	99

窓関数法による低域 FIR フィルタの設計手順を以下にまとめておく．

- step 1：次の設計仕様を与える．
  (1) 通過域端周波数 ω_{p} [rad]
  (2) 通過域リップル R_{p} [dB]
  (3) 阻止域端周波数 ω_{s} [rad]
  (4) 阻止域減衰量 A_{s} [dB]
- step 2：阻止域減衰量 A_{s} を実現可能な窓関数 $w[n]$ を表 9.2 または表 9.3 から選ぶ．
- step 3：選んだ窓において，遷移域幅 $\omega_{\mathrm{s}} - \omega_{\mathrm{p}}$ を実現する窓の長さ（タップ数）N を表 9.2 または 表 9.3 から決定する．
- step 4：タップ数 N と窓 $w[n]$ とを用いて，FIR フィルタ $h[n]$ を次式によって求める．ただし，遮断周波数は $\omega_{\mathrm{c}} = (\omega_{\mathrm{s}} + \omega_{\mathrm{p}})/2$ とする．

$$h[n] = \frac{\omega_{\mathrm{c}}}{\pi}\mathrm{sinc}\,\frac{\omega_{\mathrm{c}}}{\pi}n \cdot w[n], \quad |n| \leq \frac{N-1}{2} \tag{9.21}$$

- step 5：$h[n]$ の周波数応答 $H(e^{j\omega})$ を計算し，通過域リップルが R_{p} 以下ならば設

計を終了する．もし，この仕様が満足されなければ，タップ数 N（窓の長さ）を増加させ，ステップ 4 に戻る．

例題 9.2 次の仕様を満足する低域 FIR フィルタを設計せよ．

(1) 通過域端周波数 $\omega_{\mathrm{p}} = 0.2\pi$ [rad]
(2) 通過域リップル $R_{\mathrm{p}} = 0.05$ [dB]
(3) 阻止域端周波数 $\omega_{\mathrm{s}} = 0.3\pi$ [rad]
(4) 阻止域減衰量 $A_{\mathrm{s}} = 50$ [dB]

解答 表 9.2 および 表 9.3 から，阻止域減衰量 50 [dB] はハミング窓あるいはブラックマン窓，カイザー窓で達成できることがわかる．ここでは，遷移域幅が比較的狭いハミング窓を選ぶことにする．遷移域幅は $\omega_{\mathrm{s}} - \omega_{\mathrm{p}} = 0.3\pi - 0.2\pi = 0.1\pi$ [rad] であるから，これを実現するハミング窓の長さは，表 9.2 の $6.6\pi/N = 0.1\pi$ より $N = 66$ となるが，奇数の長さ $N = 67$ に変更する．よって，長さ $N = 67$ のハミング窓を用いて式 (9.21) より単位インパルス応答 $h[n]$ が求められ，その周波数応答 $H(e^{j\omega})$ が求められる．これらを図 9.9 に示す．周波数応答 $H(e^{j\omega})$ の通過域リップルと阻止域減衰量を求めると，$R_{\mathrm{p}} = 0.0324$ [dB]，$A_{\mathrm{s}} = 54.5162$ [dB] である．この結果は与えられた設計仕様を満足することがわかる．実行例をプログラム 9.3 に示す．

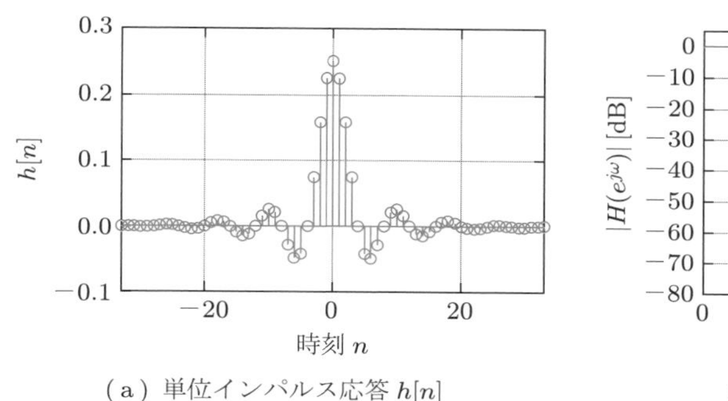

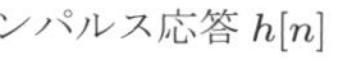
(a) 単位インパルス応答 $h[n]$

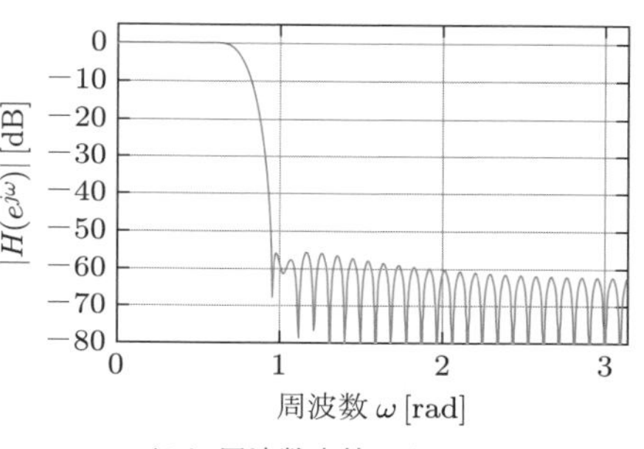

(b) 周波数応答 $H(e^{j\omega})$

図 9.9 窓関数法による低域 FIR フィルタの設計例

プログラム 9.3 窓関数による FIR フィルタの設計（例題 9.2，図 9.9）

```
wp = 0.2 * pi; ws = 0.3 * pi;  % 通過域端周波数，阻止域端周波数
trwidth = ws - wp;             % 遷移帯域幅
N = ceil(6.6 * pi / trwidth)   % ハミング窓の長さ（タップ数）
if mod(N, 2) == 0              % Nが偶数ならば
    N = N + 1                  % 次の奇数に修正
end
win = hamming(N) .';           % ハミング窓

% 窓関数によるFIRフィルタの設計（単位インパルス応答）
wc = (wp + ws) / 2;             % 遮断周波数
h = fir1(N - 1, wc / pi, win);  % 単位インパルス応答の計算
n = -(N - 1) / 2 : (N - 1) / 2; % 時刻の範囲
subplot(2, 2, 1);
stem(n, h);                     % 単位インパルス応答の図示
```

```
axis([-(N - 1) / 2, (N - 1) / 2, -0.1, 0.3]); grid;
xlabel('Time n '); ylabel('h[n]');

% 設計されたFIRフィルタの周波数応答
w = linspace(0, pi - pi / 512, 512);       % 周波数の範囲と刻み
dw = w(2) - w(1);                          % 周波数の刻み
H = freqz(h, 1, w);                        % 周波数応答の計算
maxH = max(abs(H));                        % 周波数応答の最大値
dBH = 20 * log10(abs(H) / maxH);           % 振幅特性の正規化
subplot(2, 2, 2);
plot(w, dBH);                              % 振幅特性の図示
axis([0, pi, -80, 5]); grid;
xlabel('Frequency \omega [rad]'); ylabel('|H(e^{j\omega})| [dB]');
Rp = -min(dBH(1 : floor(wp / dw) + 1))     % 通過域リップルの確認
As = -max(dBH(ceil(ws / dw) + 1 : end))    % 阻止域減衰量の確認
```

ディスプレイの表示

```
N =
    66

N =
    67

Rp =
    0.0324

As =
   54.5162
```

9.2 周波数変換

低域通過の零位相 FIR フィルタ $H_{\mathrm{L}}(z)$ が与えられれば，これに簡単な変数変換を適用することによって，高域や帯域，帯域阻止フィルタを容易に設計することができる．

(1) 高域フィルタ

図 9.10(a) に示される遮断周波数 ω_{cL} の低域通過の零位相 FIR フィルタ $H_{\mathrm{L}}(z)$ の単位インパルス応答を $h_{\mathrm{L}}[n]$ とする．周波数応答を周波数軸上で π だけシフトして得られる周波数応答を $H_{\mathrm{H}}(e^{j\omega})$ とする．すなわち，

$$H_{\mathrm{H}}(e^{j\omega}) = H_{\mathrm{L}}(e^{j(\omega-\pi)}) \tag{9.22}$$

とする．図 9.10(b) から明らかなように，$H_{\mathrm{H}}(e^{j\omega})$ は遮断周波数 $\omega_{\mathrm{cH}} = \pi - \omega_{\mathrm{cL}}$ の高域フィルタとなる．このとき，$H_{\mathrm{H}}(e^{j\omega})$ はもとの低域フィルタの周波数応答を周波数軸上でシフトしたものであるから，この変換によって通過域リップル，阻止域減衰量，遷移域幅は変化しないことに注意してほしい．式 (9.22) を z 変換の形で表せば次式を得る．

$$H_{\mathrm{H}}(z) = H_{\mathrm{L}}(-z) \tag{9.23}$$

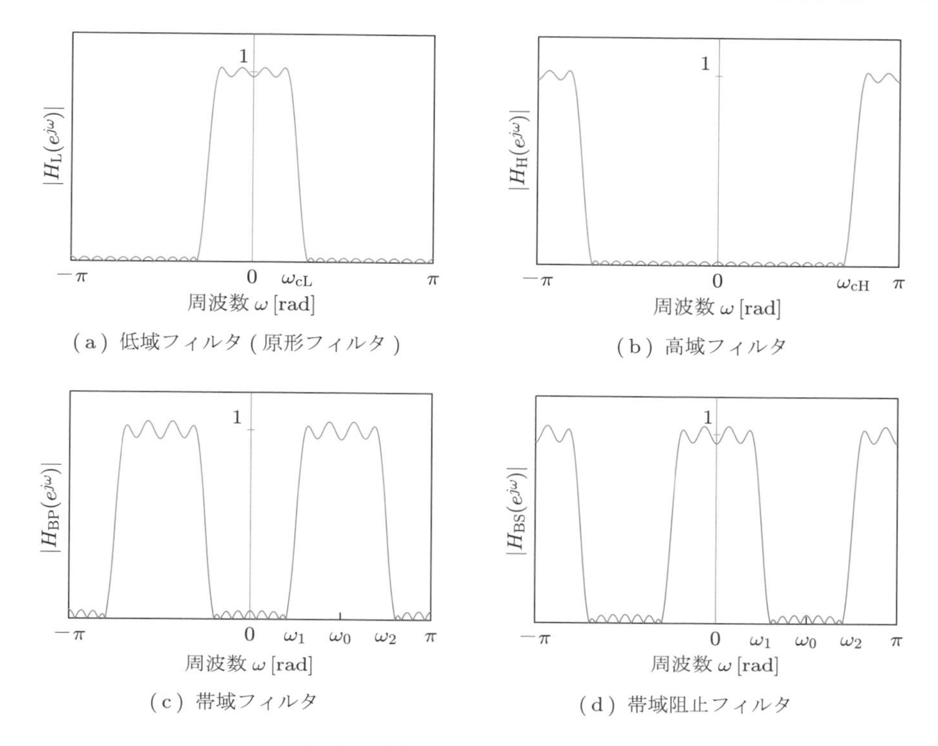

図 9.10 周波数変換による FIR フィルタの設計

これに対応する時間域表現は，以下の単位インパルス応答における変換である．

$$h_{\rm H}[n] = (-1)^n h_{\rm L}[n] \tag{9.24}$$

以下同様にして，低域フィルタ $H_{\rm L}(z)$ から帯域フィルタと帯域阻止フィルタが得られる．

(2) 帯域フィルタ

図 9.10(c) に示すように，中心周波数 ω_0，遮断周波数 ω_1, ω_2 として，

$$\begin{aligned} H_{\rm BP}(e^{j\omega}) &= H_{\rm L}\left(e^{j(\omega-\omega_0)}\right) + H_{\rm L}\left(e^{j(\omega+\omega_0)}\right) \\ &= H_{\rm L}(e^{-j\omega_0}z) + H_{\rm L}(e^{j\omega_0}z)\Big|_{z=e^{j\omega}} \end{aligned} \tag{9.25}$$

$$h_{\rm BP}[n] = 2\cos n\omega_0 \cdot h_{\rm L}[n], \quad \omega_1 = \omega_0 - \omega_{\rm cL}, \quad \omega_2 = \omega_0 + \omega_{\rm cL} \tag{9.26}$$

となる．ただし，$\omega_{\rm cL} < \omega_0 < \pi - \omega_{\rm cL}$ である．

(3) 帯域阻止フィルタ

図 9.10(d) に示すように，中心周波数 ω_0，遮断周波数 ω_1, ω_2 として，

$$\begin{aligned} H_{\rm BS}(e^{j\omega}) &= 1 - \left[H_{\rm L}\left(e^{j(\omega-\omega_0)}\right) + H_{\rm L}\left(e^{j(\omega+\omega_0)}\right)\right] \\ &= 1 - \left[H_{\rm L}(e^{-j\omega_0}z) + H_{\rm L}(e^{j\omega_0}z)\right]\Big|_{z=e^{j\omega}} \end{aligned} \tag{9.27}$$

$$h_{\rm BS}[n] = \delta[n] - 2\cos n\omega_0 \cdot h_{\rm L}[n], \quad \omega_1 = \omega_0 - \omega_{\rm cL}, \quad \omega_2 = \omega_0 + \omega_{\rm cL} \tag{9.28}$$

となる．ただし，$\omega_{\rm cL} < \omega_0 < \pi - \omega_{\rm cL}$ である．

以上の変換によって得られた帯域フィルタと帯域阻止フィルタにおける遮断周波数，通過域リップル，阻止域減衰量，遷移域幅は，もとの低域フィルタが理想的な箱型の周波数応答をもっていれば容易に求められる．しかし，実現可能な低域フィルタの周波数応答は箱型の特性ではなく，通過域と阻止域にリップルをもち，有限の遷移域幅をもつ．この影響により，帯域フィルタと帯域阻止フィルタの遮断周波数，通過域リップル，阻止域減衰量，遷移域幅は，もとの低域フィルタのこれらの値から単純には求められない．したがって，式 (9.26) と (9.28) の遮断周波数は厳密なものではなく，近似的な値であることに注意してほしい．

演習問題

9.1 N タップの FIR フィルタ $h[n]$ は，図 9.1 のようなディジタルトランスバーサルフィルタとして実現できる．このとき必要とされる乗算器数は N 個である．線形位相特性をもつ N タップの FIR フィルタに対して，$h[n]$ の対称性 $h[n] = h[N-1-n]$ を利用して，乗算器数が少ないディジタルトランスバーサルフィルタの構造を与えよ．

9.2 次のような N タップの FIR フィルタ $h_N[n]$ を考える．

$$h_N[n] = \frac{1}{2^{N-1}}\,{}_{N-1}C_n, \quad n = 0, 1, 2, \cdots, N-1$$

(1) FIR フィルタ $h_N[n]$ の伝達関数 $H_N(z)$ を求めよ．

(2) FIR フィルタ $h_N[n]$ は線形位相特性をもつ低域フィルタであることを示せ．

(3) FIR フィルタ $h_N[n]$ の遮断周波数 $\omega_{\rm c}$ を求めよ．ここで，遮断周波数とは振幅特性が $1/\sqrt{2}$ となる周波数であるとする．

(4) $N = 2, 3, 4, 5, 6$ に対して，単位インパルス応答 $h_N[n]$ と振幅特性，位相特性を図示せよ．

9.3 次のような極と零点をもつ 5 タップの FIR フィルタ $H(z)$ を考える．

- z 平面の原点に 4 重の極をもつ．
- 零点 $z_1 = re^{j\theta}$, $z_2 = \dfrac{1}{r}e^{j\theta}$, $z_3 = re^{-j\theta}$, $z_4 = \dfrac{1}{r}e^{-j\theta}$ をもつ．

(1) FIR フィルタ $H(z)$ の極零点配置を z 平面上に図示せよ (たとえば，$r = 0.5$, $\theta = \pi/4$)．

(2) FIR フィルタ $H(z)$ は線形位相特性をもつことを示せ．

9.4 本書では，離散時間フーリエ変換（2.2.2 項）や FIR フィルタの設計（9.1.2 項）などにおいて，次のように定義されるカーディナルサイン関数 $\mathrm{sinc}\, t$ がしばしば用いられ，ディジタル信号処理においてきわめて重要な役割を果たす．以下の問いに答えよ．

$$\mathrm{sinc}\, t = \frac{1}{2\pi}\int_{-\pi}^{\pi} e^{j\omega t} d\omega$$

(1) $\mathrm{sinc}\, t = (\sin \pi t)/(\pi t)$ であることを示せ．

(2) $\displaystyle\lim_{t \to 0} \mathrm{sinc}\, t = 1$ となることを示せ．

(3) $\mathrm{sinc}\, t = 0$ の解を求めよ．

(4) $\mathrm{sinc}\, t$ を図示せよ.

(5) 例題 9.1 では，遮断周波数 ω_c の理想的低域フィルタの単位インパルス応答はカーディナルサイン関数を用いて

$$h_d[n] = \frac{\omega_c}{\pi} \mathrm{sinc}\, \frac{\omega_c}{\pi} n$$

と表されている．遮断周波数 $\omega_c = \pi/3, \pi/4, \pi/2$ に対して，単位インパルス応答 $h_d[n]$ を図示せよ.

9.5 次の設計仕様を満足する零位相低域 FIR フィルタの設計を考える.

- 通過域端周波数 $\omega_p = 0.2\pi$ [rad]
- 通過域リップル $R_p = 0.25$ [dB]
- 阻止域端周波数 $\omega_s = 0.3\pi$ [rad]
- 阻止域減衰量 $A_s = 40$ [dB]

(1) ハニング窓を用いて，上の設計仕様を満足する FIR フィルタを設計せよ.

(2) 設計された FIR フィルタの単位インパルス応答と周波数応答を図示せよ.

(3) ハニング窓の代わりに，ハミング窓あるいはブラックマン窓，カイザー窓を用いた場合について，上の二つの問題を繰り返せ.

9.6 単位インパルス応答 $h_L[n] = (1/4)[1, \underline{2}, 1]$ をもつ FIR フィルタを考える．この FIR フィルタはタップ数 3 の零位相の低域フィルタである.

(1) FIR フィルタ $h_L[n]$ の遮断周波数 ω_{cL} を求めよ.

(2) FIR フィルタ $h_L[n]$ をもとにして，周波数変換により次の FIR フィルタを設計し，その単位インパルス応答と周波数応答を求め，図示せよ．また，それぞれの FIR フィルタの遮断周波数を求めよ.

i) 高域フィルタ $h_H[n]$

ii) 帯域フィルタ $h_{BP}[n]$，ただし中心周波数 $\omega_0 = \pi/2$

iii) 帯域阻止フィルタ $h_{BS}[n]$，ただし中心周波数 $\omega_0 = \pi/2$

9.7 図 9.3(a) に示したような零位相の理想的低域フィルタ $h_1[n]$ と $h_2[n]$ を考える．この二つの理想的低域フィルタの遮断周波数をそれぞれ ω_{c1} と ω_{c2} とし，$\omega_{c1} < \omega_{c2}$ とする.

(1) 以下の単位インパルス応答 $h_H[n]$ をもつディジタルフィルタは理想的高域フィルタであり，その遮断周波数は ω_{c1} であることを示せ.

$$h_H[n] = \delta[n] - h_1[n]$$

(2) 単位インパルス応答 $h_1[n]$ と $h_2[n]$ を以下のように用いて，遮断周波数 ω_{c1} と ω_{c2} をもつ零位相の理想的な帯域フィルタと帯域阻止フィルタが実現できることを示せ.

i) $h_{BP}[n] = h_2[n] - h_1[n]$

ii) $h_{BS}[n] = \delta[n] - (h_2[n] - h_1[n])$

9.8 以下のような周波数応答をもつディジタルフィルタは理想的ディジタル微分器とよばれる．以下の問いに答えよ.

$$H_d(e^{j\omega}) = j\omega, \quad -\pi \le \omega < \pi$$

(1) 理想的ディジタル微分器の振幅特性と位相特性を図示せよ.

(2) 理想的ディジタル微分器の単位インパルス応答は以下のように与えられることを示せ.

$$h_{\mathrm{d}}[n] = \begin{cases} 0, & n = 0 \\ \dfrac{\cos \pi n}{n}, & n \neq 0 \end{cases}$$

(3) 単位インパルス応答 $h_{\mathrm{d}}[n]$ を図示せよ.

(4) 長さ 21 のハミング窓を用いて，ディジタル FIR 微分器を設計せよ．また，その単位インパルス応答と振幅特性，位相特性を図示せよ.

9.9 以下のような周波数応答をもつディジタルフィルタは，理想的ヒルベルト変換器とよばれる．以下の問いに答えよ.

$$H_{\mathrm{d}}(e^{j\omega}) = \begin{cases} -j, & 0 < \omega < \pi \\ 0, & \omega = 0 \\ +j, & -\pi \leq \omega < 0 \end{cases}$$

(1) 理想的ヒルベルト変換器の振幅特性と位相特性を図示せよ.

(2) 理想的ヒルベルト変換器の単位インパルス応答は以下のように与えられることを示せ.

$$h_{\mathrm{d}}[n] = \begin{cases} 0, & n = 0 \\ \dfrac{2}{\pi} \dfrac{\sin^2(\pi n/2)}{n}, & n \neq 0 \end{cases}$$

(3) 単位インパルス応答 $h_{\mathrm{d}}[n]$ を図示せよ.

(4) 長さ 25 のハニング窓を用いて，ディジタルヒルベルト変換器を設計せよ．また，その単位インパルス応答と振幅特性，位相特性を図示せよ.

10 IIR フィルタの間接設計

本章と次章では，IIR フィルタの設計法について学ぶ．IIR フィルタは線形位相特性をもつことができないため，位相特性を考慮せず，振幅特性のみを設計仕様として与える．本章では，IIR フィルタの基礎的な設計法として間接設計法について説明する．間接設計法とは，与えられた設計仕様を満足するアナログフィルタ $H_a(s)$ をまず設計し，これに変数変換（s-z 変換）を行うことでディジタルフィルタの伝達関数 $H(z)$ を求める方法である．間接設計法としてインパルス不変変換法と双 1 次 z 変換法を与える．アナログフィルタを利用せずに直接的にディジタルフィルタを設計する方法は直接設計とよばれる．直接設計は次章で取り扱われる．

10.1 アナログプロトタイプフィルタ

10.1.1 バタワース低域フィルタの伝達関数

アナログフィルタに関しては膨大な理論的蓄積があり，その設計法はよく整備されている．そこで，要求されるディジタルフィルタの設計仕様が与えられた場合，この仕様を満足するアナログフィルタ $H_a(s)$ を求めることは比較的容易である．ディジタルフィルタの設計の基礎となるアナログフィルタを**プロトタイプフィルタ** (prototype filter) とよぶ．ここでは，プロトタイプフィルタとして最も基礎的な**バタワース低域フィルタ** (Butterworth lowpass filter) について，その設計法の要点を述べる．

バタワース低域フィルタの設計においては，図 10.1(a) の箱型の理想低域フィルタ特性を近似するために，次の振幅特性が用いられる．

$$|H_a(j\Omega)| = \frac{1}{\sqrt{1+(\Omega/\Omega_c)^{2N}}} = \left.\frac{1}{\sqrt{1+(-1)^N(s/\Omega_c)^{2N}}}\right|_{s=j\Omega} \tag{10.1}$$

ただし，N はフィルタの次数である．上式から

$$\max_{\Omega}|H_a(j\Omega)| = |H_a(j0)| = 1 \tag{10.2}$$

$$|H_a(j\Omega_c)| = \frac{1}{\sqrt{2}} \tag{10.3}$$

$$\lim_{\Omega\to\infty}|H_a(j\Omega)| = 0 \tag{10.4}$$

となる．式 (10.3) から，Ω_c [rad/sec] は遮断周波数であることがわかる．

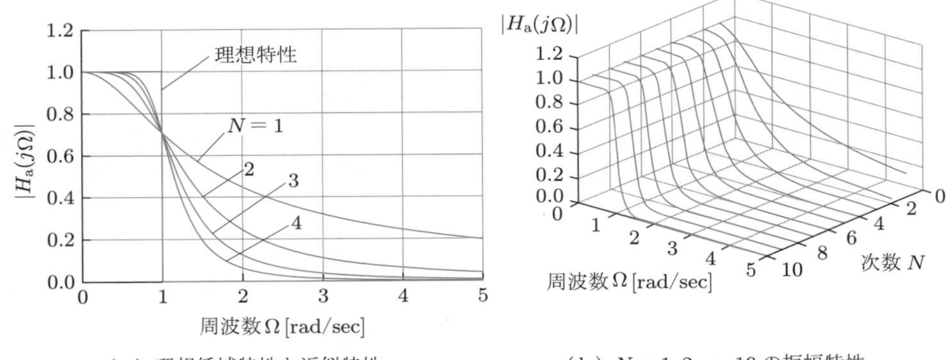

(a) 理想低域特性と近似特性　　(b) $N=1,2,\cdots,10$ の振幅特性

図 10.1 **N 次バタワース低域フィルタの振幅特性**

バタワースフィルタの次数 N を大きくとれば，図 10.1(a) および (b) に示されるように，その振幅特性 $|H_a(j\Omega)|$ は理想特性に近づく．バタワースフィルタの振幅特性は周波数 $\Omega \geq 0$ の範囲で周波数 Ω に対して単調に減少する．このため，通過域と阻止域において振幅特性は平坦であり，リップルは存在しない．

式 (10.1) のバタワースフィルタ $H_a(s)$ の極 p_k は，式 (10.1) の分母多項式 $1+(-1)^N(s/\Omega_c)^{2N}=0$ から

$$p_k = \begin{cases} \Omega_c \exp\left(j\dfrac{2k+1}{2N}\pi\right), & N：偶数のとき \\ \Omega_c \exp\left(j\dfrac{k}{N}\pi\right), & N：奇数のとき \end{cases}, \quad k=0,1,2,\cdots,2N-1 \tag{10.5}$$

で与えられる．これらの極は s 平面の半径 Ω_c の円上に等間隔に配置されている．安定なバタワースフィルタを得るためには，式 (10.5) の極の中で s 平面の左半平面にある（すなわち実部が負の）N 個の極を選ばなければならない†．極配置が決まれば，求めるバタワースフィルタの伝達関数 $H_a(s)$ は以下のように書ける．

$$\begin{aligned} H_a(s) &= \Omega_c^N \prod_{\mathrm{Re}(p_k)<0} \frac{1}{s-p_k} \\ &= \frac{1}{B_N(s/\Omega_c)} \end{aligned} \tag{10.6}$$

ここで，Ω_c^N は $|H_a(j0)|=1$ となるためのゲイン係数である．また，分母多項式 $B_N(s/\Omega_c)$ はバタワースフィルタに固有の N 次多項式であり，**バタワース多項式** (Butterworth polynomial) とよばれる．

† アナログフィルタや連続時間システムは，その伝達関数のすべての極が s 平面（複素平面）の左半平面にあるとき（すなわち，すべての極の実部が負であるとき）に限って安定であることを思い出そう．

例題 10.1 次数が $N=2$ であり，遮断周波数が $\Omega_c = 1\,[\mathrm{rad/sec}]$ であるバタワース低域フィルタの伝達関数 $H_a(s)$ とバタワース多項式 $B_2(s)$ を求めよ．

解答 式 (10.5) から，$N=2$，$\Omega_c=1$ の場合の極は $p_k = \exp\{j(k+1/2)\pi/2\}$，$k=0,1,2,3$ であり，極配置が図 10.2 のように与えられる．これらの極の中から安定性を考慮して，s 平面の左半平面にある極 p_1 と p_2 を選ぶ．すなわち，

$$p_1, p_2 = -\frac{1}{\sqrt{2}}(1 \mp j) \tag{10.7}$$

を選ぶ．したがって，伝達関数 $H_a(s)$ は次式のように求められる．

$$\begin{aligned} H_a(s) &= 1^2 \cdot \frac{1}{s+(1-j)/\sqrt{2}} \cdot \frac{1}{s+(1+j)/\sqrt{2}} \\ &= \frac{1}{s^2+\sqrt{2}s+1} \end{aligned} \tag{10.8}$$

また，2 次のバタワース多項式は $B_2(s) = s^2+\sqrt{2}s+1$ である．実行例をプログラム 10.1 に示す．

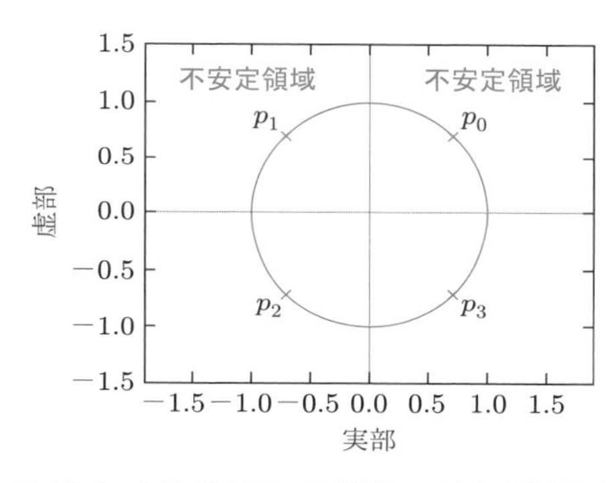

図 10.2 2 次バタワース低域フィルタの極配置

プログラム 10.1 次数と遮断周波数が与えられたときのバタワースフィルタの設計（例題 10.1）

```
N = 2;                                                   % 与えられた次数
Wc = 1;                                                  % 与えられた遮断周波数
k = [0 : 2 * N - 1]';                                    % 極のインデックス(縦ベクトル)
if mod(N, 2) == 0                                        % Nが偶数か
    pk = (Wc * exp(1j * (2 * k + 1) * pi / (2 * N)));    % 偶数のとき
else
    pk = (Wc * exp(1j * k * pi / N));                    % 奇数のとき
end
pl = pk(real(pk) < 0)                                    % 安定な極（実部が負の極）のみを選択
zr = zeros(N, 1)                                         % 零点（縦ベクトル）
[bs, as] = zp2tf(zr, pl, Wc ^ N)                        % 零点と極から伝達関数の分子と分母係数
```

ディスプレイの表示

```
pl =
  -0.7071 + 0.7071i
  -0.7071 - 0.7071i
```

```
zr =
     0
     0

bs =
     1     0     0

as =
    1.0000    1.4142    1.0000
```

例題 10.1 では遮断周波数が $\Omega_c = 1$ [rad/sec]，次数が $N = 2$ のときのバタワースフィルタ $H_a(s)$ を求めたが，任意の遮断周波数と任意の次数に対しても同様の手順でバタワースフィルタが求められる．そこで，遮断周波数が $\Omega_c = 1$ [rad/sec] と規格化されているとき，$N = 1$ から $N = 6$ までのバタワースフィルタ $H_a(s) = 1/B_N(s)$ を求めるために，バタワース多項式 $B_N(s)$ をあらかじめ計算した結果を表 10.1 に挙げておく．今後，次数 N が与えられた場合は，表 10.1 を利用すればよい．ただし，この表は遮断周波数が 1 [rad/sec] に規格化されている場合のバタワース多項式を表しているため，遮断周波数 Ω_c [rad/sec] に対しては，バタワース多項式 $B_N(s/\Omega_c)$ を用いる．

表 10.1 **N 次バタワース多項式 $B_N(s)$（遮断周波数 $\Omega_c = 1$ [rad/sec] の場合）**

次数 N	バタワース多項式 $B_N(s)$
1	$s + 1$
2	$s^2 + \sqrt{2}s + 1$
3	$(s^2 + s + 1)(s + 1)$
4	$(s^2 + 0.7654s + 1)(s^2 + 1.8478s + 1)$
5	$(s + 1)(s^2 + 0.6180s + 1)(s^2 + 1.6180s + 1)$
6	$(s^2 + 0.5176s + 1)(s^2 + \sqrt{2}s + 1)(s^2 + 1.9319s + 1)$

10.1.2 バタワースフィルタの次数の決定法

例題 10.1 では，バタワースフィルタの次数 $N = 2$ が与えられていた．実際の設計に際しては，まず設計仕様が与えられ，その要求を満たす次数 N を決定することが必要である．そこで，仕様が与えられた場合の次数 N の決定法について述べよう．8.2 節で設計仕様について触れたように，阻止域端周波数 Ω_s における阻止域減衰量を A_s [dB] とすると

$$A_s = -20\log_{10}|H_a(j\Omega_s)| \tag{10.9}$$

である．上式に式 (10.1) を代入すると

$$A_s = 10\log_{10}\left\{1 + \left(\frac{\Omega_s}{\Omega_c}\right)^{2N}\right\} \tag{10.10}$$

となる．上式を次数 N について解くと

$$N = \frac{1}{2}\frac{\log_{10}\left(10^{A_s/10} - 1\right)}{\log_{10}(\Omega_s/\Omega_c)} \tag{10.11}$$

となる．ここで，上式から求められる N が整数とならないときには，これを切り上げて整数の次数とする．したがって，設計仕様として，遮断周波数 Ω_{c}，阻止域端周波数 Ω_{s}，阻止域減衰量 A_{s} が与えられれば，フィルタの次数 N が上式から決定されることになる．

例題 10.2 以下の設計仕様を満足するバタワース低域フィルタの次数 N を決定せよ．また，その伝達関数 $H_{\mathrm{a}}(s)$ を求めるとともに，振幅特性と位相特性を図示せよ．

(1) 遮断周波数 $\Omega_{\mathrm{c}} = \pi/8\,[\mathrm{rad/sec}]$
(2) 阻止域端周波数 $\Omega_{\mathrm{s}} = 6\pi/8\,[\mathrm{rad/sec}]$
(3) 阻止域減衰量 $A_{\mathrm{s}} = 30\,[\mathrm{dB}]$

解答 式 (10.11) を用いて

$$N = \frac{1}{2}\frac{\log_{10}\left(10^{30/10} - 1\right)}{\log_{10} 6} = 1.9274 \tag{10.12}$$

となる．N は整数でなければならないので，切り上げて $N = 2$ とする．伝達関数 $H_{\mathrm{a}}(s)$ は表 10.1 の 2 次のバタワース多項式 $B_2(s/\Omega_{\mathrm{c}})$ を用いて，以下のように得られる．

$$\begin{aligned} H_{\mathrm{a}}(s) &= \frac{1}{B_2\left(\dfrac{s}{\Omega_{\mathrm{c}}}\right)} \\ &= \left.\frac{1}{(s/\Omega_{\mathrm{c}})^2 + \sqrt{2}s/\Omega_{\mathrm{c}} + 1}\right|_{\Omega_{\mathrm{c}}=\pi/8} \\ &= \frac{0.1542}{s^2 + 0.5554s + 0.1542} \end{aligned} \tag{10.13}$$

振幅特性 $|H_{\mathrm{a}}(j\Omega)|$ と位相特性 $\angle H_{\mathrm{a}}(j\Omega)$ を図 10.3 に示す．また，実行例をプログラム 10.2 に示す[†]．

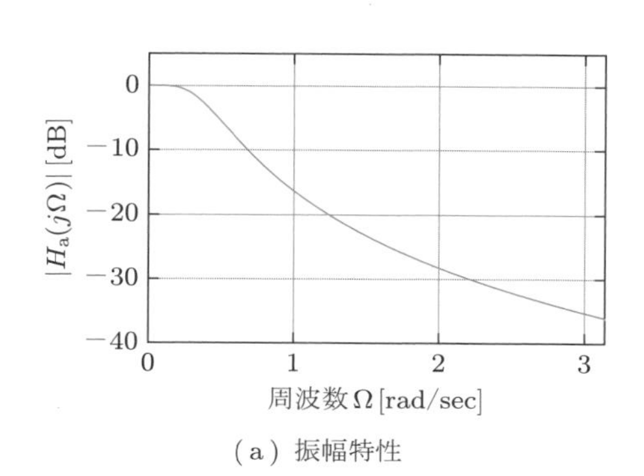

(a) 振幅特性

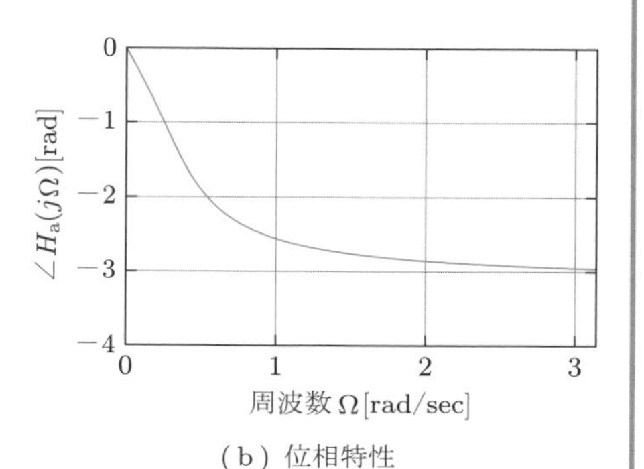

(b) 位相特性

図 10.3 バタワース低域フィルタの設計例

プログラム 10.2 バタワースフィルタの設計例（例題 10.2，図 10.3）

```
Wc = pi / 8;                    % 遮断周波数
Ws = 6 * pi / 8;                % 阻止域端周波数
As = 30;                        % 阻止域減衰量
```

† 関数 buttord の第 1 引数は本来，通過域端周波数 Ω_{p} である．しかし，ここでは次数を求めるためにこの関数を簡易的に使用し，Ω_{p} の代わりに遮断周波数 Ω_{c} を与えている．

```
N = buttord(Wc, Ws, 3, As, 's')  % バタワースフィルタの次数の決定
[bs, as] = butter(N, Wc, 's')    % バタワースフィルタの設計
subplot(2, 2, 1);
[Ha, w] = freqs(bs, as);         % 周波数応答の計算
plot(w, 20 * log10(abs(Ha)));    % 振幅特性の図示
axis([0, pi, -40, 5]); grid;
xlabel('Frequency \Omega [rad/sec]'); ylabel('|H_a(j\Omega)|');
subplot(2, 2, 2);
plot(w, unwrap(angle(Ha)));      % 位相特性をアンラップして図示
axis([0, pi, -4, 0]); grid;
xlabel('Frequency \Omega [rad/sec]'); ylabel('\angle H_a(j\Omega)');
```

ディスプレイの表示

```
N =
     2

b =
        0         0    0.1542

a =
    1.0000    0.5554    0.1542
```

10.1.3 設計法のまとめ

以上の考え方をまとめると，バタワース低域フィルタの伝達関数 $H_{\rm a}(s)$ の設計手順は次のようになる．

- step 1：以下の設計仕様を与える．
  - (1) 遮断周波数 $\Omega_{\rm c}$ [rad/sec]
  - (2) 阻止域端周波数 $\Omega_{\rm s}$ [rad/sec]
  - (3) 阻止域減衰量 $A_{\rm s}$ [dB]
- step 2：式 (10.11) から次数 N を決定する．
- step 3：式 (10.5) から極を計算し，N 個の安定な極 p_k（実部が負の極）を選ぶ．
- step 4：N 個の安定な極 p_k を用いて，式 (10.6) から伝達関数 $H_{\rm a}(s)$ を求める．

上のステップ 3 と 4 の代わりに，N 次のバタワース多項式を用いて伝達関数を $H_{\rm a}(s) = 1/B_N(s/\Omega_{\rm c})$ とするとより容易である．

10.2 インパルス不変変換

10.2.1 インパルス不変変換の考え方

要求される設計仕様を満足するプロトタイプフィルタ $H_{\rm a}(s)$ が前述の方法で得られた場合，次に，これに対応するディジタルフィルタ $H(z)$ に変換することが必要である．その際，求めるディジタルフィルタの単位インパルス応答 $h[n]$ がプロトタイプフィルタの単位インパルス応答 $h_{\rm a}(t)$ の標本に等しくなるように変換する．すなわち，

$$h[n] = h_{\mathrm{a}}(t)|_{t=n}, \quad n = 0, 1, 2, \cdots \tag{10.14}$$

とする．ここでは，説明の簡単化のために標本化周期を $T=1$ としていることに注意してほしい．このように，$t=n$ 時点での単位インパルス応答を等しくするという意味で，この設計法を**インパルス不変変換法** (impulse-invariant transformation method) とよぶ．

インパルス不変変換法では，プロトタイプフィルタ $H_{\mathrm{a}}(s)$ から適当な s–z 変換によりディジタルフィルタの伝達関数 $H(z)$ を得る．まず，簡単のために，指数関数的に単調減少する単位インパルス応答

$$h_{\mathrm{a}}(t) = \begin{cases} A_k e^{-s_k t}, & t \geq 0 \\ 0, & t < 0 \end{cases} \tag{10.15}$$

をもつ因果的な 1 次プロトタイプフィルタとして次の伝達関数 $H_{\mathrm{a}}(s)$ を考えよう．

$$H_{\mathrm{a}}(s) = \frac{A_k}{s + s_k} \tag{10.16}$$

$H_{\mathrm{a}}(s)$ の**ラプラス逆変換** (inverse Laplace transform) $\hat{h}_{\mathrm{a}}(t)$ は次のように求められる．

$$\begin{aligned} \hat{h}_{\mathrm{a}}(t) &= \mathcal{L}^{-1}[H_{\mathrm{a}}(s)] \\ &= \begin{cases} h_{\mathrm{a}}(t), & t > 0 \\ \dfrac{1}{2} h_{\mathrm{a}}(+0), & t = 0 \\ 0, & t < 0 \end{cases} \\ &= \begin{cases} A_k e^{-s_k t}, & t > 0 \\ \dfrac{1}{2} A_k, & t = 0 \\ 0, & t < 0 \end{cases} \end{aligned} \tag{10.17}$$

上式において $t=n$ とおき，所望のディジタルフィルタの単位インパルス応答 $h[n]$ を次のように定める．

$$\begin{aligned} h[n] &= \begin{cases} A_k e^{-s_k n}, & n > 0 \\ \dfrac{1}{2} A_k, & n = 0 \\ 0, & n < 0 \end{cases} \\ &= \begin{cases} A_k \left(e^{-s_k n} - \dfrac{1}{2} \delta[n] \right), & n \geq 0 \\ 0, & n < 0 \end{cases} \end{aligned} \tag{10.18}$$

次に，上式の $h[n]$ の z 変換を求めれば，所望のディジタルフィルタの伝達関数 $H(z)$ が以下のように得られる．

$$H(z) = \sum_{n=0}^{\infty} h[n] z^{-n}$$

$$= \sum_{n=0}^{\infty} A_k \left(e^{-s_k n} - \frac{1}{2}\delta[n] \right) z^{-n}$$

$$= A_k \left(\frac{1}{1 - e^{-s_k} z^{-1}} - \frac{1}{2} \right) \tag{10.19}$$

したがって，式 (10.16) から式 (10.19) を得るために，以下のような s–z 変換を用いたことになる．

$$\frac{A_k}{s + s_k} \longrightarrow A_k \left(\frac{1}{1 - e^{-s_k} z^{-1}} - \frac{1}{2} \right) \tag{10.20}$$

これを**インパルス不変変換** (impulse-invariant transformation) とよぶ†1．

このインパルス不変変換を高次の場合に拡張することは容易である．次式のように 1 次の部分分数の和で表される高次のプロトタイプフィルタの伝達関数 $H_{\mathrm{a}}(s)$ を考えよう．

$$H_{\mathrm{a}}(s) = \sum_{k=1}^{N} \frac{A_k}{s + s_k} \tag{10.21}$$

ここで，式 (10.16) から式 (10.19) までの式の導出において用いたラプラス逆変換と z 変換は線形性をもつことを考慮すれば，上式の伝達関数 $H_{\mathrm{a}}(s)$ にインパルス不変変換を適用すると，所望のディジタルフィルタの伝達関数 $H(z)$ が次のように得られることは容易にわかる．

$$H(z) = \sum_{k=1}^{N} A_k \left(\frac{1}{1 - e^{-s_k} z^{-1}} - \frac{1}{2} \right) \tag{10.22}$$

さて，インパルス不変変換法は，図 10.4 に示されるようにディジタルフィルタの単位インパルス応答を $t = n$ 時刻でのプロトタイプフィルタの単位インパルス応答に等しくすることに着目して，ディジタルフィルタを設計する．このため，プロトタイプフィルタの周波数応答 $H_{\mathrm{a}}(j\Omega)$ とディジタルフィルタの周波数応答 $H(e^{j\omega})$ の対応関係は直接には考えていない．

次に，この関係を検討する．単位インパルス応答 $h[n]$ が連続時間信号 $h_{\mathrm{a}}(t)$ を標本化周期 $T = 1$ で標本化して得られたものであることを考慮すれば，$h[n]$ の周波数スペクトル（ディジタルフィルタの周波数応答）$H(e^{j\omega})$ と，$h_{\mathrm{a}}(t)$ の周波数スペクトル（プロトタイプフィルタの周波数応答）$H_{\mathrm{a}}(j\Omega)$ は，以下の関係にあることが導かれる†2．

---

†1 従来知られているインパルス不変変換 $A_k/(s + s_k) \to A_k/(1 - e^{-s_k} z^{-1})$ には一部誤りがあることが L. B. Jackson と W. F. G. Mecklenbräuker により独立に指摘され，インパルス不変変換が式 (10.20) のように訂正された．従来のインパルス不変変換の導出の誤りは，単位インパルス応答 $h_{\mathrm{a}}(t)$ が $t = 0$ において不連続となるアナログフィルタの伝達関数 $H_{\mathrm{a}}(s)$ のラプラス逆変換を適切に行っていないことに起因する．本書のプログラム 10.4 の関数 `myimpinvar` は，次の文献において訂正されたインパルス不変変換を実行している：L. B. Jackson, IEEE Signal Processing Letters, Vol. 7, No. 10, pp. 273–235, Oct. 2000. W. F. G. Mecklenbräuker, Signal Processing, 80, pp. 1687–1690, 2000.

†2 2.3.3 項の標本化定理の導出における連続時間信号とその標本の周波数スペクトルの間の関係式 (2.53) を利用している．

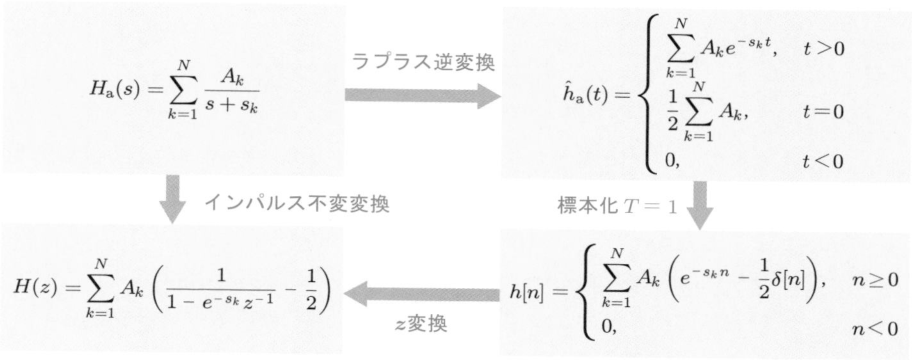

$H_\mathrm{a}(s) = \sum_{k=1}^{N} \frac{A_k}{s+s_k}$
ラプラス逆変換
$\hat{h}_\mathrm{a}(t) = \begin{cases} \sum_{k=1}^{N} A_k e^{-s_k t}, & t>0 \\ \frac{1}{2}\sum_{k=1}^{N} A_k, & t=0 \\ 0, & t<0 \end{cases}$
インパルス不変変換
標本化 $T=1$
$H(z) = \sum_{k=1}^{N} A_k \left(\frac{1}{1-e^{-s_k}z^{-1}} - \frac{1}{2} \right)$
z変換
$h[n] = \begin{cases} \sum_{k=1}^{N} A_k \left(e^{-s_k n} - \frac{1}{2}\delta[n] \right), & n \geq 0 \\ 0, & n<0 \end{cases}$

図 10.4 インパルス不変変換の考え方

$$H(e^{j\omega}) = \sum_{p=-\infty}^{\infty} H_\mathrm{a}(j(\omega - 2\pi p)) \tag{10.23}$$

上式から，プロトタイプフィルタとディジタルフィルタの周波数応答の関係は次の二つの場合に分けて考えることができる．

(1) プロトタイプフィルタの周波数応答が周波数 π [rad/sec] で帯域制限されているとき：

この場合，

$$H_\mathrm{a}(j\Omega) = 0, \quad |\Omega| \geq \pi \tag{10.24}$$

なので，式 (10.23) からプロトタイプフィルタとディジタルフィルタの周波数応答は $|\omega| \leq \pi$ の周波数帯域では完全に一致する．図 10.5(a) はプロトタイプフィルタの周波数応答 $H_\mathrm{a}(j\Omega)$ を示し，(b) は式 (10.23) に従いディジタルフィルタの周波数応答 $H(e^{j\omega})$ を描いたものである．

(2) プロトタイプフィルタの周波数応答が周波数 π [rad/sec] で帯域制限されていな

(a) プロトタイプフィルタ
$H_\mathrm{a}(j\Omega)$
-3π -2π $-\pi$ 0 π 2π 3π
周波数 Ω [rad/sec]
(b) ディジタルフィルタ
$H(e^{j\omega})$
-3π -2π $-\pi$ 0 π 2π 3π
周波数 ω [rad]

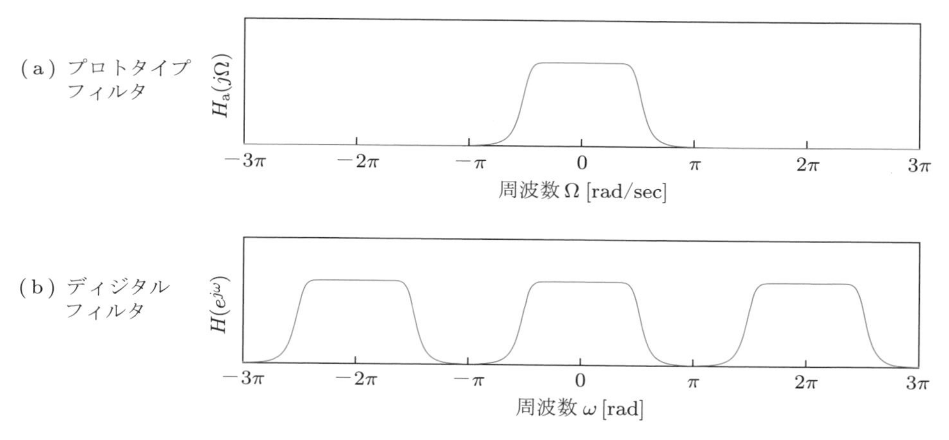

図 10.5 プロトタイプフィルタとディジタルフィルタの周波数応答
(エイリアシング誤差が発生しない場合)

いとき：

この場合，

$$H_a(j\Omega) \neq 0, \quad |\Omega| \geq \pi \tag{10.25}$$

なので，式 (10.23) から，ディジタルフィルタの周波数応答は周波数 $\omega = \pi$ を中心としてプロトタイプフィルタの周波数応答の折り返されて重なったものになる．したがって，図 10.6(a) および (b) からわかるように，インパルス不変変換法により得られるディジタルフィルタの周波数応答はプロトタイプフィルタの周波数応答とは異なってくる．とくに，高い周波数帯域においてディジタルフィルタの周波数応答の減衰が悪く（小さく）なる．このような周波数応答（周波数スペクトル）の折り返しによる問題は，連続時間信号の標本化において現れたエイリアシングと同じものである．

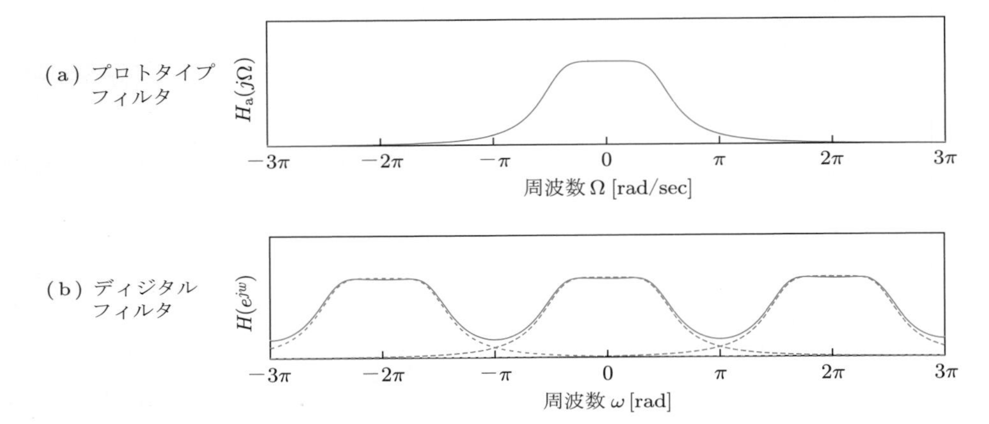

図 10.6 プロトタイプフィルタとディジタルフィルタの周波数応答（エイリアシング誤差が発生する場合）

例題 10.3 次のプロトタイプフィルタ $H_a(s)$ にインパルス不変変換を適用し，ディジタルフィルタ $H(z)$ を求めよ．また，遮断周波数が $\Omega_c = \pi/8$ [rad/sec] のときのプロトタイプおよびディジタルフィルタの周波数応答を図示し，比較せよ．さらに，それぞれのフィルタの単位インパルス応答を求めることで，インパルス不変変換はプロトタイプフィルタの単位インパルスを保存していることを確認せよ．

$$H_a(s) = \frac{1}{(s/\Omega_c)^2 + \sqrt{2}s/\Omega_c + 1} \tag{10.26}$$

解答 $H_a(s)$ は，以下のように部分分数の和によって表される．

$$H_a(s) = \frac{j\alpha}{s + \alpha(1+j)} + \frac{-j\alpha}{s + \alpha(1-j)} \tag{10.27}$$

ただし，$\alpha = \Omega_c/\sqrt{2}$ とおいた．式 (10.21) と (10.27) の比較から，$N = 2$，$A_1, A_2 = \pm j\alpha$，$s_1, s_2 = \alpha(1 \pm j)$ である．よって式 (10.22) から，求めるディジタルフィルタの伝達関数 $H(z)$ は以下のようになる．

$$H(z) = j\alpha\left\{\frac{1}{1 - e^{-\alpha(1+j)}z^{-1}} - \frac{1}{2}\right\} - j\alpha\left\{\frac{1}{1 - e^{-\alpha(1-j)}z^{-1}} - \frac{1}{2}\right\}$$

$$= \frac{2\alpha e^{-\alpha} z^{-1} \sin \alpha}{1 - 2e^{-\alpha} z^{-1} \cos \alpha + e^{-2\alpha} z^{-2}}$$

$$= \frac{\sqrt{2}\Omega_c e^{-\Omega_c/\sqrt{2}} z^{-1} \sin\left(\Omega_c/\sqrt{2}\right)}{1 - 2e^{-\Omega_c/\sqrt{2}} z^{-1} \cos\left(\Omega_c/\sqrt{2}\right) + e^{-\sqrt{2}\Omega_c} z^{-2}} \tag{10.28}$$

$\Omega_c = \pi/8$ [rad/sec] としたとき，プロトタイププフィルタとディジタルフィルタの伝達関数はそれぞれ以下のようになる．

$$H_a(s) = \frac{0.1542}{s^2 + 0.5554s + 0.1542} \tag{10.29}$$

$$H(z) = \frac{0.1153z^{-1}}{1 - 1.4570z^{-1} + 0.5739z^{-2}} \tag{10.30}$$

プロトタイプフィルタの周波数応答とディジタルフィルタの周波数応答を図 10.7(a) に示す．ここでは最大値を 1 に正規化して振幅特性が表示されている．エイリアシングのために，高い周波数領域においてディジタルフィルタの振幅特性の減衰が小さく（悪く）なっていることが図 10.7(a) からわかる．

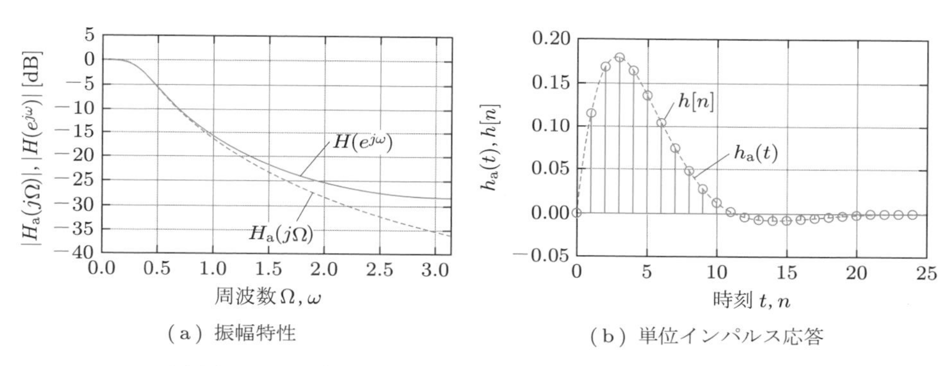

（a）振幅特性　（b）単位インパルス応答

図 10.7 インパルス不変変換法によるディジタルフィルタの設計

プロトタイプフィルタ $H_a(s)$ の単位インパルス応答は次式によって与えられる．

$$h_a(t) = j\alpha e^{-\alpha(1+j)t} - j\alpha e^{-\alpha(1-j)t} \Big|_{\alpha=\Omega_c/\sqrt{2}}$$

$$= 2\alpha e^{-\alpha t} \sin \alpha t$$

$$= \sqrt{2}\Omega_c e^{-\left(\Omega_c/\sqrt{2}\right)t} \sin \frac{\Omega_c}{\sqrt{2}} t, \quad t \geq 0 \tag{10.31}$$

ディジタルフィルタ $H(z)$ の単位インパルス応答 $h[n]$ はフィルタリングにより直接に求めることができる．図 10.7(b) に $h_a(t)$ と $h[n]$ を示す．図 10.7 (b) から，$h[n]$ は $h_a(t)$ の標本であり，インパルス不変変換は単位インパルス応答を保存することがわかる．

実行例をプログラム 10.3 に示す．このプログラムはプログラム 10.4 で定義される関数 myimpinvar を使っている†．

プログラム 10.3 インパルス不変変換法によるディジタルフィルタの設計（例題 10.3，図 10.7）

```
Wc = pi / 8                              % プロトタイプフィルタ遮断周波数
[bs, as] = butter(2, Wc, 's')            % 2次プロトタイプフィルタの分子・分母多項式
```

† 関数 myimpinvar は myimpinvar.m のファイル名で同じフォルダに保存されているものとする．

```
[bz, az] = myimpinvar(bs, as, 1)                % インパルス不変変換法による設計
w = linspace(0, pi - pi / 512, 512);            % 周波数の範囲と刻み
Ha = freqs(bs, as, w);                          % プロトタイプフィルタの周波数応答
H = freqz(bz, az, w);                           % ディジタルフィルタの周波数応答
maxH = max(abs(H));
subplot(2, 2, 1);
plot(w, 20 * log10(abs(Ha)), ':', ...
     w, 20 * log10(abs(H) / maxH), 'b');        % 周波数応答の図示
axis([0, pi, -40, 5]); grid;
xlabel('Frequency \Omega, \omega');
ylabel('|H_a(j\Omega)|, |H(e^{j\omega})| [dB]');
legend('H_a(j\Omega)', 'H(e^{j\omega})');

% 単位インパルス応答の比較
tend = 25; t = 0 : 0.1 : tend;                               % 時間の範囲
alpha = Wc / sqrt(2);
ha = 2 * alpha * exp(-alpha * t) .* sin(alpha * t);          % プロトタイプのインパルス応答
subplot(2, 2, 2);
plot(t, ha, ':');                                            % インパルス応答の図示
axis([0, tend, -0.05, 0.2]); grid;
xlabel('Time t, n'); ylabel('h_a(t), h[n]');
hold on;                                                     % 画面の保持
n = 0 : tend;                                                % 時間の範囲
x = [1, zeros(1, tend)];                                     % 単位インパルス入力
h = filter(bz, az, x);                                       % ディジタルフィルタのインパルス応答
stem(n, h, 'b');                                             % インパルス応答の図示
legend('h_a(t)', 'h[n]');
hold off;                                                    % 画面保持の解除
```

ディスプレイの表示

```
Wc =
    0.3927


bs =
         0         0    0.1542


as =
    1.0000    0.5554    0.1542


bz =
         0    0.1153         0


az =
    1.0000   -1.4570    0.5739
```

プログラム 10.4 **関数 myimpinvar**

```
function [bz, az] = myimpinvar(bs, as, T)
    % JacksonとMecklenbraeukerにより訂正されたインパルス不変変換
    % [bz, az] = myimpinvar(bs, as, T)
    % 入力引数: bs, as = プロトタイプフィルタの分子・分母係数
```

```
%             (伝達関数の極の重複はないこと)
%             T = 標本化周期
% 出力引数: bz, az = 設計されたフィルタの分子・分母係数

    [Ak, sk] = residue(bs, as);                         % プロトタイプフィルタの部分分数展開
    JM = -T * sum(Ak) / 2;                               % JacksonとMecklenbraeukerの補正項
    [bz, az] = residuez(T * Ak, exp(T * sk), JM);       % 訂正されたインパルス不変変換
    bz = real(bz);                                       % bzの数値計算誤差(虚数部)を除去
    az = real(az);                                       % azの数値計算誤差(虚数部)を除去
end
```

10.2.2 設計法の特徴とまとめ

インパルス不変変換法の利点は，プロトタイプフィルタの周波数 Ω とディジタルフィルタの周波数 ω の関係が線形であり，二つの周波数の対応にひずみがないことである．一方，エイリアシングのために，プロトタイプフィルタの周波数応答の形状はディジタルフィルタでは完全には保存されず，とくにディジタルフィルタの高い周波数帯域において減衰が小さく（悪く）なることが欠点となる．そこで，帯域が十分に制限された**狭帯域** (narrowband) の低域フィルタや帯域フィルタの設計においては，エイリアシングの影響は少ないのでインパルス不変変換法を用いることは妥当である．しかし，**広帯域フィルタ** (wideband filter) や高域フィルタ，帯域阻止フィルタの設計にはインパルス不変変換法は不向きである．これらのフィルタの設計には，次節に述べる双 1 次 z 変換法が適している．

インパルス不変変換法によるディジタルフィルタの設計法を以下にまとめる．

- step 1：ディジタルフィルタの設計仕様を以下のように与える．
  - (1) 遮断周波数 ω_c [rad]
  - (2) 阻止域端周波数 ω_s [rad]
  - (3) 阻止域減衰量 A_s [dB]
- step 2：上記の設計仕様（遮断周波数，阻止域端周波数，阻止域減衰量）をそのままプロトタイプフィルタの設計仕様として用いて，プロトタイプフィルタ $H_a(s)$ を設計する．
- step 3：設計された伝達関数 $H_a(s)$ を 1 次の部分分数の和（式 (10.21)）によって表し，これにインパルス不変変換を適用し，ディジタルフィルタの伝達関数 $H(z)$（式 (10.22)）を得る．

以上の手順で得られたディジタルフィルタ $H(z)$ に対しては，これが設計仕様を満足するかどうかを確認しなければならない．もし，設計仕様を満足しなければ，プロトタイプフィルタ $H_a(s)$ の次数を上げて設計をやりなおす必要がある．

10.3 双 1 次 z 変換

10.3.1 双 1 次 z 変換の考え方

インパルス不変変換は，プロトタイプフィルタとディジタルフィルタの単位インパルス応答を一致させることに着目した s-z 変換である．この設計法はエイリアシング誤差を生じることが欠点である．次に述べる**双 1 次 z 変換法**†1 (bilinear z-transformation method) は，インパルス不変変換法の欠点を克服することを目的としている．

双 1 次 z 変換法の考え方は以下のようである．プロトタイプフィルタ $H_{\mathrm{a}}(s)$ の周波数応答は周波数 Ω がすべての実数の範囲で定義されている．一方，ディジタルフィルタ $H(z)$ の周波数応答は周波数 $-\pi \leq \omega < \pi$ の基本区間で定義され，ω に関して 2π で周期的である．そこで，周波数 Ω を周波数 ω に対応させる周波数変換を用いて，プロトタイプフィルタ $H_{\mathrm{a}}(s)$ からディジタルフィルタ $H(z)$ を設計する．

プロトタイプフィルタからディジタルフィルタを得るためには，以下の Ω と ω の変換を用いる．

$$\Omega = 2\tan\frac{\omega}{2} \tag{10.32}$$

上式はプロトタイプフィルタとディジタルフィルタの周波数応答が図 10.8 のように関係づけられることを示している．式 (10.32) の Ω と ω の関係を実現する s-z 変換は次式で与えられることが知られている．

$$s = 2\frac{1-z^{-1}}{1+z^{-1}} \tag{10.33}$$

したがって，プロトタイプフィルタ $H_{\mathrm{a}}(s)$ から，ディジタルフィルタ $H(z)$ は以下のように求められる．

$$H(z) = H_{\mathrm{a}}(s)\big|_{s=2(1-z^{-1})/(1+z^{-1})} \tag{10.34}$$

式 (10.33) において $s = j\Omega$ と $z = e^{j\omega}$ を代入すれば，式 (10.32) の Ω と ω の対応関係が求められる．上式のような s-z 変換を双 1 次 z 変換という†2．

双 1 次 z 変換では，プロトタイプフィルタの周波数 Ω のすべての実数の範囲をディジタルフィルタの周波数 $-\pi \leq \omega < \pi$ の範囲に強制的に圧縮して対応させるため，得られたディジタルフィルタの周波数応答にはエイリアシング誤差は生じない．ただし，周波数 Ω と ω は式 (10.32) の正接 (tan) の関係および図 10.8 右上図に示されるように非線形の関係にあり，周波数の対応のひずみが生じる．この周波数の対応のひずみを**ワーピング** (warping) という．したがって，ディジタルフィルタの設計仕様の遮断周波数 ω_{c} と阻止域端周波数 ω_{s} を，式 (10.32) を用いてアナログプロトタイプフィルタの遮断周波数 Ω_{c} と阻止域端周波数 Ω_{s} にあらかじめ変換し，これを満足するプロトタイプフィルタを決定

---

†1 双 1 次変換あるいは双線形変換ともいわれる．

†2 式 (10.33) を変形すると $sz + s - 2z + 2 = 0$ が得られる．これは s と z の双方に関して 1 次式であることから，双 1 次 z 変換とよばれる．

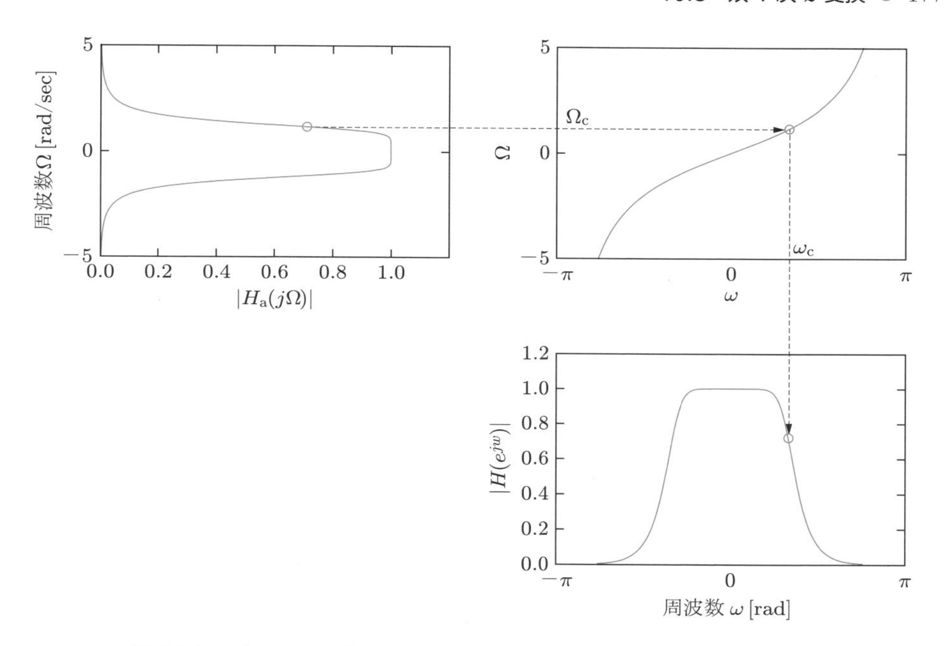

図 10.8 **プロトタイプフィルタからディジタルフィルタへの周波数変換**

しておく必要がある．このように，ディジタルフィルタの設計仕様の遮断周波数と阻止域端周波数を，プロトタイプフィルタの遮断周波数と阻止域端周波数にあらかじめ変更しておくことを**プリワーピング** (prewarping) という．

例題 10.4 次の設計仕様を満足するディジタルフィルタを双 1 次 z 変換によって設計せよ．

(1) 遮断周波数 $\omega_{\mathrm{c}} = \pi/4\,[\mathrm{rad}]$

(2) 阻止域端周波数 $\omega_{\mathrm{s}} = 3\pi/4\,[\mathrm{rad}]$

(3) 阻止域減衰量 $A_{\mathrm{s}} = 30\,[\mathrm{dB}]$

解答 まず，プリワーピングにより，必要となるプロトタイプフィルタの設計仕様を定めると以下のようになる．

(1) 遮断周波数 $\Omega_{\mathrm{c}} = 2\tan(\omega_{\mathrm{c}}/2) = 2\tan(\pi/8) = 0.8284\,[\mathrm{rad/sec}]$

(2) 阻止域端周波数 $\Omega_{\mathrm{s}} = 2\tan(\omega_{\mathrm{s}}/2) = 2\tan(3\pi/8) = 4.8284\,[\mathrm{rad/sec}]$

(3) 阻止域減衰量 $A_{\mathrm{s}} = 30\,[\mathrm{dB}]$

バタワースフィルタを用いることとし，以上の設計仕様からプロトタイプフィルタの次数 N を求めると以下のようになる．

$$\begin{aligned} N &= \frac{1}{2}\frac{\log_{10}\left(10^{A_{\mathrm{s}}/10} - 1\right)}{\log_{10}(\Omega_{\mathrm{s}}/\Omega_{\mathrm{c}})} \\ &= \frac{1}{2}\frac{\log_{10}\left(10^{30/10} - 1\right)}{\log_{10}(4.8284/0.8284)} \\ &= 1.9591 \end{aligned} \tag{10.35}$$

よって，切り上げて $N = 2$ とする．以上のことから，プロトタイプフィルタ $H_{\mathrm{a}}(s)$ の次数は

2 次であり，遮断周波数は $\Omega_c = 0.8284$ である．したがって，$H_a(s)$ は以下のようになる．

$$H_a(s) = \left.\frac{1}{(s/\Omega_c)^2 + \sqrt{2}(s/\Omega_c) + 1}\right|_{\Omega_c=0.8284} = \frac{0.6863}{s^2 + 1.1716s + 0.6863} \quad (10.36)$$

この $H_a(s)$ に双 1 次 z 変換を適用すれば，以下のディジタルフィルタの伝達関数 $H(z)$ が得られる．

$$H(z) = \left.\frac{0.6863}{s^2 + 1.1716s + 0.6863}\right|_{s=2(1-z^{-1})/(1+z^{-1})} = \frac{0.0976\left(1 + 2z^{-1} + z^{-2}\right)}{1 - 0.9428z^{-1} + 0.3333z^{-2}} \quad (10.37)$$

プロトタイプフィルタ $H_a(s)$ と設計されたディジタルフィルタ $H(z)$ の周波数応答を，図 10.9 に示す．また，実行例をプログラム 10.5 に示す†．

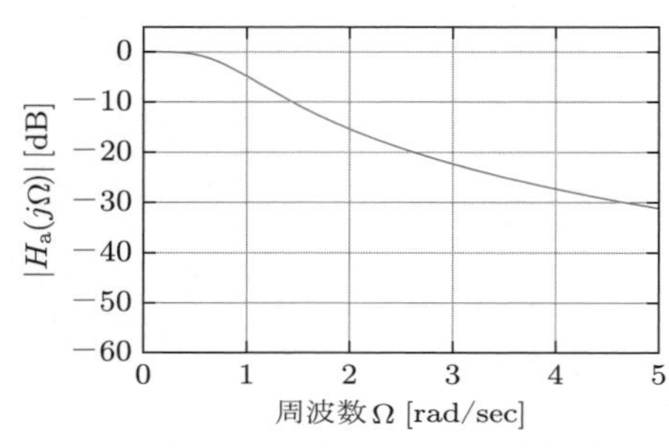

(a) プロトタイプフィルタの振幅特性

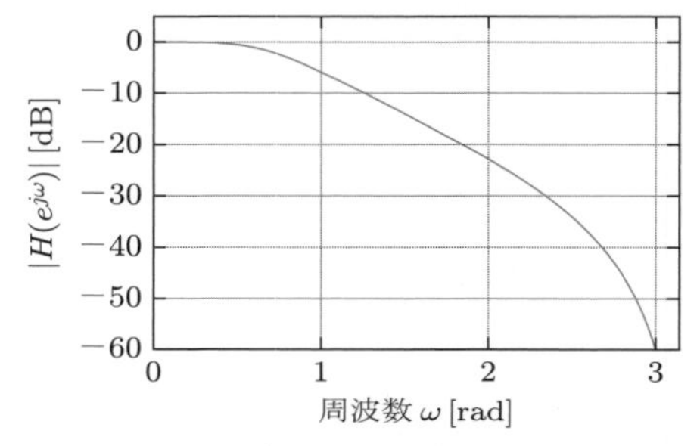

(b) 設計されたディジタルフィルタの振幅特性

図 10.9 双 1 次 z 変換法によるディジタルフィルタの設計

プログラム 10.5 双 1 次 z 変換法によるディジタルフィルタの設計（例題 10.4，図 10.9）

```
wc = 0.25 * pi;                     % ディジタルフィルタの遮断周波数
ws = 0.75 * pi;                     % ディジタルフィルタの阻止域端周波数
As = 30;                            % ディジタルフィルタの減衰量
Wc = 2 * tan(wc / 2)                % 遮断周波数のプリワーピング
Ws = 2 * tan(ws / 2)                % 阻止域端周波数のプリワーピング
N = buttord(Wc, Ws, 3, As, 's')     % プロトタイプフィルタの次数
[bs, as] = butter(N, Wc, 's')       % プロトタイプフィルタの設計
[bz, az] = bilinear(bs, as, 1)      % 双1次z変換によるディジタルフィルタの設計
W = linspace(0, 5 - 5 / 512, 512);
Ha = freqs(bs, as, W);              % プロトタイプフィルタの周波数応答
subplot(2, 2, 1);
plot(W, 20 * log10(abs(Ha)));       % 振幅特性の図示
axis([0, 5, -60, 5]); grid;
xlabel('Frequency \Omega [rad/sec]'); ylabel('|H_a(j\Omega)| [dB]');
w = linspace(0, pi - pi / 512, 512);
H = freqz(bz, az, w);               % ディジタルフィルタの周波数応答
```

† 関数 buttord の第 1 引数は，本来，通過域端周波数 Ω_p である．しかし，ここでは，次数を求めるためにこの関数を簡易的に使用し，Ω_p の代わりに遮断周波数 Ω_c を与えている．

```
subplot(2, 2, 2);
plot(w, 20 * log10(abs(H)));      % 振幅特性の図示
axis([0, pi, -60, 5]); grid;
xlabel('Frequency \omega [rad]'); ylabel('|H(e^{j\omega})| [dB]');
```

ディスプレイの表示

```
Wc =
    0.8284

Ws =
    4.8284

N =
     2

bs =
         0         0    0.6863

as =
    1.0000    1.1716    0.6863


bz =
    0.0976    0.1953    0.0976


az =
    1.0000   -0.9428    0.3333
```

10.3.2 設計法の特徴とまとめ

双 1 次 z 変換法によるディジタルフィルタの設計の利点は，エイリアシング誤差のない周波数応答が得られることである．したがって，インパルス不変変換法では設計が難しい高域フィルタや広帯域フィルタの設計も双 1 次 z 変換法によって可能である．一方，プロトタイプフィルタの周波数とディジタルフィルタの周波数の関係は線形ではなく，ひずんだものとなることが欠点である．

双 1 次 z 変換法によるディジタルフィルタの設計法をまとめると以下のようになる．

- step 1：ディジタルフィルタの設計仕様を以下のように与える．

  (1) 遮断周波数 ω_c [rad]
  (2) 阻止域端周波数 ω_s [rad]
  (3) 阻止域減衰量 A_s [dB]

- step 2：プリワーピングにより，以下のようにプロトタイプフィルタの設計仕様を求める．

  (1) 遮断周波数 $\Omega_c = 2\tan(\omega_c/2)$ [rad/sec]
  (2) 阻止域端周波数 $\Omega_s = 2\tan(\omega_s/2)$ [rad/sec]

(3) 阻止域減衰量 A_{s} [dB]

- step 3：以上の設計仕様を満足するプロトタイプフィルタ $H_{\mathrm{a}}(s)$ を設計する.
- step 4：プロトタイプフィルタ $H_{\mathrm{a}}(s)$ から，双 1 次 z 変換によりディジタルフィルタ $H(z) = H_{\mathrm{a}}(s)|_{s=2(1-z^{-1})/(1+z^{-1})}$ を求める.

演習問題

10.1 遮断周波数 1 [rad/sec] のアナログ低域フィルタの伝達関数を $H_{\mathrm{a}}(s)$ とする．このとき，以下の問いに答えよ.

(1) 次のような周波数変換を行うことで得られるアナログフィルタは，低域フィルタ（遮断周波数 Ω_{c}），高域フィルタ（遮断周波数 Ω_{c}），帯域フィルタ（遮断周波数 Ω_1, Ω_2），帯域阻止フィルタ（遮断周波数 Ω_1, Ω_2）となることを示せ.

i) 低域フィルタ $H_\ell(s) = H_{\mathrm{a}}(s/\Omega_{\mathrm{c}})$

ii) 高域フィルタ $H_{\mathrm{h}}(s) = H_{\mathrm{a}}(\Omega_{\mathrm{c}}/s)$

iii) 帯域フィルタ $H_{\mathrm{bp}}(s) = H_{\mathrm{a}}\left(\dfrac{s^2 + \Omega_1\Omega_2}{s(\Omega_2 - \Omega_1)}\right)$

iv) 帯域阻止フィルタ $H_{\mathrm{bs}}(s) = H_{\mathrm{a}}\left(\dfrac{s(\Omega_2 - \Omega_1)}{s^2 + \Omega_1\Omega_2}\right)$

ただし，$0 < \Omega_{\mathrm{c}}$, $0 < \Omega_1 < \Omega_2$ である.

(2) アナログフィルタ $H_{\mathrm{a}}(s)$ の振幅特性と対応させて，低域フィルタ $H_\ell(s)$，高域フィルタ $H_{\mathrm{h}}(s)$，帯域フィルタ $H_{\mathrm{bp}}(s)$，帯域阻止フィルタ $H_{\mathrm{bs}}(s)$ の振幅特性の概形を描け.

(3) アナログフィルタ $H_{\mathrm{a}}(s)$ が安定であるとき，すなわち $H_{\mathrm{a}}(s)$ のすべての極の実部が負であるとき，上の周波数変換で得られるそれぞれのフィルタも安定となることを示せ.

10.2 式 (10.11) を用いてバタワース低域フィルタの次数を決定するときに必要な設計仕様は，遮断周波数 Ω_{c} [rad/sec]（振幅特性が $1/\sqrt{2}$（つまり 3 dB）となる周波数），阻止域端周波数 Ω_{s} [rad/sec]，および阻止域減衰量 A_{s} [dB] であった.

(1) これに対して，以下のような設計仕様が与えられるとき，バタワース低域フィルタの次数 N と遮断周波数 Ω_{c} を求める式を答えよ.

i) 通過域端周波数 Ω_{p} [rad/sec]

ii) 通過域リップル R_{p} [dB]

iii) 阻止域端周波数 Ω_{s} [rad/sec]

iv) 阻止域減衰量 A_{s} [dB]

(2) 上で求めた式を用いて，$\Omega_{\mathrm{p}} = 0.2\pi$，$R_{\mathrm{p}} = 7$，$\Omega_{\mathrm{s}} = 0.3\pi$，$A_{\mathrm{s}} = 16$ に対して，アナログバタワースフィルタの次数 N と遮断周波数 Ω_{c} を求めよ．また，伝達関数も求めよ.

10.3 安定なアナログフィルタ $H_{\mathrm{a}}(s)$ からインパルス不変変換法で設計されたディジタルフィルタ $H(z)$ は必ず安定となることを示せ.

10.4 双 1 次 z 変換の性質について，以下の問いに答えよ.

(1) 双 1 次 z 変換 $s = 2\left(1 - z^{-1}\right) / \left(1 + z^{-1}\right)$ は，プロトタイプフィルタの周波数 Ω と

ディジタルフィルタの周波数 ω を $\Omega = 2\tan(\omega/2)$ によって対応づけることを示せ.

(2) 双 1 次 z 変換は, s 平面上の虚軸を z 平面上の単位円に写像することを示せ.

(3) 双 1 次 z 変換は, s 平面上の左半平面を z 平面上の単位円内に写像することを示せ.

(4) プロトタイプフィルタ $H_{\mathrm{a}}(s)$ が安定であれば, これに双 1 次 z 変換を適用して設計されたディジタルフィルタ $H(z)$ は必ず安定となることを示せ.

10.5 プロトタイプフィルタの伝達関数 $H_{\mathrm{a}}(s)$ が次のように与えられている. インパルス不変変換によって得られるディジタルフィルタの伝達関数 $H(z)$ を求めよ.

(1) $H_{\mathrm{a}}(s) = \dfrac{s+a}{(s+a)^2+b^2}$

(2) $H_{\mathrm{a}}(s) = \dfrac{b}{(s+a)^2+b^2}$

10.6 遮断周波数が $\Omega_{\mathrm{c}} = 0.25\pi\,[\mathrm{rad/sec}]$ の 1 次アナログバタワースフィルタの伝達関数を $H_{\mathrm{a}}(s)$ とするとき, 以下の問いに答えよ.

(1) 伝達関数 $H_{\mathrm{a}}(s)$ を求め, その振幅特性を描け.

(2) $H_{\mathrm{a}}(s)$ にインパルス不変変換を適用して得られるディジタルフィルタ $H_{\mathrm{i}}(z)$ を求め, その振幅特性を描け.

(3) $H_{\mathrm{a}}(s)$ に双 1 次 z 変換を適用して得られるディジタルフィルタ $H_{\mathrm{b}}(z)$ を求め, その振幅特性を描け.

(4) $H_{\mathrm{a}}(s)$, $H_{\mathrm{i}}(z)$, $H_{\mathrm{b}}(z)$ の振幅特性を比較せよ.

10.7 次の伝達関数は 2 次のアナログ帯域フィルタを表す.

$$H_{\mathrm{a}}(s) = \frac{s}{s^2 + 2\zeta\Omega_{\mathrm{n}}s + \Omega_{\mathrm{n}}^2} \tag{10.38}$$

ここで, Ω_{n} (>0) は固有周波数, ζ $(0<\zeta<1)$ は減衰定数とよばれる. 以下の問いに答えよ.

(1) $H_{\mathrm{a}}(s)$ の極と零点を求め, s 平面上に図示せよ.

(2) $\zeta = 0.5$, $\Omega_{\mathrm{n}} = \pi/4\,[\mathrm{rad/sec}]$ のとき, $H_{\mathrm{a}}(s)$ の振幅特性を描け.

(3) インパルス不変変換により, このプロトタイプフィルタからディジタルフィルタを設計し, その振幅特性を描け.

(4) 双 1 次 z 変換により, このプロトタイプフィルタからディジタルフィルタを設計し, その振幅特性を描け.

(5) プロトタイプフィルタと設計された二つのディジタルフィルタの振幅特性を比較せよ.

10.8 次の設計仕様をもつディジタルフィルタをインパルス不変変換法で設計せよ. また, 用いたプロトタイプフィルタと設計されたディジタルフィルタの振幅特性を描き, エイリアシングの影響について検討せよ.

(1) 遮断周波数 $\omega_{\mathrm{c}} = 0.25\pi\,[\mathrm{rad}]$

(2) 阻止域端周波数 $\omega_{\mathrm{s}} = 0.5\pi\,[\mathrm{rad}]$

(3) 阻止域減衰量 $A_{\mathrm{s}} = 20\,[\mathrm{dB}]$

10.9 上の問題と同様の設計仕様をもつディジタルフィルタを双 1 次 z 変換法で設計せよ. また, 用いたアナログプロトタイプフィルタと設計されたディジタルフィルタの振幅特性を描き, 周波数のひずみの影響について検討せよ.

11 IIR フィルタの直接設計

本章では，アナログプロトタイプフィルタを用いずに IIR フィルタを直接的に設計する方法について述べる．まず，低域ディジタルフィルタの設計仕様から極と零点を求めて伝達関数を得る方法である直接設計法について説明する．次に，様々な振幅特性を実現するために，すでに得られている低域フィルタから，高域や帯域通過，帯域阻止フィルタを設計する周波数変換について説明する．最後に，FIR フィルタと IIR フィルタの特徴を比較する．

11.1 直接設計

11.1.1 ディジタルバタワース低域フィルタ

前章で述べた間接設計の方法は，手本となるアナログフィルタをもとにして設計しようとするものであった．したがって，アナログフィルタの設計についてのある程度の知識を必要とする．これに対して，ここで述べる**直接設計法** (direct design method) は，アナログフィルタを経由することなしに，はじめからディジタルフィルタを z 平面上で設計することを目的としている．

図 11.1(a) に示される低域ディジタルフィルタの理想振幅特性を出発点としよう．理想振幅特性を近似する N 次ディジタルバタワース低域フィルタの振幅特性は，以下のようになることが知られている．

$$|H(e^{j\omega})| = \frac{1}{\sqrt{1+\{\tan(\omega/2)/\tan(\omega_c/2)\}^{2N}}}, \quad -\pi \leq \omega < \pi \tag{11.1}$$

上式から

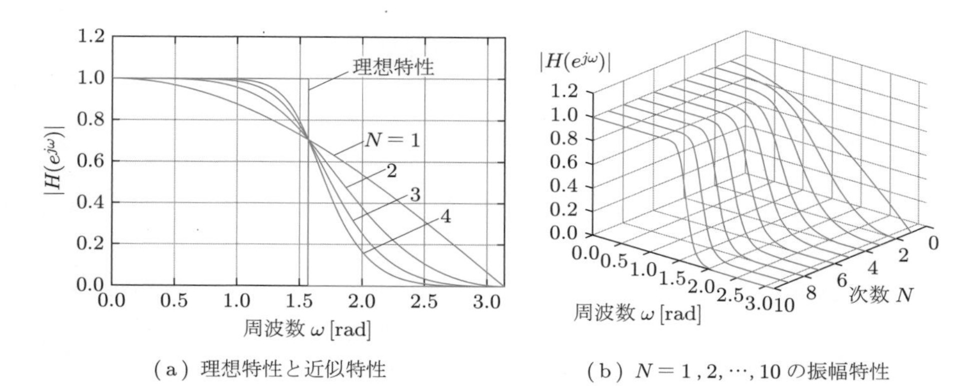

(a) 理想特性と近似特性

(b) $N = 1, 2, \cdots, 10$ の振幅特性

図 11.1 低域ディジタルフィルタの理想振幅特性とバタワース特性

$$\max_{\omega} |H(e^{j\omega})| = |H(e^{j0})| = 1 \tag{11.2}$$

$$|H(e^{j\omega_c})| = \frac{1}{\sqrt{2}} \tag{11.3}$$

$$|H(e^{j\pi})| = 0 \tag{11.4}$$

である．したがって，ω_c は遮断周波数であり，振幅特性 $|H(e^{j\omega})|$ は周波数 $0 \leq \omega < \pi$ の範囲で周波数 ω に対して単調に減少する．また，次数 N が大きくなるに従って，この振幅特性は図 11.1 のように理想低域フィルタ特性に近づく．

11.1.2 次数と極・零点の決定

ディジタルバタワース低域フィルタの設計仕様として

(1) 遮断周波数 ω_c [rad]
(2) 阻止域端周波数 ω_s [rad]
(3) 阻止域減衰量 A_s [dB]

が与えられているとする．この設計仕様を満足するフィルタの次数 N をまず決定する．8.2.2 項で設計仕様について触れたように，

$$A_s = -20 \log_{10} |H(e^{j\omega_s})| \tag{11.5}$$

である．上式に式 (11.1) を代入すると

$$A_s = 10 \log_{10} \left[1 + \left\{ \frac{\tan(\omega_s/2)}{\tan(\omega_c/2)} \right\}^{2N} \right] \tag{11.6}$$

となる．上式を N について解けば，必要とされるフィルタの次数は

$$N = \frac{1}{2} \frac{\log_{10}(10^{A_s/10} - 1)}{\log_{10} \{\tan(\omega_s/2)/\tan(\omega_c/2)\}} \tag{11.7}$$

と求められる．ここで，上式から求められる N は整数とならないことが多いため，そのときにはこれを切り上げて整数の次数とする．

フィルタの次数 N が定まったので，次に伝達関数の零点と極を求める．式 (11.1) を変形すると

$$|H(e^{j\omega})|^2 = \frac{\tan^{2N}(\omega_c/2)}{\tan^{2N}(\omega_c/2) + \tan^{2N}(\omega/2)} \tag{11.8}$$

となる．以下の関係

$$\tan \frac{\omega}{2} = \frac{1}{j} \frac{1 - e^{-j\omega}}{1 + e^{-j\omega}} \tag{11.9}$$

を式 (11.8) に代入し，$z = e^{j\omega}$ とすることにより次式を得る．

$$|H(z)|^2 = \frac{\tan^{2N}(\omega_c/2)}{\tan^{2N}(\omega_c/2) + (-1)^N \{(1-z^{-1})/(1+z^{-1})\}^{2N}} \tag{11.10}$$

まず，式 (11.10) から $H(z)$ の零点は $(1+z^{-1})^N = 0$ の解であることがわかる．したがって，零点は $z = -1$ にあり，これは N 重の零点である．

次に，$H(z)$ の極を求めるために

$$q = \frac{1-z^{-1}}{1+z^{-1}} \tag{11.11}$$

とおき，式 (11.10) の 分母多項式 $= 0$ とおくと次式が得られる．

$$\tan^{2N}\frac{\omega_c}{2} + (-1)^N q^{2N} = 0 \tag{11.12}$$

そこで，上式を q について解くことで q 平面上の極 q_k が以下のように得られる．

$$q_k = \begin{cases} \tan\dfrac{\omega_c}{2}\exp\left(j\dfrac{2k+1}{2N}\pi\right), & N：偶数 \\ \tan\dfrac{\omega_c}{2}\exp\left(j\dfrac{k\pi}{N}\right), & N：奇数 \end{cases}, \quad k = 0, 1, 2, \cdots, 2N-1 \tag{11.13}$$

z 平面上の極 p_k を求めるために，式 (11.11) を z について解けば次式を得る．

$$z = \frac{1+q}{1-q} \tag{11.14}$$

上式の q に式 (11.13) の q_k を代入すれば，極 p_k は次式によって与えられる．

$$p_k = \frac{1+q_k}{1-q_k} \tag{11.15}$$

ただし，安定なディジタルフィルタを得るために，安定な極（$|p_k| < 1$）をすべて用いるものとする．以上の方法によって得られた零点と極を用いると，与えられた設計仕様から伝達関数が直接に求められる．

以上で述べた直接設計法を整理すると，以下のようになる．

- step 1：次の低域ディジタルフィルタの設計仕様を与える．
  - (1) 遮断周波数 ω_c [rad]
  - (2) 阻止域端周波数 ω_s [rad]
  - (3) 阻止域減衰量 A_s [dB]
- step 2：ω_c, ω_s, A_s を用いて，式 (11.7) から次数 N を計算する．
- step 3：式 (11.13) および (11.15) から極 p_k を計算し，すべての安定な極 ($|p_k| < 1$) を選ぶ．零点は $z = -1$ にある N 重の零点である．
- step 4：求められた極と零点から，伝達関数 $H(z)$ を次式によって計算する．

$$H(z) = \frac{K(1+z^{-1})^N}{\prod_{|p_k|<1}(1-p_k z^{-1})} \tag{11.16}$$

ここで，K はゲイン係数であり，周波数 $\omega = 0$ において $|H(e^{j\omega})| = 1$ となるように以下の値とする．

$$K = \frac{1}{2^N} \left| \prod_{|p_k|<1} (1 - p_k) \right| \tag{11.17}$$

例題 11.1 以下の設計仕様を満足するディジタルバタワース低域フィルタを，直接設計法により設計せよ．

（1）遮断周波数 $\omega_\mathrm{c} = 0.25\pi$ [rad]

（2）阻止域端周波数 $\omega_\mathrm{s} = 0.75\pi$ [rad]

（3）阻止域減衰量 $A_\mathrm{s} = 30$ [dB]

解答 まず，

$$\tan\frac{\omega_\mathrm{c}}{2} = 0.4142, \quad \tan\frac{\omega_\mathrm{s}}{2} = 2.4142 \tag{11.18}$$

である．よって，必要とされる次数は式 (11.7) を用いて

$$N = \frac{1}{2}\frac{\log_{10}(10^{30/10} - 1)}{\log_{10}(2.4142/0.4142)} = \frac{1}{2}\frac{2.9996}{0.7656} = 1.9591 \tag{11.19}$$

となる．これを切り上げて $N = 2$ とする．よって，零点は，$z = -1$ の 2 重の零点である．式 (11.13) から，q_k は

$$\begin{aligned} q_k &= 0.4142 \times \exp\left(j\frac{2k+1}{4}\pi\right) \\ &= \pm 0.2929 \pm j0.2929 \quad （複号任意） \end{aligned} \tag{11.20}$$

となる．よって，式 (11.15) から極 p_k は

$$\begin{aligned} p_k &= \frac{1 + q_k}{1 - q_k} \\ &= 1.4142 \pm j1, \quad 0.4714 \pm j0.3333 \end{aligned} \tag{11.21}$$

となる．安定性のために，絶対値が 1 より小さい次の二つの極を選ぶ．

$$p_1 = 0.4714 + j0.3333, \quad p_2 = 0.4714 - j0.3333 \tag{11.22}$$

したがって，式 (11.16) から，伝達関数 $H(z)$ は以下のように求められる．

$$\begin{aligned} H(z) &= \frac{K(1 + z^{-1})^2}{\{1 - (0.4714 + j0.3333)z^{-1}\}\{1 - (0.4714 - j0.3333)z^{-1}\}} \\ &= \frac{K(1 + z^{-1})^2}{1 - 0.9428z^{-1} + 0.3333z^{-2}} \end{aligned} \tag{11.23}$$

$\omega = 0$ のとき $H(e^{j\omega}) = 1$ となるように正規化するために，式 (11.17) から $K = 0.0976$ となる．求められた伝達関数の極零点配置と周波数応答を図 11.2 に示す．

実行例をプログラム 11.1 に示す．このプログラムは，プログラム 11.2 で定義される関数 `mydirect` を使っている†．

† 関数 `mydirect` は `mydirect.m` のファイル名で同じフォルダに保存されているものとする．

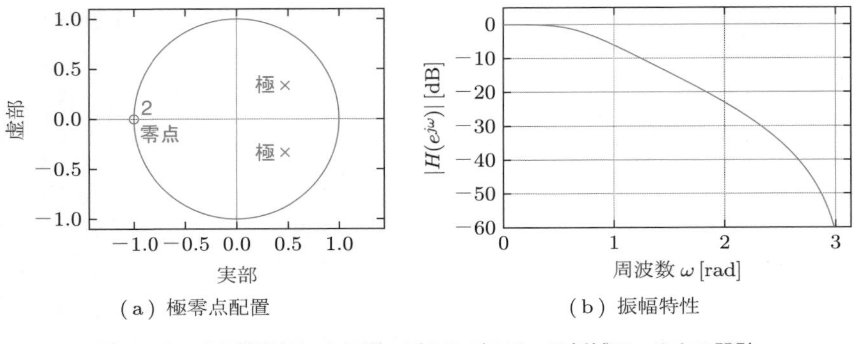

(a) 極零点配置　　(b) 振幅特性

図 11.2　直接設計法によるディジタルバタワース低域フィルタの設計

プログラム 11.1　直接法によるディジタルバタワース低域フィルタの設計（例題 11.1，図 11.2）

```
wc = 0.25 * pi;                          % 遮断周波数
ws = 0.75 * pi;                          % 阻止域端周波数
As = 30;                                 % 阻止域減衰量
[bz, az, N] = mydirect(wc, ws, As)       % 直接設計(分子，分母，次数)
zr = roots(bz)                           % 零点
pl = roots(az)                           % 極
subplot(2, 2, 1);
zplane(bz, az);                          % 極零点配置
legend('zeros', 'poles');
w = linspace(0, pi - pi / 512, 512);
H = freqz(bz, az, w);                    % 周波数応答の計算
subplot(2, 2, 2);
plot(w, 20 * log10(abs(H)));             % 振幅特性の図示
axis([0, pi, -60, 5]); grid;
xlabel('Frequency \omega [rad]'); ylabel('|H(e^{j\omega})| [dB]');
```

ディスプレイの表示

```
bz =
    0.0976    0.1953    0.0976


az =
    1.0000   -0.9428    0.3333


N =
     2


zr =
    -1
    -1


pl =
   0.4714 + 0.3333i
   0.4714 - 0.3333i
```

プログラム 11.2 関数 mydirect

```
function [bz, az, N] = mydirect(wc, ws, As)
    % ディジタルバタワース低域フィルタの直接設計 [bz, az, N] = mydirect(wc, ws, As)
    % 入力引数 wc = 遮断周波数[rad], ws = 阻止域端周波数[rad]
    %          As = 阻止域減衰量[dB]
    % 出力引数 bz, az = 設計されたフィルタの分子・分母係数
    %          N = 設計されたフィルタの次数

    % 次数の計算と零点
    N = ceil(0.5 * log10(10 ^ (As / 10) - 1) / ...
               log10(tan(ws / 2)/tan(wc / 2)));
    zr = -ones(N, 1);  % 零点(縦ベクトル)

    % q平面の極の計算
    k = 0 : 2 * N - 1;
    if mod(N, 2) == 0                                              % Nは偶数か
        qk = tan(wc / 2) * exp(1j * (2 * k +1 ) * pi / (2 * N)); % N=偶数のとき
    else
        qk = tan(wc / 2) * exp(1j * k * pi / N);                  % N=奇数のとき
    end

    % z平面の極の計算
    pk = ((1 + qk) ./ (1 - qk)).';  % 極(縦ベクトル)
    pl = pk(abs(pk) < 1);           % 安定な極(絶対値1未満)を選択

    % 伝達関数の計算
    K = abs(prod(1 - pl) / (2 ^ N));  % 伝達関数のゲイン
    [bz, az] = zp2tf(zr, pl, K);      % 零点, 極, ゲインから伝達関数へ
end
```

11.2 周波数変換

11.2.1 低域 - 低域変換

遮断周波数が既知のディジタル低域フィルタから，任意の遮断周波数をもつ各種フィルタへ変換することができる．このような変換の基礎となる低域ディジタルフィルタを**プロトタイプフィルタ** (prototype filter) として一度設計しておけば，そのつど改めて計算する必要がなくなり，フィルタ設計の労力が軽減される†.

既知のプロトタイプフィルタの伝達関数を $H_\ell(z)$ とし，その周波数変数を $\theta\,[\mathrm{rad}]$ とする．すなわち，$z = e^{j\theta}$ であり，$H_\ell(e^{j\theta})$ が周波数応答を表す．一方，設計されるディジタルフィルタの伝達関数を $H(Z)$ とし，周波数変数は $\omega\,[\mathrm{rad}]$ であるものとする．すなわち，$Z = e^{j\omega}$ であり，$H(e^{j\omega})$ が周波数応答を表す．図 11.3 に示されるように，周波数 θ と ω の関係を用いれば，遮断周波数 $\theta_\mathrm{c}\,[\mathrm{rad}]$ の低域フィルタ $H_\ell(z)$ から遮断周波数

† 現在では，周波数変換を用いなくとも計算機を用いれば，様々なディジタルフィルタを直接的に容易に設計することができるため，フィルタ設計の労力の軽減という意味は薄れてきている．しかし，周波数変換は可変ディジタルフィルタの実現やディジタル回路網理論において，きわめて重要な基礎概念となっている．

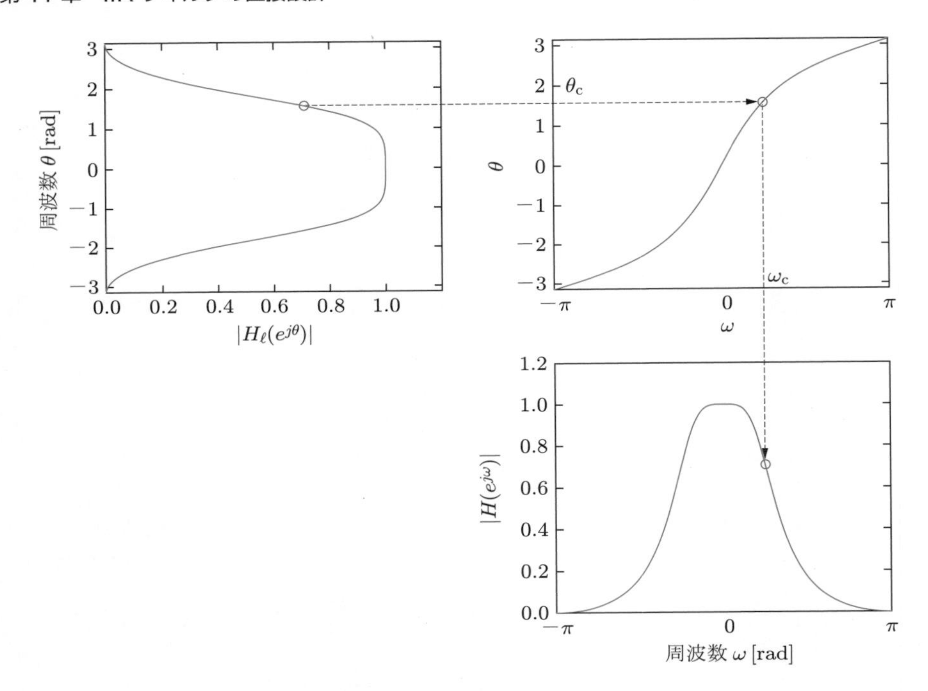

図 11.3 低域 - 低域変換の考え方

ω_c [rad] の低域フィルタ $H(Z)$ が得られる．このような $H_\ell(z)$ から $H(Z)$ への変数の変換を，**周波数変換** (frequency transformation, spectral transformation) という．

図 11.3 のような二つの周波数 θ-ω の関係を与える変換は，以下のような式で与えられることが知られており，**低域 - 低域変換** (lowpass-lowpass transformation) とよばれる．

$$z^{-1} = \frac{Z^{-1} - \alpha}{1 - \alpha Z^{-1}}, \quad |\alpha| < 1 \tag{11.24}$$

したがって，所望のフィルタ $H(Z)$ は以下のように得られる．

$$H(Z) = H_\ell(z) \,|_{z^{-1} = (Z^{-1} - \alpha)/(1 - \alpha Z^{-1})} \tag{11.25}$$

ここで，実定数 α は遮断周波数 θ_c と ω_c を結びつけるパラメータであり，次式によって与えられる．

$$\alpha = \frac{\sin\{(\theta_c - \omega_c)/2\}}{\sin\{(\theta_c + \omega_c)/2\}} \tag{11.26}$$

式 (11.24) に $z = e^{j\theta}$，$Z = e^{j\omega}$ を代入すると

$$e^{-j\theta} = \frac{e^{-j\omega} - \alpha}{1 - \alpha e^{-j\omega}} \tag{11.27}$$

となり，上式から ω を求めると次式が得られる．

$$\omega = \tan^{-1}\left\{\frac{(1 - \alpha^2)\sin\theta}{2\alpha + (1 + \alpha^2)\cos\theta}\right\} \tag{11.28}$$

この式の θ と ω の関係は図 11.4 のように描ける．たとえば，$-1 < \alpha < 0$ の場合には遮断周波数を低いほうから高いほうへ変換し（すなわち $\theta_c < \omega_c$），$0 < \alpha < 1$ の場合はその逆に変換する（すなわち $\theta_c > \omega_c$）．

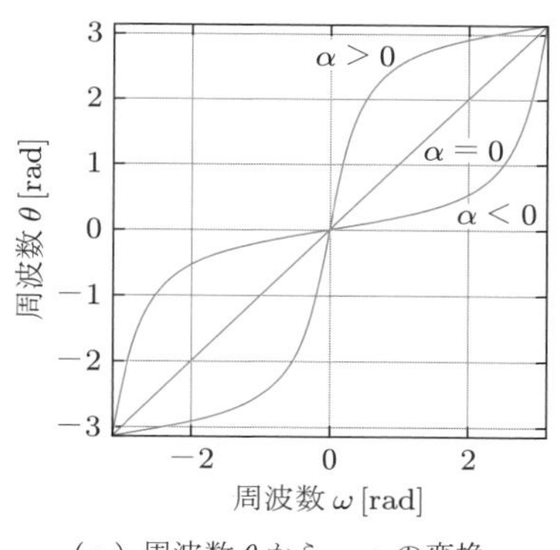

（a）周波数 θ から ω への変換

（b）α による振幅特性の変化

図 11.4 低域 - 低域変換

例題 11.2　例題 11.1 で設計された低域フィルタを遮断周波数 $\theta_c = 0.25\pi$ [rad] のプロトタイプフィルタ $H_\ell(z)$ とした低域 - 低域変換によって，遮断周波数 $\omega_c = 0.75\pi$ [rad] の低域フィルタの伝達関数 $H(Z)$ を求めよ．また，設計された低域フィルタ $H(Z)$ の極零点配置と周波数応答をそれぞれ図示せよ．

解答　式 (11.26) から

$$\alpha = \frac{\sin\{(0.25\pi - 0.75\pi)/2\}}{\sin\{(0.25\pi + 0.75\pi)/2\}} = -0.7071 \tag{11.29}$$

である．よって，求めるべき伝達関数 $H(Z)$ は以下のようになる．

$$\begin{aligned} H(Z) &= H_\ell(z)\big|_{z^{-1}=(Z^{-1}+0.7071)/(1+0.7071Z^{-1})} \\ &= \frac{0.5689(1+2Z^{-1}+Z^{-2})}{1+0.9428Z^{-1}+0.3333Z^{-2}} \end{aligned} \tag{11.30}$$

設計された低域フィルタ $H(Z)$ の極零点配置と振幅特性を図 11.5 に示す．また，実行例をプログラム 11.3 に示す．このプログラムは，プログラム 11.4 で定義される関数 `myfreqztrans`

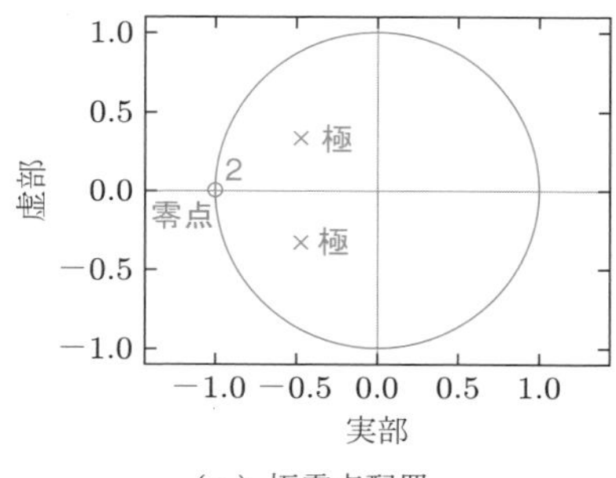

（a）極零点配置

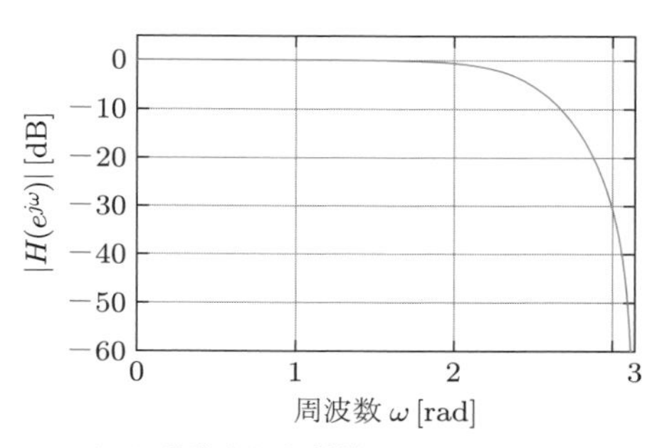

（b）設計された低域フィルタ $H(Z)$

図 11.5 低域 - 低域変換によるディジタルフィルタの設計

を使っている†.

プログラム 11.3 周波数変換によるディジタルフィルタの設計（例題 11.2，図 11.5）

```
% プロトタイプフィルタ
bz = 0.0976 * [1, 2,      1      ];  % プロトタイプフィルタの分子係数
az =          [1 -0.9428 0.3333];  % プロトタイプフィルタの分母係数
thetac = 0.25 * pi;                % プロトタイプフィルタの遮断周波数

% フィルタの設計
wc = 0.75 * pi;                                   % 所望のフィルタの遮断周波数
[Bz, Az] = myfreqztrans(bz, az, 'lp', thetac, wc) % 低域-低域の周波数変換
zr = roots(Bz)                                    % 設計されたフィルタの零点
pl = roots(Az)                                    % 設計されたフィルタの極
subplot(2, 2, 1);
zplane(Bz, Az);                                   % 設計されたフィルタの極零点配置
legend('zeros', 'poles');
w = linspace(0, pi - pi / 512, 512);
subplot(2, 2, 2);
H = freqz(Bz, Az, w);                             % 設計されたフィルタの周波数応答
plot(w, 20 * log10(abs(H)));
axis([0, pi, -60, 5]); grid;
xlabel('Frequency \omega [rad]'); ylabel('|H(e^{j\omega})| [dB]');
```

ディスプレイの表示

```
Bz =
    0.5689    1.1377    0.5689


Az =
    1.0000    0.9428    0.3333


zr =
    -1
    -1


pl =
  -0.4714 + 0.3333i
  -0.4714 - 0.3333i
```

プログラム 11.4 関数 myfreqztrans

```
function [BZ, AZ] = myfreqztrans(bz, az, filter_type, thetac, wc)
    % 周波数変換によるフィルタの設計 [BZ, AZ] = freqztrans(bz, az, filter_type, thetac, wc)
    % 入力引数: bz, az = プロトタイプフィルタの分子・分母係数
    %           thetac = プロトタイプフィルタの遮断周波数[rad]
    %           wc = 所望の遮断周波数（スカラーまたはベクトル）[rad]
    %           filter_type = 所望のフィルタのタイプ  低域: 'lp', 高域:    'hp',
    %                                                 帯域: 'bp', 帯域阻止: 'bs'
    % 出力引数: BZ, AZ = 設計されるフィルタの分子・分母係数
    % 参考文献: Ingle, Proakis,"Digital Signal Processing using MATLAB,"
```

† 関数 myfreqztrans は myfreqztrans.m のファイル名で同じフォルダに保存されているものとする.

```
%           Second Edition, p. 366, 2007, Prentice-Hall.

% 周波数変換の式の選択
switch filter_type
    case{'lp'}                              % 低域-低域変換
        alpha = sin((thetac - wc) / 2) / sin((thetac + wc) / 2);
        NZ = [-alpha, 1    ];
        DZ = [1,      -alpha];
    case{'hp'}                              % 低域-高域変換
        alpha = -cos((thetac + wc) / 2) / cos((thetac - wc) / 2);
        NZ = -[alpha, 1    ];
        DZ =  [1,      alpha];
    case{'bp'}                              % 低域-帯域変換
        w1 = wc(1); w2 = wc(2);
        alpha = cos((w2 + w1)  / 2) / cos((w2 - w1) / 2);
        k = cot((w2 - w1) / 2) * tan(thetac / 2);
        NZ = -[(k - 1) / (k + 1), -2 * alpha * k / (k + 1), 1];
        DZ =  [1, -2 * alpha * k / (k + 1), (k - 1) / (k + 1)];
    case{'bs'}                              % 低域-帯域阻止変換
        w1 = wc(1); w2 = wc(2);
        alpha = cos((w2 + w1) / 2) / cos((w2 - w1) / 2);
        k = tan((w2 - w1) / 2) * tan(thetac / 2);
        NZ = [(1 - k) / (1 + k), -2 * alpha / (1 + k), 1];
        DZ = [1, -2 * alpha / (1 + k), (1 - k) / (1 + k)];
    otherwise
        error('Filter type error.');  % エラーの表示と終了
end

% 伝達関数の次数
bord = length(bz) - 1;                      % プロトタイプフィルタの分子多項式の次数
aord = length(az) - 1;                      % プロトタイプフィルタの分母多項式の次数
Bord = (length(bz) - 1) * (length(NZ) - 1);  % 設計されるフィルタの分子多項式の次数
Aord = (length(az) - 1) * (length(DZ) - 1);  % 設計されるフィルタの分母多項式の次数

% 設計されるフィルタの分子係数の計算 B(z) = b(z)|z^(-1) ← N(Z)/D(Z)
BZ = zeros(1, Bord + 1);
for m = 0 : bord
    bnum = [1];
    for k = 0 : m - 1
        bnum = conv(bnum, NZ);
    end
    bden = [1];
    for k = 0 : bord - m - 1
        bden = conv(bden, DZ);
    end
    BZ = BZ + bz(m + 1) * conv(bnum, bden);
end

% 設計されるフィルタの分母係数の計算 A(z) = a(z)|z^(-1) ← N(Z)/D(Z)
AZ = zeros(1, Aord + 1);
```

```
    for m = 0 : aord
        anum = [1];
        for k = 0 : m - 1
            anum = conv(anum, NZ);
        end
        aden = [1];
        for k = 0 : aord - m - 1
            aden = conv(aden, DZ);
        end
        AZ = AZ + az(m + 1) * conv(anum, aden);
    end
    BZ = BZ / AZ(1);  % 分子係数の正規化
    AZ = AZ / AZ(1);  % 分母係数の正規化
end
```

11.2.2 低域 – 高域，低域 – 帯域，低域 – 帯域阻止変換

表 11.1 に，低域フィルタから高域フィルタ，帯域フィルタ，帯域阻止フィルタを得るための周波数変換を示す．

表 11.1 周波数変換

変換名	変換式	定 数
低域 – 低域	$z^{-1}=\dfrac{Z^{-1}-\alpha}{1-\alpha Z^{-1}}$	$\alpha=\sin\dfrac{\theta_c-\omega_c}{2}\Big/\sin\dfrac{\theta_c+\omega_c}{2}$
低域 – 高域	$z^{-1}=-\dfrac{Z^{-1}+\alpha}{1+\alpha Z^{-1}}$	$\alpha=-\cos\dfrac{\theta_c+\omega_c}{2}\Big/\cos\dfrac{\theta_c-\omega_c}{2}$
低域 – 帯域	$z^{-1}=-\dfrac{Z^{-2}-\dfrac{2\alpha k}{k+1}Z^{-1}+\dfrac{k-1}{k+1}}{\dfrac{k-1}{k+1}Z^{-2}-\dfrac{2\alpha k}{k+1}Z^{-1}+1}$	$\alpha=\cos\dfrac{\omega_{c2}+\omega_{c1}}{2}\Big/\cos\dfrac{\omega_{c2}-\omega_{c1}}{2}$ $k=\cot\dfrac{\omega_{c2}-\omega_{c1}}{2}\cdot\tan\dfrac{\theta_c}{2}$
低域 – 帯域阻止	$z^{-1}=\dfrac{Z^{-2}-\dfrac{2\alpha}{1+k}Z^{-1}+\dfrac{1-k}{1+k}}{\dfrac{1-k}{1+k}Z^{-2}-\dfrac{2\alpha}{1+k}Z^{-1}+1}$	$\alpha=\cos\dfrac{\omega_{c2}+\omega_{c1}}{2}\Big/\cos\dfrac{\omega_{c2}-\omega_{c1}}{2}$ $k=\tan\dfrac{\omega_{c2}-\omega_{c1}}{2}\cdot\tan\dfrac{\theta_c}{2}$

θ_c：プロトタイプフィルタの遮断周波数
ω_c：所望の低域または高域フィルタの遮断周波数
ω_{c1},ω_{c2}：所望の帯域または帯域阻止フィルタの遮断周波数 $(\omega_{c1}<\omega_{c2})$

例題 11.3 プロトタイプフィルタとして例題 11.1 の低域フィルタ $H_\ell(z)$ を用いる．このプロトタイプフィルタの遮断周波数は $\theta_c=0.25\pi$ [rad] である．以下の問いに答えよ．

(1) プロトタイプフィルタ $H_\ell(z)$ に**低域 – 高域変換** (lowpass-highpass transformation) を用いて，遮断周波数 $\omega_c=0.6\pi$ [rad] の高域フィルタ $H_h(Z)$ を求めよ．また，プロトタイプフィルタ $H_\ell(z)$ の周波数応答とともに設計された高域フィルタ $H_h(Z)$ の周波数応答を図示せよ．

(2) 同様に，**低域 – 帯域変換** (lowpass-bandpass transformation) を用いて，遮断周波数 $(\omega_{c1},\omega_{c2})=(0.25\pi,0.5\pi)$ [rad] の帯域フィルタ $H_{bp}(Z)$ を求めよ．また，$H_{bp}(Z)$ の周波数応答を図示せよ．

(3) 同様に，**低域 - 帯域阻止変換** (lowpass-bandstop transformation) を用いて，遮断周波数 $(\omega_{c1}, \omega_{c2}) = (0.25\pi, 0.5\pi)$ [rad] の帯域阻止フィルタ $H_{bs}(Z)$ を求めよ．また，$H_{bs}(Z)$ の周波数応答を図示せよ．

解答 (1) 表 11.1 から，低域 - 高域変換のために必要なパラメータを以下のように求める．

$$\alpha = -\frac{\cos\{(0.25\pi + 0.6\pi)/2\}}{\cos\{(0.25\pi - 0.6\pi)/2\}} = -0.2738 \tag{11.31}$$

よって，低域 - 高域変換は以下のようになる．

$$z^{-1} = -\frac{Z^{-1} - 0.2738}{1 - 0.2738Z^{-1}} \tag{11.32}$$

この変換を $H_\ell(z)$ に適用すれば，以下の高域フィルタの伝達関数が得られる．

$$H_h(Z) = \frac{0.2065(1 - 2z^{-1} + z^{-2})}{1 + 0.3695z^{-1} + 0.1958z^{-2}} \tag{11.33}$$

プロトタイプフィルタ $H_\ell(z)$ と高域フィルタ $H_h(Z)$ の振幅特性を図 11.6(a) と (b) に示す．

(2) 表 11.1 から，低域 - 帯域変換のために必要なパラメータを以下のように求める．

$$\alpha = \frac{\cos\{(0.5\pi + 0.25\pi)/2\}}{\cos\{(0.5\pi - 0.25\pi)/2\}} = 0.4142 \tag{11.34}$$

$$k = \cot\frac{0.5\pi - 0.25\pi}{2} \cdot \tan\frac{0.25\pi}{2} = 1 \tag{11.35}$$

$$\frac{2\alpha k}{k+1} = 0.4142, \quad \frac{k-1}{k+1} = 0 \tag{11.36}$$

よって，低域 - 帯域変換は以下のようになる．

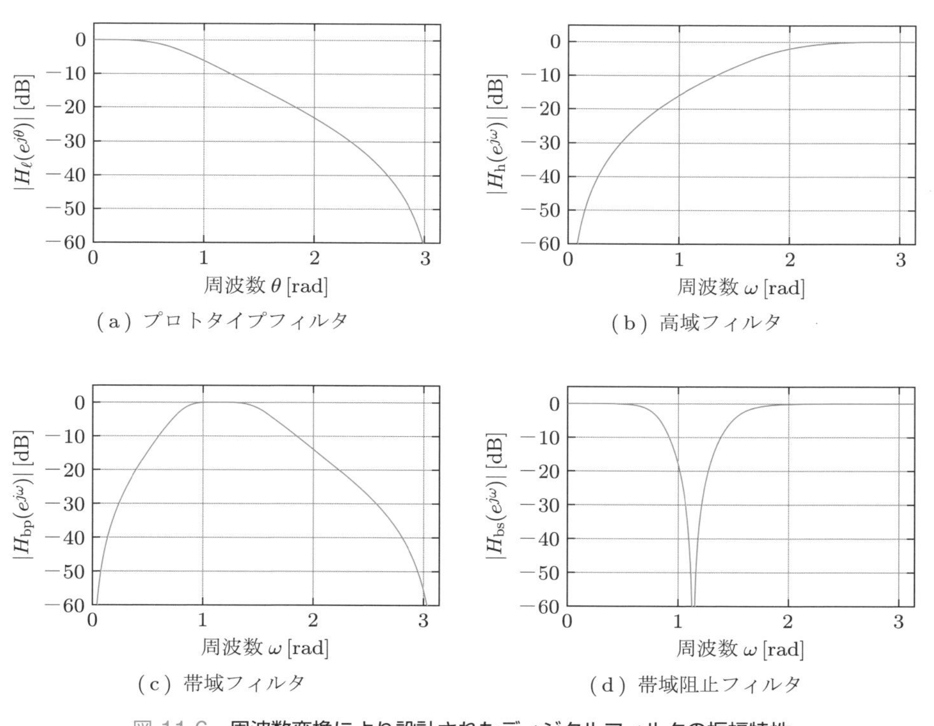

図 11.6 周波数変換により設計されたディジタルフィルタの振幅特性

$$z^{-1} = -\frac{Z^{-2} - 0.4142Z^{-1}}{-0.4142Z^{-1} + 1} \tag{11.37}$$

この変換を $H_\ell(z)$ に適用すれば，以下の帯域フィルタの伝達関数が得られる．

$$H_{\mathrm{bp}}(Z) = \frac{0.0976(1 - 2Z^{-2} + Z^{-4})}{1 - 1.2189Z^{-1} + 1.3333Z^{-2} - 0.6666Z^{-3} + 0.3333Z^{-4}} \tag{11.38}$$

$H_{\mathrm{bp}}(z)$ の振幅特性を図 11.6(c) に示す．

(3) 表 11.1 から，低域 - 帯域阻止変換のために必要なパラメータを以下のように求める．

$$\alpha = 0.4142 \ \text{（帯域フィルタの場合と等しい）} \tag{11.39}$$

$$k = \tan\frac{0.5\pi - 0.25\pi}{2} \cdot \tan\frac{0.25\pi}{2} = 0.1716 \tag{11.40}$$

$$\frac{2\alpha}{1+k} = 0.7071, \quad \frac{1-k}{1+k} = 0.7071 \tag{11.41}$$

よって，低域 - 帯域阻止変換は以下のようになる．

$$z^{-1} = \frac{Z^{-2} - 0.7071Z^{-1} + 0.7071}{0.7071Z^{-2} - 0.7071Z^{-1} + 1} \tag{11.42}$$

この変換を $H_\ell(z)$ に適用すれば，以下の帯域阻止フィルタの伝達関数が得られる．

$$H_{\mathrm{bs}}(Z) = \frac{0.5689 - 0.9425Z^{-1} + 1.5281Z^{-2} - 0.9425Z^{-3} + 0.5689Z^{-4}}{1 - 1.2189Z^{-1} + 1.3333Z^{-2} - 0.6666Z^{-3} + 0.3333Z^{-4}} \tag{11.43}$$

$H_{\mathrm{bs}}(z)$ の振幅特性を図 11.6(d) に示す．

以上の実行例をプログラム 11.5 に示す．このプログラムも関数 myfreqztrans を使っている．

プログラム 11.5 **周波数変換による高域，帯域，帯域阻止ディジタルフィルタの設計（例題 11.3，図 11.6）**

```
% プロトタイプフィルタ
bz = 0.0976 * [1  2       1     ];          % 分子係数
az =          [1 -0.9428 0.3333];          % 分母係数
thetac = 0.25 * pi;                         % 遮断周波数
theta = linspace(0, pi - pi / 512, 512);    % 周波数の範囲と刻み
subplot(2, 2, 1);
Hl = freqz(bz, az, theta);                  % 周波数応答
plot(theta, 20 * log10(abs(Hl) + eps));     % log10(0)をさけるため浮動小数点相対精度epsを加算
axis([0, pi, -60, 5]); grid;
xlabel('Frequency \theta [rad]'); ylabel('|H_{l}(e^{j\theta})| [dB]');

% 高域フィルタの設計
wc = 0.6 * pi;                                        % 高域フィルタの遮断周波数
[Bh, Ah] = myfreqztrans(bz, az, 'hp', thetac, wc)    % 低域-高域の周波数変換
w = linspace(0, pi - pi / 512, 512);                  % 周波数の範囲
Hh = freqz(Bh, Ah, w);                                % 高域フィルタの周波数応答
subplot(2, 2, 2);
plot(w, 20 * log10(abs(Hh) + eps));
axis([0, pi, -60, 5]); grid;
xlabel('Frequency \omega [rad]'); ylabel('|H_{h}(e^{j\omega})| [dB]');

% 帯域フィルタの設計
```

```
wc = [0.25 * pi, 0.5 * pi];                                    % 帯域フィルタの遮断周波数
[Bbp, Abp] = myfreqztrans(bz, az, 'bp', thetac, wc)   % 低域-帯域の周波数変換
Hbp = freqz(Bbp, Abp, w);                                      % 帯域フィルタの周波数応答
subplot(2, 2, 3);
plot(w, 20 * log10(abs(Hbp) + eps));
axis([0, pi, -60, 5]); grid;
xlabel('Frequency \omega [rad]'); ylabel('H_{bp}(e^{j\omega})| [dB]');

% 帯域阻止フィルタの設計
wc = [0.25 * pi, 0.5 * pi];                                    % 帯域阻止フィルタの遮断周波数
[Bbs, Abs] = myfreqztrans(bz, az, 'bs', thetac, wc)   % 低域-帯域阻止の周波数変換
Hbs = freqz(Bbs, Abs, w);                                      % 帯域阻止フィルタの周波数応答
subplot(2, 2, 4);
plot(w, 20 * log10(abs(Hbs) + eps));
axis([0, pi, -60, 5]); grid;
xlabel('Frequency \omega [rad]'); ylabel('|H_{bs}(e^{j\omega})| [dB]');
```

ディスプレイの表示

```
Bh =
    0.2065   -0.4130    0.2065


Ah =
    1.0000    0.3695    0.1958


Bbp =
    0.0976    0.0000   -0.1952         0    0.0976


Abp =
    1.0000   -1.2189    1.3333   -0.6666    0.3333


Bbs =
    0.5689   -0.9425    1.5281   -0.9425    0.5689


Abs =
    1.0000   -1.2189    1.3333   -0.6666    0.3333
```

11.3 FIR フィルタと IIR フィルタの比較

第 9 章, 第 10 章, および本章では, FIR フィルタと IIR フィルタの基礎的な設計法を紹介した. これ以外にもきわめて多数の設計法がある. 設計法に多数の方法がある理由は, どのような応用に対しても最適なフィルタを作り出す設計法は存在しないということによる. なぜならば, ディジタルフィルタの応用目的はきわめて多様であり, このために設計仕様も同様に多様となるためである.

以下では, 応用目的の詳細には入ることなく, FIR フィルタと IIR フィルタとその設計法を簡潔に比較する.

まず, 実現できる特性の面で FIR フィルタと IIR フィルタを比較する. FIR フィル

タは完全な線形位相特性を実現できる点に大きな利点がある．しかし，IIR フィルタと同程度の振幅特性を実現するためには，FIR フィルタは高い次数を必要とする．このため，フィルタリングのための計算量やフィルタ実現のための演算器数とメモリ容量が増加する点が FIR フィルタの欠点となる．また，FIR フィルタはフィードバックがないために，係数によらずつねに安定である．

一方，IIR フィルタは線形位相特性を実現できない．しかし，FIR フィルタと同程度の振幅特性を実現するためには，低い次数で十分である．このためフィルタリングのための計算量やフィルタ実現のための演算器数とメモリ容量は IIR フィルタでは少なくてすむ．ただし，IIR フィルタはフィードバックループがあるため係数によっては不安定となることに注意しなければならない．表 11.2 では，以上の両者のフィルタの特徴を単純化してまとめている．

表 11.2 **FIR フィルタと IIR フィルタの比較**

比較項目	FIR フィルタ	IIR フィルタ
次数	高い	低い
計算量	多い	少ない
振幅特性	比較的緩やかな遮断特性をもつ	急峻な遮断特性をもつ
位相特性	完全な線形位相特性を実現可能である	非線形位相特性となる
安定性	つねに安定である	係数によって不安定となることがある

次に，ディジタルフィルタの設計法の点で FIR フィルタと IIR フィルタを比較すると以下のような特徴がある．FIR フィルタの設計法には閉じた形の設計公式は存在しない．このため，多くの設計法では，最適化を必要としない場合でも，仕様を満たす FIR フィルタを設計するために繰り返しの数値計算を必要とすることが多い．窓関数法においても，最終的に仕様が満足されているか否かを確認するために，反復的な計算を必要とする．したがって FIR フィルタ設計では，数値計算のためにコンピュータの利用は不可欠である．

一方，IIR フィルタに対しては，もし最適化が必要でなければ，閉じた形の数学的公式を用いて設計できる多くの方法がある．本書で紹介した設計法は，すべてこのような設計法である．もちろん，現代では多くの場面でコンピュータを利用することができるが，これらの設計法では，それほど複雑ではない数式を用いて手計算でも設計が可能である．

演習問題

11.1 直接設計法を用いて以下のディジタルフィルタを設計し，その振幅特性をそれぞれ描け．

(1) 遮断周波数 $\omega_\mathrm{c} = \pi/2\,[\mathrm{rad}]$ の 1 次低域フィルタ

(2) 遮断周波数 $\omega_\mathrm{c} = \pi/2\,[\mathrm{rad}]$ の 2 次低域フィルタ

(3) 遮断周波数 $\omega_\mathrm{c} = \pi/3\,[\mathrm{rad}]$ の 1 次低域フィルタ

(4) 遮断周波数 $\omega_\mathrm{c} = \pi/3\,[\mathrm{rad}]$ の 2 次低域フィルタ

11.2 次の設計仕様をもつ低域フィルタを直接設計法で設計せよ．

(1) 遮断周波数 $\omega_\mathrm{c} = 0.4\pi\,[\mathrm{rad}]$

(2) 阻止域端周波数 $\omega_\mathrm{s} = 0.6\pi\,[\mathrm{rad}]$

(3) 阻止域減衰量 $A_{\mathrm{s}} = 20\,[\mathrm{dB}]$

11.3 上の問題で設計された低域フィルタをプロトタイプフィルタとして，周波数変換を用いて以下のディジタルフィルタを設計せよ．

(1) 遮断周波数 $\omega_{\mathrm{c}} = 0.8\pi\,[\mathrm{rad}]$ の高域フィルタ

(2) 遮断周波数 $(\omega_1, \omega_2) = (0.6\pi, 0.8\pi)\,[\mathrm{rad}]$ の帯域フィルタ

(3) 遮断周波数 $(\omega_1, \omega_2) = (0.2\pi, 0.8\pi)\,[\mathrm{rad}]$ の帯域阻止フィルタ

11.4 ディジタルバタワース低域フィルタの設計のために，式 (11.7) によって次数 N を決める際に与えた設計仕様は以下のものであった．

- 遮断周波数 $\omega_{\mathrm{c}}\,[\mathrm{rad}]$
- 阻止域端周波数 $\omega_{\mathrm{s}}\,[\mathrm{rad}]$
- 阻止域減衰量 $A_{\mathrm{s}}\,[\mathrm{dB}]$

(1) これに対して，設計仕様が以下のように与えられるとき，設計仕様を満たすディジタルバタワース低域フィルタの次数 N と遮断周波数 ω_{c} を求める式を導け．

- 通過域端周波数 $\omega_{\mathrm{p}}\,[\mathrm{rad}]$
- 通過域リップル $R_{\mathrm{p}}\,[\mathrm{dB}]$
- 阻止域端周波数 $\omega_{\mathrm{s}}\,[\mathrm{rad}]$
- 阻止域減衰量 $A_{\mathrm{s}}\,[\mathrm{dB}]$

(2) 上で求めた式を用いて，$\omega_{\mathrm{p}} = 0.2\pi$，$R_{\mathrm{p}} = 7$，$\omega_{\mathrm{s}} = 0.3\pi$，$A_{\mathrm{s}} = 16$ に対して，ディジタルバタワース低域フィルタの次数 N と遮断周波数 ω_{c} を求めよ．

11.5 次の低域－低域変換に関して，以下の問いに答えよ．

$$z^{-1} = \frac{Z^{-1} - \alpha}{1 - \alpha Z^{-1}} = F(Z), \quad \alpha = \frac{\sin\{(\theta_{\mathrm{c}} - \omega_{\mathrm{c}})/2\}}{\sin\{(\theta_{\mathrm{c}} + \omega_{\mathrm{c}})/2\}}$$

(1) 低域－低域変換は全域通過伝達関数であること，すなわちすべての周波数 ω に対して $|F(e^{j\omega})| = 1$ であることを示せ．

(2) 低域－低域変換はプロトタイプフィルタの遮断周波数 θ_{c} を，設計される低域フィルタの遮断周波数 ω_{c} に変換することを示せ（ヒント：$z = e^{j\theta}$，$Z = e^{j\omega}$ とおくとき，上の周波数変換を α について解け）．

(3) 低域－低域変換によってディジタルフィルタの安定性は保存されることを示せ．

11.6 プロトタイプフィルタとして遮断周波数 $\theta_{\mathrm{c}}\,[\mathrm{rad}]$ の低域フィルタ $H_\ell(z)$ を考える．

(1) プロトタイプフィルタ $H_\ell(z)$ に次のような単純な周波数変換を適用して得られるフィルタは，それぞれ高域フィルタ，帯域フィルタ，帯域阻止フィルタとなることを示せ．

i) $H_{\mathrm{h}}(Z) = H_\ell(z)|_{z=-Z}$

ii) $H_{\mathrm{bp}}(Z) = H_\ell(z)|_{z=-Z^2}$

iii) $H_{\mathrm{bs}}(Z) = H_\ell(z)|_{z=Z^2}$

(2) それぞれのディジタルフィルタの遮断周波数を θ_{c} を用いて表せ．

(3) プロトタイプフィルタ $H_\ell(z)$ が以下のような遮断周波数 $\theta_{\mathrm{c}} = 0.25\pi\,[\mathrm{rad}]$ の 1 次低域フィルタであるとき，上の単純な周波数変換を用いて，高域フィルタ，帯域フィルタ，帯域阻止フィルタを設計せよ．また，それぞれのディジタルフィルタの遮断周波

数を求めるとともに，周波数応答を図示せよ．

$$H_\ell(z) = \frac{0.2929(1+z^{-1})}{1-0.4142z^{-1}}$$

11.7 低域 - 高域変換は，周波数 θ（プロトタイプフィルタの周波数）と ω（設計されるフィルタの周波数）のどのような関係によって，低域 - 高域変換を実現しているか．図 11.3 に相当する図の概形を描き，θ-ω の関係を説明せよ（ヒント：低域 - 高域変換 $z^{-1} = -(Z^{-1}+\alpha)/(1+\alpha Z^{-1})$ から θ と ω の関係を導き，図示してみよ）．

11.8 低域 - 帯域変換と低域 - 帯域阻止変換についても，上と同様の関係の概形を描き，θ-ω の関係を説明せよ．

12 2次元信号とフーリエ変換

本章では，2 次元ディジタル信号処理の基礎として 2 次元信号とその変換を取り上げる．2 次元信号とは，2 変数の関数として表される信号で†，その代表は画像である．ここでは，2 次元ディジタル信号の変換として，2 次元離散空間フーリエ変換と 2 次元離散フーリエ変換を導入し，その性質について説明する．2 次元 z 変換，たたみこみ，およびディジタルフィルタについては次章で取り上げている．2 次元および多次元ディジタル信号処理における離散フーリエ変換やディジタルフィルタの詳細については，川又，樋口著"多次元ディジタル信号処理"（朝倉書店，1995）を参考にされたい．

12.1 2 次元信号

12.1.1 2 次元連続空間信号と離散空間信号

2 次元連続空間信号 (two-dimensional continuous-space signal) は，数学的には $x(t_1, t_2)$ のように 2 変数の関数であり，実数または複素数の値をとる．ここで，t_1 と t_2 は連続の実数であり，**空間変数** (spatial variable) とよばれる．t_1 と t_2 軸はそれぞれ水平軸と垂直軸ともよばれる．

2 次元連続空間信号は，図 12.1(a) に示されるように曲面として図示される．$x(t_1, t_2)$ の値を座標 (t_1, t_2) における輝度に対応させ，値が大きいときは高い輝度値を表し，値が小さいときは低い輝度値を表すものとすると，図 12.1(a) の関数は図 12.1(b) のような平面上の濃淡の情報を表すものとなる．実行例をプログラム 12.1 に示す．2 次元連続空間信号として代表的なものは，図 12.2 に示されるような**画像** (image) である．

プログラム 12.1　2 次元連続空間信号の例（図 12.1）

```
[t1, t2] = meshgrid(0 : 0.025: 1, 0 : 0.025 : 1);        % 格子点を定義
X = exp(-10 * ((t1 - 0.8) .^ 2 + (t2 - 0.6) .^ 2)) + ...
    0.5* exp(-20*((t1 - 0.2) .^ 2  + (t2 - 0.4) .^ 2)); % 2次元連続空間信号
colormap(gray);                                          % 濃淡図示を指定
subplot(2, 2, 1);
surfl(t1, t2, X), shading interp;                        % Xを立体図示
xlabel('t_1'); ylabel('t_2');
subplot(2, 2, 2);
pcolor(t1, t2, X), shading interp;                       % Xを平面上に濃淡図示
xlabel('t_1'); ylabel('t_2');
axis square;
```

† 1 次元および 2 次元を 1-D および 2-D と略記することが多い．

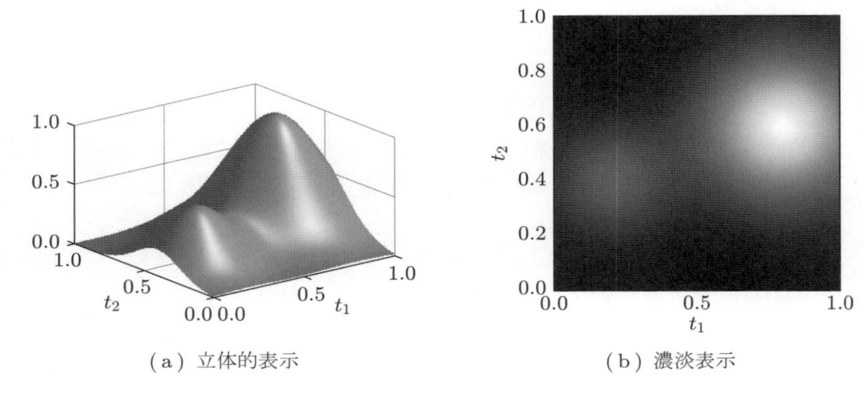

(a) 立体的表示　　(b) 濃淡表示

図 12.1　**2 次元連続空間信号 $x(t_1, t_2)$**

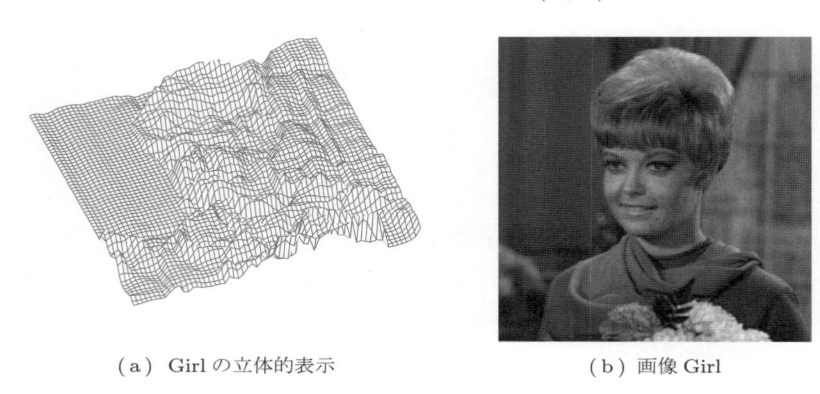

(a) Girl の立体的表示　　(b) 画像 Girl

図 12.2　**画像信号**

2 次元離散空間信号 (two-dimensional discrete-space signal) は，図 12.3 のように平面の整数格子点上でのみ値をもつ 2 次元データ $x[n_1, n_2]$ として表される．2 次元離散空間信号 $x[n_1, n_2]$ は，2 次元連続空間信号 $x(t_1, t_2)$ を次のように標本化して得られることが多い．

$$x(n_1T_1,\ n_2T_2) = x(t_1,\ t_2)|_{t_1=n_1T_1,\ t_2=n_2T_2} \tag{12.1}$$

ここで，T_1 と T_2 はそれぞれ水平方向と垂直方向の標本化周期である．簡単のため $T_1 = T_2 = 1$ として，$x[n_1, n_2]$ と表記されることが多い．2 次元連続空間信号から標本化によって 2 次元離散空間信号を得る際に考慮しなければならない標本化周期の大きさに関

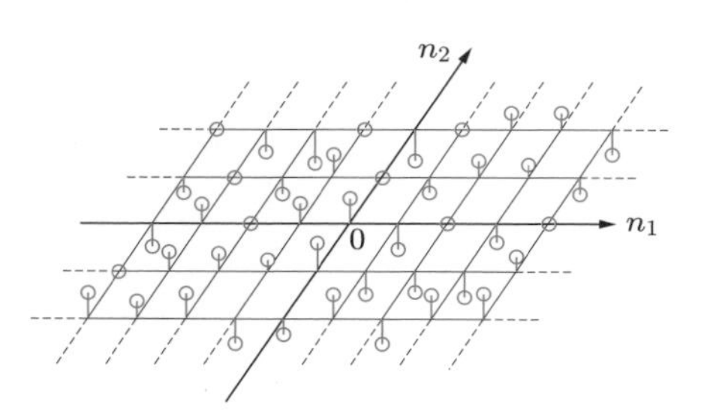

図 12.3　**2 次元離散空間信号 $x[n_1, n_2]$**

しては，1 次元の場合と同様の標本化定理がある．

以後，2 次元離散空間信号を単に 2 次元信号あるいは単に信号とよぶことにする．2 次元信号を表すために，**行列** (matrix) を用いると便利なことが多い．たとえば，次のように行列で表示した 2 次元信号を考える．

$$x[n_1, n_2] = \begin{array}{c} \\ n_1 \\ \downarrow \end{array} \overset{n_2 \ \rightarrow}{\begin{bmatrix} a & b & c \\ d & \underline{e} & f \\ g & h & i \end{bmatrix}} \tag{12.2}$$

下線の引いてある位置を座標軸の原点 $[0, 0]$ に対応させ，縦方向は n_1 の軸，横方向は n_2 の軸に対応するものとする．上の例では，$x[0, 0] = e$，$x[1, 1] = i$，$x[0, -1] = d$ などである．また，行列に表されていない信号の値は零と考えるものとする．このような表記を用いると，有限の領域の 2 次元信号が簡潔に記述される．

12.1.2 代表的 2 次元信号

次に，代表的な **2 次元信号** (two-dimensional signal) を挙げておく．

(1) 単位インパルス $\delta[n_1, n_2]$（図 12.4 (a)）：

$$\delta[n_1, n_2] = \begin{cases} 1, & n_1 = n_2 = 0 \\ 0, & \text{その他} \end{cases} \tag{12.3}$$

(2) 単位ステップ $u_0[n_1, n_2]$（図 12.4 (b)）：

$$u_0[n_1, n_2] = \begin{cases} 1, & n_1, n_2 \geq 0 \\ 0, & \text{その他} \end{cases} \tag{12.4}$$

(3) 2 次元複素指数関数（図 12.5）：

$$\exp(j\omega_1 n_1 + j\omega_2 n_2) \tag{12.5}$$

単位インパルス関数 $\delta[n_1, n_2]$ と単位ステップ関数 $u_0[n_1, n_2]$ は，それぞれ次のように行列表示される．

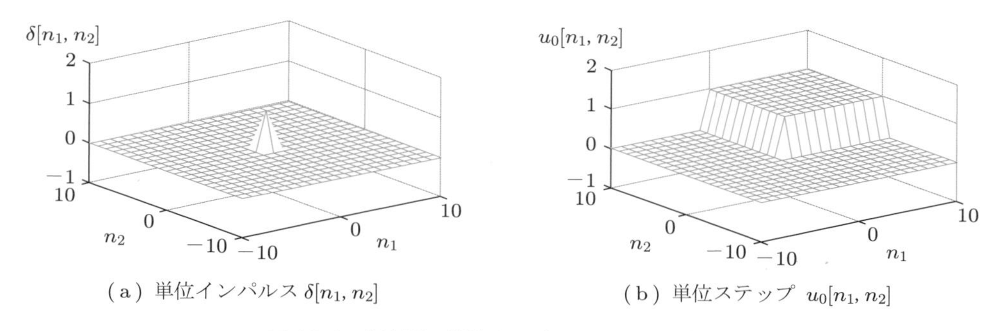

(a) 単位インパルス $\delta[n_1, n_2]$　　(b) 単位ステップ $u_0[n_1, n_2]$

図 12.4　2 次元の単位インパルスとステップ関数

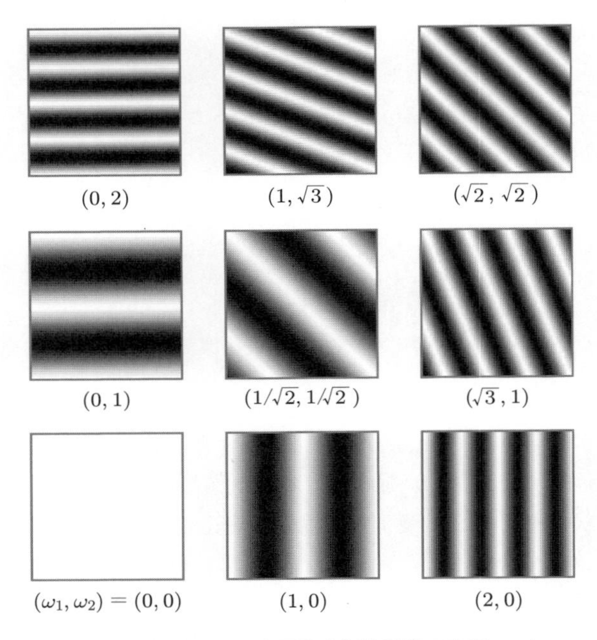

図 12.5 様々な周波数に対する 2 次元複素指数関数の実部 $\cos(\omega_1 n_1+\omega_2 n_2)$

$$\delta[n_1,n_2]=\begin{bmatrix}\underline{1}&0&0&\cdots\\0&0&0&\cdots\\0&0&0&\cdots\\\vdots&\vdots&\vdots&\ddots\end{bmatrix}\tag{12.6}$$

$$u_0[n_1,n_2]=\begin{bmatrix}\underline{1}&1&1&\cdots\\1&1&1&\cdots\\1&1&1&\cdots\\\vdots&\vdots&\vdots&\ddots\end{bmatrix}\tag{12.7}$$

2 次元複素指数関数は，二つの周波数 ω_1 [rad] と ω_2 [rad] によって特徴づけられる複素数関数である．ω_1 と ω_2 をそれぞれ水平方向と垂直方向の**空間角周波数** (spatial angular frequency)（単に空間周波数あるいは単に周波数）とよぶ．2 次元複素指数関数の形状は理解しにくいので，いくつかの代表的な周波数 (ω_1,ω_2) に対して，2 次元複素指数関数の実部 $\cos(\omega_1 n_1+\omega_2 n_2)$ を画像として図 12.5 に示しておく．2 次元複素指数関数は 2 次元信号のフーリエ表現のための核となるものである．また，1 次元の場合と同様に，システムやフィルタの周波数応答を考察するための入力信号として用いられる．

12.2 2 次元離散空間フーリエ変換

12.2.1 2 次元離散空間フーリエ変換の定義

2 次元信号 $x[n_1,n_2]$ の **2 次元離散空間フーリエ変換** (two-dimensional discrete-space

Fourier transform) $H(e^{j\omega_1}, e^{j\omega_2})$ は次のように定義される．

$$X(e^{j\omega_1}, e^{j\omega_2}) = \sum_{n_1=-\infty}^{\infty} \sum_{n_2=-\infty}^{\infty} x[n_1, n_2] e^{-j\omega_1 n_1} e^{-j\omega_2 n_2}, \quad -\pi \leq \omega_1 < \pi, \quad -\pi \leq \omega_2 < \pi \tag{12.8}$$

1 次元の場合と同様に，$X(e^{j\omega_1}, e^{j\omega_2})$ は信号 $x[n_1, n_2]$ の周波数スペクトルとよばれ，一般には複素数である．$|X(e^{j\omega_1}, e^{j\omega_2})|$ は信号 $x[n_1, n_2]$ の振幅スペクトルとよばれ，$\angle X(e^{j\omega_1}, e^{j\omega_2})$ は位相スペクトルとよばれる．ここで注意しなければならないことは，2 次元の場合，$\sqrt{\omega_1^2 + \omega_2^2}$ が周波数の高低を表すことである．すなわち，ω_1-ω_2 空間において，$\sqrt{\omega_1^2 + \omega_2^2}$ が相対的に小さい領域は周波数の低い領域を表し，$\sqrt{\omega_1^2 + \omega_2^2}$ が相対的に大きい領域は周波数の高い領域を表す．

2 次元離散空間フーリエ変換 $X(e^{j\omega_1}, e^{j\omega_2})$ から信号 $x[n_1, n_2]$ を求める逆変換は，次式によって与えられる．

$$x[n_1, n_2] = \frac{1}{4\pi^2} \int_{-\pi}^{\pi} \int_{-\pi}^{\pi} X(e^{j\omega_1}, e^{j\omega_2}) e^{j\omega_1 n_1} e^{j\omega_2 n_2} d\omega_1 d\omega_2 \tag{12.9}$$

12.2.2　2 次元離散空間フーリエ変換の性質

次に，2 次元離散空間フーリエ変換の重要な性質を挙げておく．これらの性質は，1 次元の離散時間フーリエ変換の性質 2.2.3 項から容易に予想されるものである．

(1) 線形性：

$$a_1 x_1[n_1, n_2] + a_2 x_2[n_1, n_2] \longleftrightarrow a_1 X_1(e^{j\omega_1}, e^{j\omega_2}) + a_2 X_2(e^{j\omega_1}, e^{j\omega_2}) \tag{12.10}$$

(2) 分離性 (separability)：

$$x_1[n_1] x_2[n_2] \longleftrightarrow X_1(e^{j\omega_1}) X_2(e^{j\omega_2}) \tag{12.11}$$

(3) たたみこみ：

$$\begin{aligned} y[n_1, n_2] &= \sum_{k_1=-\infty}^{\infty} \sum_{k_2=-\infty}^{\infty} h[k_1, k_2] x[n_1 - k_1, n_2 - k_2] \\ &\longleftrightarrow Y(e^{j\omega_1}, e^{j\omega_2}) = H(e^{j\omega_1}, e^{j\omega_2}) X(e^{j\omega_1}, e^{j\omega_2}) \end{aligned} \tag{12.12}$$

(4) 周期性：

整数 m_1 と m_2 に対して

$$X\left(e^{j\omega_1}, e^{j\omega_2}\right) = X\left(e^{j(\omega_1 + 2\pi m_1)}, e^{j(\omega_2 + 2\pi m_2)}\right) \tag{12.13}$$

(5) 共役性：

$$x^*[n_1, n_2] \longleftrightarrow X^*(e^{-j\omega_1}, e^{-j\omega_2}) \tag{12.14}$$

(6) 対称性：

実数の信号 $x[n_1, n_2] = x^*[n_1, n_2]$ に対して

$$X\left(e^{j\omega_1}, e^{j\omega_2}\right) = X^*\left(e^{-j\omega_1}, e^{-j\omega_2}\right) \quad \text{（共役対称）} \tag{12.15}$$

$$\left|X\left(e^{j\omega_1}, e^{j\omega_2}\right)\right| = \left|X\left(e^{-j\omega_1}, e^{-j\omega_2}\right)\right| \quad \text{（偶対称）} \tag{12.16}$$

$$\angle X\left(e^{j\omega_1}, e^{j\omega_2}\right) = -\angle X\left(e^{-j\omega_1}, e^{-j\omega_2}\right) \quad \text{（奇対称）} \tag{12.17}$$

例題 12.1 次の 2 次元信号 $x[n_1, n_2]$（図 12.6(a)）の 2 次元離散空間フーリエ変換 $X(e^{j\omega_1}, e^{j\omega_2})$ を求め，その振幅スペクトルを図示せよ．

$$x[n_1, n_2] = \frac{1}{8}\begin{bmatrix} \underline{0} & 1 & 0 \\ 1 & 4 & 1 \\ 0 & 1 & 0 \end{bmatrix} \tag{12.18}$$

解答 定義式 (12.8) に信号 $x[n_1, n_2]$ を代入すると，次式が得られる．

$$\begin{aligned} X(e^{j\omega_1}, e^{j\omega_2}) &= \frac{1}{8}\left\{e^{-j\omega_2} + e^{-j\omega_1} + 4e^{-j(\omega_1+\omega_2)} + e^{-j(\omega_1+2\omega_2)} + e^{-j(2\omega_1+\omega_2)}\right\} \\ &= \frac{1}{8}(4 + e^{j\omega_1} + e^{-j\omega_1} + e^{j\omega_2} + e^{-j\omega_2}) \cdot e^{-j(\omega_1+\omega_2)} \\ &= \frac{1}{4}(2 + \cos\omega_1 + \cos\omega_2) \cdot e^{-j(\omega_1+\omega_2)} \end{aligned} \tag{12.19}$$

よって，$|X(e^{j\omega_1}, e^{j\omega_2})| = |2 + \cos\omega_1 + \cos\omega_2|/4$ であり，$\angle X(e^{j\omega_1}, e^{j\omega_2}) = -(\omega_1 + \omega_2)$ である．振幅スペクトルを図 12.6(b) に示す．

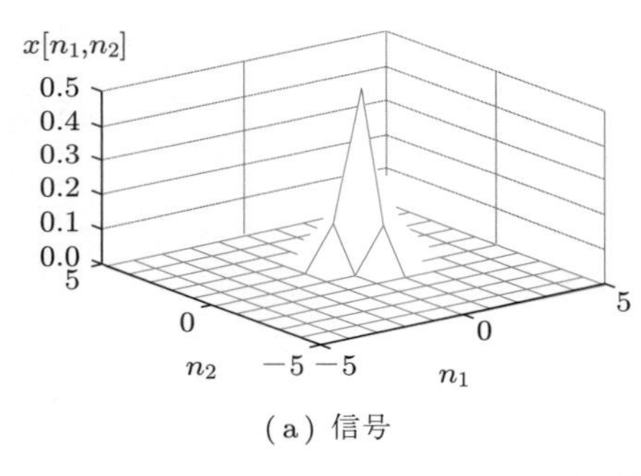

(a) 信号

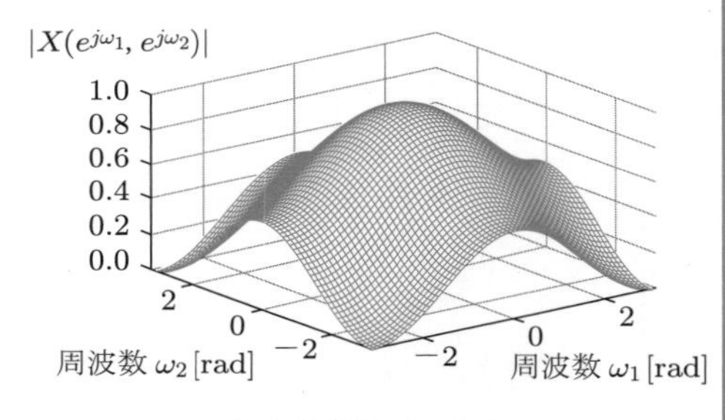

(b) 振幅スペクトル

図 12.6 2 次元信号とその振幅スペクトル

この図から，2 次元信号 $x[n_1, n_2]$ は，低い周波数領域において振幅スペクトルが大きく，高い周波数領域では振幅スペクトルが小さくなることがわかる．実行例をプログラム 12.2 に示す．

プログラム 12.2 2 次元離散空間フーリエ変換（例題 12.1，図 12.6）

```
x = [0 1 0;
     1 4 1;
     0 1 0] / 8;                                          % 2次元信号
zx = zeros(11, 11); zx(6 : 8, 6 : 8) = x(1 : 3, 1 : 3);  % 図示のためのゼロづめ
```

```
n1 = -5 : 5; n2 = n1;                                    % 信号の区間
subplot(2, 2, 1);
mesh(n1, n2, zx);                                        % 信号の図示
axis([-5, 5, -5, 5, 0, 0.5]);
xlabel('n_1'); ylabel('n_2'); zlabel('x[n_1,n_2]');
[X, w1, w2] = freqz2(x);                                 % 2次元離散空間フーリエ変換
subplot(2, 2, 2);
mesh(w1 * pi, w2 * pi, abs(X));                          % 振幅スペクトルの図示
axis([-pi, pi, -pi, pi, 0, 1]);
xlabel('\omega_1 [rad]'); ylabel('\omega_2 [rad]');
zlabel('|X(e^{j\omega_1},e^{j\omega_2})|');
```

例題 12.2 次の 2 次元離散空間フーリエ変換 $X(e^{j\omega_1}, e^{j\omega_2})$ をもつ信号 $x[n_1, n_2]$ を求め，図示せよ（たとえば，$\omega_{c1} = \pi/8$，$\omega_{c2} = \pi/4$ とせよ）．

$$X(e^{j\omega_1}, e^{j\omega_2}) = \begin{cases} 1, & |\omega_1| \leq \omega_{c1}, \quad |\omega_2| \leq \omega_{c2} \\ 0, & \text{その他} \end{cases} \tag{12.20}$$

なお，上記のフーリエ変換は，図 12.7(a) のように表される長方形内部の周波数の範囲で理想的に帯域制限された周波数スペクトルである．

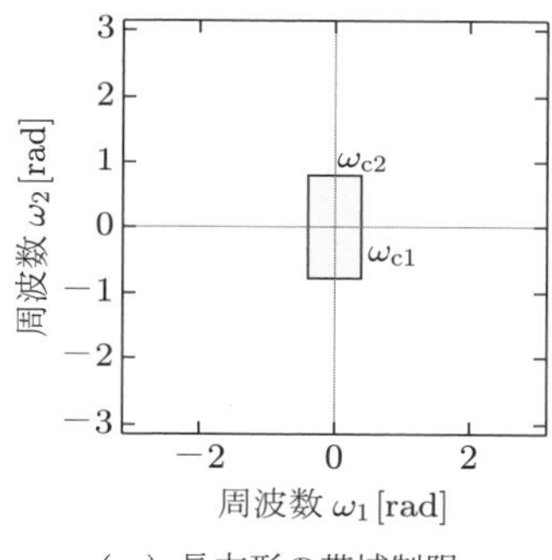

（a）長方形の帯域制限

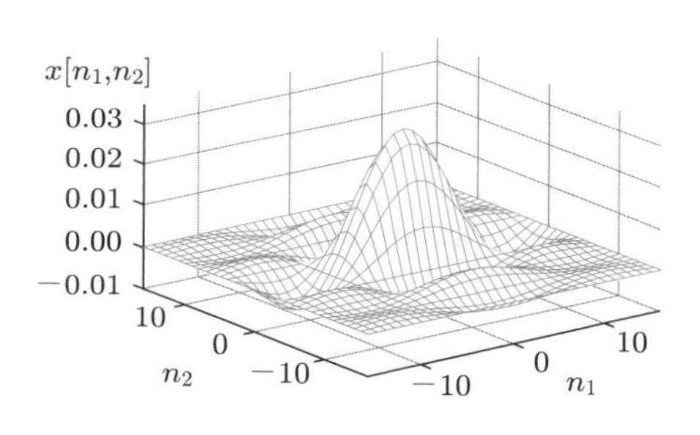

（b）逆変換

図 12.7 **長方形の領域に帯域制限された周波数スペクトルとその逆変換**

解答 逆変換の式 (12.9) を用いて

$$\begin{aligned} x[n_1, n_2] &= \frac{1}{4\pi^2} \int_{-\omega_{c1}}^{\omega_{c1}} \int_{-\omega_{c2}}^{\omega_{c2}} 1 \cdot e^{j\omega_1 n_1} e^{j\omega_2 n_2} d\omega_1 d\omega_2 \\ &= \frac{\omega_{c1}}{\pi} \frac{\sin \omega_{c1} n_1}{\omega_{c1} n_1} \cdot \frac{\omega_{c2}}{\pi} \frac{\sin \omega_{c2} n_2}{\omega_{c2} n_2} \\ &= \frac{\omega_{c1}}{\pi} \operatorname{sinc} \frac{\omega_{c1} n_1}{\pi} \cdot \frac{\omega_{c2}}{\pi} \operatorname{sinc} \frac{\omega_{c2} n_2}{\pi} \end{aligned} \tag{12.21}$$

と求められる．この信号は二つの 1 次元の項に分解されている．$\omega_{c1} = \pi/8$，$\omega_{c2} = \pi/4$ の場合の信号 $x[n_1, n_2]$ を図 12.7(b) に示す．また，実行例をプログラム 12.3 に示す．

プログラム 12.3 **2 次元の長方形の帯域制限信号（例題 12.2，図 12.7）**

```
wc1 = pi / 8; wc2 = pi / 4;                  % 周波数帯域
L = 16;
[n1, n2] = meshgrid(-L : L);                 % 空間軸の範囲
```

```
x = ((wc1 / pi) * sinc((wc1 / pi) * n1)) .* ...
    ((wc2 / pi) * sinc((wc2 / pi) * n2));  % 信号の計算
subplot(2, 2, 1);
mesh(n1, n2, x);                           % 信号の図示
axis([-L, L, -L, L, -0.01, 0.035]);
xlabel('n_1'); ylabel('n_2'); zlabel('x[n_1,n_2]');
```

12.3 2 次元離散フーリエ変換

12.3.1 2 次元離散フーリエ変換の定義

2 次元離散フーリエ変換（two-dimensional discrete Fourier transform，2 次元 DFT）は，2 次元信号のスペクトル解析や画像処理，符号化などにおいてきわめて有用な変換である．いま，$n_1 = 0, 1, 2, \cdots, N_1 - 1$，$n_2 = 0, 1, 2, \cdots, N_2 - 1$ の有限区間の 2 次元信号 $x[n_1, n_2]$ を考える．これを (N_1, N_2) 点信号とよぶ．(N_1, N_2) 点信号 $x[n_1, n_2]$ の 2 次元 DFT は次式のように定義される．

$$X[k_1, k_2] = \sum_{n_1=0}^{N_1-1} \sum_{n_2=0}^{N_2-1} x[n_1, n_2] W_{N_1}^{k_1 n_1} W_{N_2}^{k_2 n_2}, \quad k_1 = 0, 1, 2, \cdots, N_1 - 1, \quad k_2 = 0, 1, 2, \cdots, N_2 - 1 \tag{12.22}$$

ここで，W_{N_1} と W_{N_2} は次の回転因子である．

$$W_{N_1} = \exp\left(-j\frac{2\pi}{N_1}\right), \quad W_{N_2} = \exp\left(-j\frac{2\pi}{N_2}\right) \tag{12.23}$$

2 次元信号 $x[n_1, n_2]$ は，$X[k_1, k_2]$ から次の **2 次元離散フーリエ逆変換**（two-dimensional inverse discrete Fourier transform，2 次元 IDFT）により求められる．

$$x[n_1, n_2] = \frac{1}{N_1 N_2} \sum_{k_1=0}^{N_1-1} \sum_{k_2=0}^{N_2-1} X[k_1, k_2] W_{N_1}^{-k_1 n_1} W_{N_2}^{-k_2 n_2}, \quad n_1 = 0, 1, 2, \cdots, N_1 - 1, \quad n_2 = 0, 1, 2, \cdots, N_2 - 1 \tag{12.24}$$

12.3.2 2 次元離散フーリエ変換の性質

以下に 2 次元 DFT の性質を挙げておく．これらの性質は 1 次元 DFT の性質 3.2 節から容易に予想されるものである．

(1) 線形性：

$$a_1 x_1[n_1, n_2] + a_2 x_2[n_1, n_2] \longleftrightarrow a_1 X_1[k_1, k_2] + a_2 X_2[k_1, k_2] \tag{12.25}$$

(2) 分離性：

$$x_1[n_1] x_2[n_2] \longleftrightarrow X[k_1, k_2] = X_1[k_1] X_2[k_2] \tag{12.26}$$

(3) 循環たたみこみ：

$$y[n_1,n_2]=\sum_{p_1=0}^{N_1-1}\sum_{p_2=0}^{N_2-1}h[p_1,p_2]x[[n_1-p_1]_{N_1},[n_2-p_2]_{N_2}]$$
$$\longleftrightarrow Y[k_1,k_2]=H[k_1,k_2]X[k_1,k_2] \tag{12.27}$$

ただし，$[m]_N = m \bmod N$ である．すなわち，$[m]_N$ は m を N で割った正の余りを表す．

(4) 周期性：

整数 m_1 と m_2 に対して

$$X[k_1,k_2]=X[k_1+m_1N_1,k_2+m_2N_2] \tag{12.28}$$

(5) 共役性：

$$x^*[n_1,n_2]\longleftrightarrow X^*[N_1-k_1,N_2-k_2] \tag{12.29}$$

(6) 対称性：

実数の信号 $x[n_1,n_2]=x^*[n_1,n_2]$ に対して

$$X[k_1,k_2]=X^*[N_1-k_1,N_2-k_2] \quad \text{（共役対称）} \tag{12.30}$$

$$|X[k_1,k_2]|=|X[N_1-k_1,N_2-k_2]| \quad \text{（偶対称）} \tag{12.31}$$

$$\angle X[k_1,k_2]=-\angle X[N_1-k_1,N_2-k_2] \quad \text{（奇対称）} \tag{12.32}$$

例題 12.3 次の (N_1,N_2) 点の 2 次元信号 $x[n_1,n_2]$ の 2 次元 DFT $X[k_1,k_2]$ を求めよ．また，$a_1=0.5$, $a_2=0.75$，$(N_1,N_2)=(16,16)$ のとき，信号 $x[n_1,n_2]$ と振幅スペクトル $|X[k_1,k_2]|$ を図示せよ．

$$x[n_1,n_2]=a_1^{n_1}a_2^{n_2},\quad n_1=0,1,2,\cdots,N_1-1,\quad n_2=0,1,2,\cdots,N_2-1 \tag{12.33}$$

ただし，$a_1\neq 1$，$a_2\neq 1$ とする．

解答 2 次元 DFT の定義式 (12.22) から，

$$\begin{aligned}X[k_1,k_2]&=\sum_{n_1=0}^{N_1-1}\sum_{n_2=0}^{N_2-1}a_1^{n_1}a_2^{n_2}W_{N_1}^{k_1n_1}W_{N_2}^{k_2n_2}\\&=\sum_{n_1=0}^{N_1-1}\left(a_1W_{N_1}^{k_1}\right)^{n_1}\cdot\sum_{n_2=0}^{N_2-1}\left(a_2W_{N_2}^{k_2}\right)^{n_2}\\&=\frac{1-\left(a_1W_{N_1}^{k_1}\right)^{N_1}}{1-a_1W_{N_1}^{k_1}}\cdot\frac{1-\left(a_2W_{N_2}^{k_2}\right)^{N_2}}{1-a_2W_{N_2}^{k_2}}\end{aligned} \tag{12.34}$$

となる．$(N_1,N_2)=(16,16)$，$a_1=0.5$，$a_2=0.75$ のときの信号 $x[n_1,n_2]$ と振幅スペクトル $|X[k_1,k_2]|$ を図 12.8 に示す．また，実行例をプログラム 12.4 に示す．

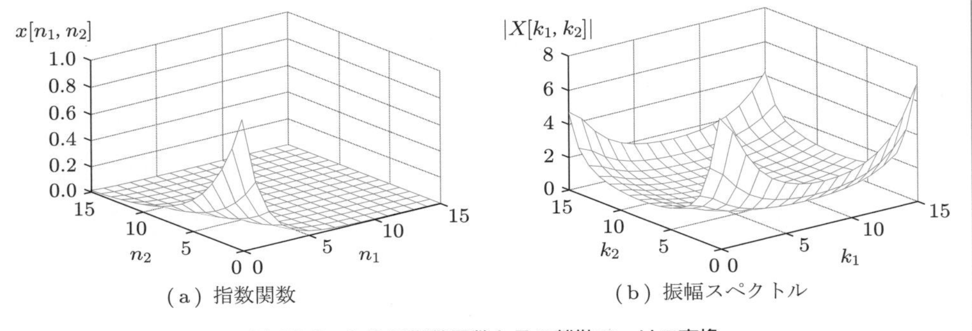

(a) 指数関数　　(b) 振幅スペクトル

図 12.8 2 次元指数関数とその離散フーリエ変換

プログラム 12.4 2 次元離散フーリエ変換の例（例題 12.3，図 12.8）

```
N1 = 16; N2 = 16;                          % 信号のサイズ
[n1, n2] = meshgrid(0 : N1 - 1, 0 : N2 - 1); % インデックスの範囲
a1 = 0.5; a2 = 0.75;                       % 信号のパラメータ
x = (a1 .^ n1) .* (a2 .^ n2);              % 信号
X = fft2(x);                               % 2次元離散フーリエ変換
subplot(2, 2, 1);
mesh(n1, n2, x);                           % 信号の図示
axis([0, N1 - 1, 0, N2 - 1, 0, 1]);
xlabel('n_1'); ylabel('n_2'); zlabel('x[n_1,n_2]');
subplot(2, 2, 2);
mesh(n1, n2, abs(X));                      % 振幅スペクトルの図示
axis([0, N1 - 1, 0, N2 - 1, 0, 8]);
xlabel('k_1'); ylabel('k_2'); zlabel('|X[k_1,k_2]|');
```

実際的な例として，図 12.2 に示した画像 College の立体表示を図 12.9(a) に，その 2 次元 DFT を図 12.9(b) に示す[†]．この図からわかるように，画像 College においては，低い周波数において振幅スペクトルは大きな値をとり，周波数が高くなるに従って振幅ス

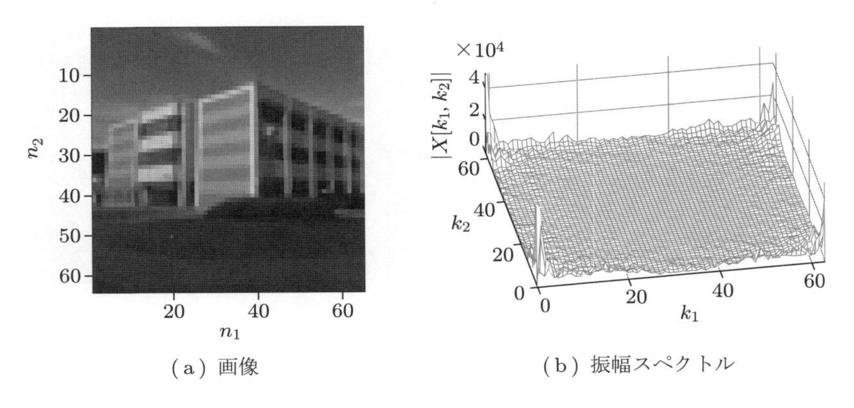

(a) 画像　　(b) 振幅スペクトル

図 12.9 画像 College の 2 次元離散フーリエ変換

† この図の 2 次元信号 College は，表示のために 64×64 点の画像を用いている．この画像の各画素は $0 \sim 255$ の非負の値をとる．このため，2 次元 DFT の直流成分（$X[0, 0]$ の値）は他の成分に比べてきわめて大きな値となる．そこで，振幅スペクトルの表示では，直流成分 $X[0, 0] = 4.586 \times 10^5$ を省略している．

ペクトルは小さくなる．多くの一般的な画像の振幅スペクトルはこのような性質をもつことが知られている．画像がもつこの性質は，画像処理や画像符号化のために利用されるきわめて重要な性質である．実行例をプログラム 12.5 に示す．

プログラム 12.5 画像 College の 2 次元離散フーリエ変換（図 12.9）

```
% 画像データの読み込みと図示
I  = imread('College.bmp');  % 画像データの読み込み
Is = imresize(I, 0.125);      % 画像を1/4のサイズに変更
[N1, N2] = size(Is);
subplot(2, 2, 1);
imshow(Is);                   % 画像の表示
axis on;
xlabel('n_1'); ylabel('n_2');

% 画像の2次元DFT
x = double(Is);                          % unit8を倍精度に変換
n1 = 0 : N1 - 1; n2 = 0 : N2 - 1;       % 画像の水平・垂直方向のインデックス
X = fft2(x, N1, N2);                     % 2次元離散フーリエ変換
absX = abs(X);                           % 周波数スペクトルの絶対値
absX(1, 1) = 0;                          % 図示のため直流分を除いておく
subplot(2, 2, 2);
mesh(n1, n2, absX);                      % 振幅スペクトルの立体的図示
view(-10, 60);                           % 視点（方位角，仰角）
axis([0, N1 - 1, 0, N2 - 1, 0, 5 * 10 ^ 4]);
xlabel('k_1'); ylabel('k_2'); zlabel('|X[k_1,k_2]|');
```

12.3.3 2 次元高速フーリエ変換

(1) 直接計算に基づく離散フーリエ変換

2 次元 DFT の直接的な計算とその計算量を考えてみよう．式 (12.22) から，ある一つの周波数 $[k_1, k_2]$ に対して $X[k_1, k_2]$ を求める場合，$N_1 N_2$ 回の複素乗算と $(N_1 N_2 - 1)$ 回の複素加算を必要とする†．したがって，$N_1 N_2$ 個のすべての周波数 $[k_1, k_2]$ に対して $X[k_1, k_2]$ を計算するために必要な複素乗算回数は

$$N_1 N_2 \cdot N_1 N_2 = N_1^2 \cdot N_2^2 \tag{12.35}$$

であり，複素加算回数は

$$N_1 N_2 \cdot (N_1 N_2 - 1) \tag{12.36}$$

となる．$N_1 = N_2 = N$ のとき，このような**直接計算** (direct computation) に基づく離散フーリエ変換の複素乗算回数と複素加算回数はともに $O(N^4)$ である．

(2) 行 – 列分解に基づく高速フーリエ変換

式 (12.22) の 2 次元 DFT を 1 次元 DFT に帰着させ，計算量を減少させることがで

† 2 次元 DFT における計算量の評価においては，回転因子 $W_{N_1}^{k_1 n_1} W_{N_2}^{k_2 n_2}$ は定数としてメモリなどに蓄えられており，計算の必要がないものとしている．

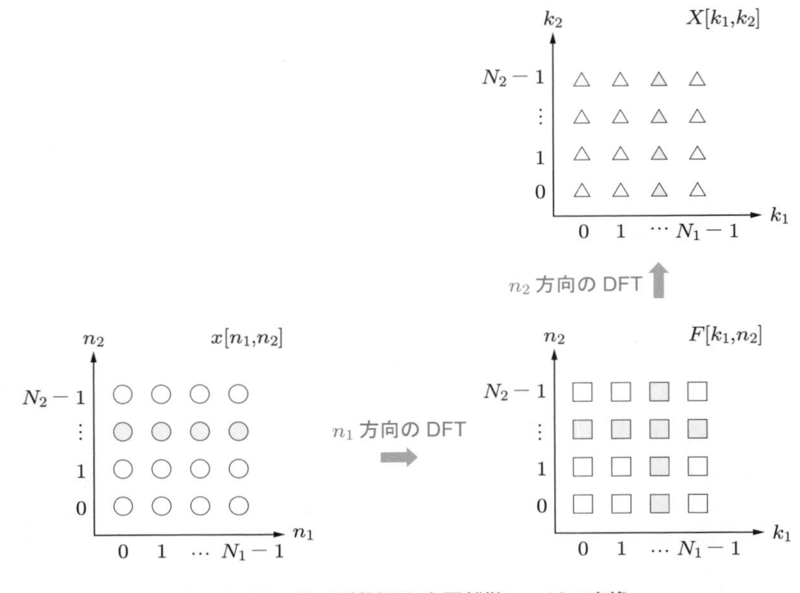

図 12.10 行 - 列分解 2 次元離散フーリエ変換

きる．すなわち，図 12.10 に示すように

$$F[k_1,n_2]=\sum_{n_1=0}^{N_1-1}x[n_1,n_2]W_{N_1}^{k_1n_1},\quad k_1=0,1,2,\cdots,N_1-1,\quad n_2=0,1,2,\cdots,N_2-1 \tag{12.37}$$

と定義すると，$F[k_1,n_2]$ は水平方向（n_1 方向）についての N_2 個の 1 次元 DFT である．この 1 次元 DFT $F[k_1,n_2]$ を用いると，式 (12.22) は次のように表せる．

$$X[k_1,k_2]=\sum_{n_2=0}^{N_2-1}F_1[k_1,n_2]W_{N_2}^{k_2n_2},\quad k_1=0,1,2,\cdots,N_1-1,\quad k_2=0,1,2,\cdots,N_2-1 \tag{12.38}$$

ここで，上式は垂直方向（n_2 方向）についての N_1 個の 1 次元 DFT である．したがって，2 次元 DFT は式 (12.37) と (12.38) の 1 次元 DFT に分解できる．以上のように，2 次元 DFT を計算するために，2 次元信号を行あるいは列ごとに分解して 1 次元信号を作り，これらの 1 次元信号ごとの 1 次元 DFT を行って，2 次元 DFT を計算する方法を**行 - 列分解** (row-column decomposition) の方法という．

N_1 と N_2 が 2 のべき乗の場合，それぞれの方向の 1 次元 DFT を 1 次元 FFT で置き換えることで，計算量の少ない **2 次元 FFT** が求められる．このアルゴリズムを**行 - 列分解 FFT**(row-column decomposition FFT) とよぶ．

行 - 列分解 FFT は，$x[n_1,n_2]$ から $F[k_1,n_2]$ をすべて求めるために $N_2\cdot(N_1/2)\log_2 N_1$ 回の複素乗算と $N_2\cdot N_1\log_2 N_1$ 回の複素加算を必要とし，$F[k_1,n_2]$ から $X[k_1,k_2]$ をすべて求めるために $N_1\cdot(N_2/2)\log_2 N_2$ 回の乗算回数と $N_1\cdot N_2\log_2 N_2$ 回の複素加算を必

要とする†．したがって，$x[n_1, n_2]$ から $X[k_1, k_2]$ を求めるために必要な複素乗算回数は

$$N_2 \cdot \frac{N_1}{2} \log_2 N_1 + N_1 \cdot \frac{N_2}{2} \log_2 N_2 = \frac{1}{2} N_1 N_2 \log_2 N_1 N_2 \tag{12.39}$$

となる．また，必要な複素加算回数は

$$N_2 \cdot N_1 \log_2 N_1 + N_1 \cdot N_2 \log_2 N_2 = N_1 N_2 \log_2 N_1 N_2 \tag{12.40}$$

となる．これらの値は $N_1 N_2$ 点の 1 次元 FFT のために必要とされる複素乗算回数と複素加算回数にそれぞれ等しい．$N_1 = N_2 = N$（ただし，2 のべき乗）の場合，行 - 列分解 FFT の複素乗算回数と複素加算回数はともに $O(N^2 \log_2 N)$ である．

演習問題

12.1 2 次元連続空間信号あるいは 2 次元離散空間信号の例を挙げよ．

12.2 t を連続変数とし，n を離散変数とするとき，$x(t, n)$ のように記述される 2 次元信号はアレイ信号とよばれる．アレイ信号の例を挙げよ．

12.3 12.2.2 項の 2 次元離散空間フーリエ変換の性質を証明せよ．

12.4 以下の信号の 2 次元離散空間フーリエ変換をそれぞれ求め，振幅スペクトルを図示せよ．

(1) $x[n_1, n_2] = \delta[n_1, n_2]$

(2) $x[n_1, n_2] = \delta[n_1]$

(3) $x[n_1, n_2] = \delta[n_1 - n_2]$

(4) $x[n_1, n_2] = a^{n_1} b^{n_2} u_0[n_1, n_2]$ （たとえば，$a = 0.5$，$b = 0.75$）

(5) $x[n_1, n_2] = \begin{cases} 1, & n_1 = 0, 1, 2, \cdots, L_1 - 1, \quad n_2 = 0, 1, 2, \cdots, L_2 - 1 \\ 0, & \text{その他} \end{cases}$
（たとえば，$L_1 = 2$，$L_2 = 4$）

(6) $x[n_1, n_2] = \cos(\alpha n_1 + \beta n_2)$ （たとえば，$\alpha = 0.25\pi$，$\beta = 0.5\pi$）

(7) $x[n_1, n_2] = (-1)^{n_1 + n_2}$

12.5 以下の 2 次元離散空間フーリエ変換 $X(e^{j\omega_1}, e^{j\omega_2})$ の逆変換 $x[n_1, n_2]$ をそれぞれ求め，図示せよ．

(1) $X(e^{j\omega_1}, e^{j\omega_2}) = \begin{cases} 1, & \omega_c \le |\omega_1| < \pi \text{ かつ } \omega_c \le |\omega_2| < \pi \\ 0, & \text{その他} \end{cases}$ （たとえば，$\omega_c = \pi/2$）

(2) $X(e^{j\omega_1}, e^{j\omega_2}) = \begin{cases} 1, & \omega_c \le |\omega_1| < \pi \text{ または } \omega_c \le |\omega_2| < \pi \\ 0, & \text{その他} \end{cases}$ （たとえば，$\omega_c = \pi/2$）

(3) $X(e^{j\omega_1}, e^{j\omega_2}) = \begin{cases} 1, & \sqrt{\omega_1^2 + \omega_2^2} \le \omega_c < \pi \\ 0, & \text{その他} \end{cases}$ （たとえば，$\omega_c = \pi/2$）

12.6 12.3.2 項の 2 次元 DFT の性質を証明せよ．

12.7 以下の (N_1, N_2) 点信号の 2 次元 DFT をそれぞれ求めよ．また，$N_1 = N_2 = 16$ のと

† 4.2 節で求めたように，N 点の 1 次元信号に対する FFT の複素乗算回数は $(N/2) \log_2 N$ であり，複素加算回数は $N \log_2 N$ である．

き，振幅とスペクトルを図示せよ．

(1) $x[n_1, n_2] = \delta[n_1, n_2]$

(2) $x[n_1, n_2] = \delta[n_1]$

(3) $x[n_1, n_2] = \delta[n_1 - n_2]$

(4) $x[n_1, n_2] = 1$

(5) $x[n_1, n_2] = \begin{cases} 1, & n_1 = 0, 1, 2, \cdots, L_1 - 1, \quad n_2 = 0, 1, 2, \cdots, L_2 - 1 \\ 0, & \text{その他} \end{cases}$

（たとえば，$L_1 = 2$，$L_2 = 4$）

(6) $x[n_1, n_2] = \cos(\alpha n_1 + \beta n_2)$　（たとえば，$\alpha = \pi/4$，$\beta = \pi/2$）

(7) $x[n_1, n_2] = (-1)^{n_1 + n_2}$

12.8 (N, N) 点信号の 2 次元 DFT を考える．直接計算により 2 次元 DFT を実行した場合の複素乗算回数と複素加算回数を，N に対して図示せよ．同様に，行 - 列分解による FFT により 2 次元 DFT を実行した場合の複素乗算回数と複素加算回数を，N に対して図示せよ．

13 2次元ディジタルフィルタ

本章では，2 次元ディジタル信号処理においてきわめて重要な処理方法である 2 次元ディジタルフィルタについて学ぶ．2 次元ディジタルフィルタは 2 次元信号の入力に対して 2 次元信号を出力するシステムであり，その入出力関係は入力と単位インパルス応答のたたみこみによって表される．2 次元ディジタルフィルタの解析と設計のために，2 次元 z 変換と離散空間フーリエ変換が利用できる．2 次元ディジタルフィルタの簡単な応用例として画像処理を取り上げている．

13.1 2次元離散空間システムとたたみこみ

図 13.1 のように，2 次元信号 $x[n_1, n_2]$ を入力し，2 次元信号 $y[n_1, n_2]$ を出力するシステムを 2 次元離散空間システムという．2 次元離散空間システムに対しても，1 次元と同様に**線形性**と**シフト不変性**（shift-invariance，1 次元の時不変性に対応する性質）を定義することができ，このような性質をもつシステムを **2 次元線形シフト不変システム**（two-dimensional linear shift-invariant system）とよぶ．信号処理のための 2 次元線形シフト不変システムを，**2 次元ディジタルフィルタ**（two-dimensional digital filter）とよぶ．

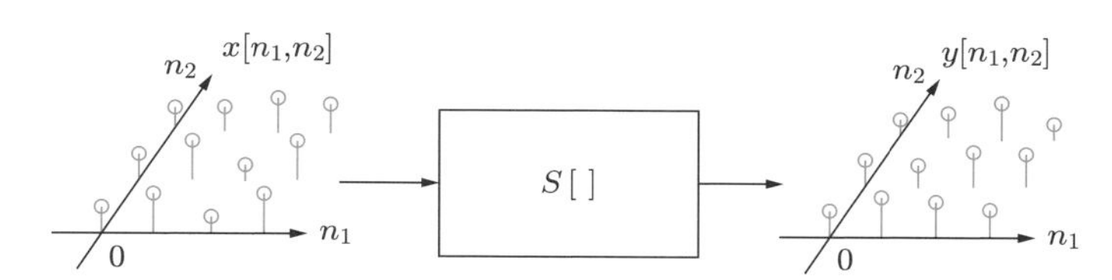

図 13.1　2 次元離散空間システム

2 次元ディジタルフィルタの単位インパルス応答を $h[n_1, n_2]$ とすると，このフィルタの入力 $x[n_1, n_2]$ と出力 $y[n_1, n_2]$ の関係は，以下の 2 次元たたみこみによって記述されることが知られている．

$$\begin{aligned} y[n_1, n_2] &= \sum_{k_1=-\infty}^{\infty} \sum_{k_2=-\infty}^{\infty} h[k_1, k_2] x[n_1 - k_1, n_2 - k_2] \\ &= h[n_1, n_2] * x[n_1, n_2] \end{aligned} \tag{13.1}$$

1 次元の場合と同様に，2 次元たたみこみの場合においても，上式の $h[n_1, n_2]$ と $x[n_1, n_2]$ の役割を交換しても同じ結果を得る．すなわち，次式のようになる．

$$y[n_1, n_2] = \sum_{k_1=-\infty}^{\infty} \sum_{k_2=-\infty}^{\infty} x[k_1, k_2]h[n_1 - k_1, n_2 - k_2]$$
$$= x[n_1, n_2] * h[n_1, n_2] \tag{13.2}$$

式 (13.1) あるいは (13.2) のたたみこみにおいて，単位インパルス応答が $h[n_1, n_2] = h_1[n_1]h_2[n_2]$ のように，および入力が $x[n_1, x_2] = x_1[n_1]x_2[n_2]$ のように，ともに**分離可能** (separable) であるとき，2 次元たたみこみは次のように表せる．

$$y[n_1, n_2] = \sum_{k_1=-\infty}^{\infty} \sum_{k_2=-\infty}^{\infty} h_1[k_1]h_2[k_2] \cdot x_1[n_1 - k_1]x_2[n_2 - k_2]$$
$$= \left\{ \sum_{k_1=-\infty}^{\infty} h_1[k_1]x_1[n_1 - k_1] \right\} \cdot \left\{ \sum_{k_2=-\infty}^{\infty} h_2[k_2]x_2[n_2 - k_2] \right\}$$
$$= \{h_1[n_1] * x_1[n_1]\} \cdot \{h_2[n_2] * x_2[n_2]\} \tag{13.3}$$

すなわち，たたみこみの結果 $y[n_1, n_2]$ は，二つの 1 次元たたみこみ $y_1[n_1] = h_1[n_1]*x_1[n_1]$ と $y_2[n_2] = h_2[n_2] * x_2[n_2]$ の積によって与えられる．

例題 13.1 次のように，2 次元ディジタルフィルタ $h[n_1, n_2]$ と入力 $x[n_1, n_2]$ が与えられたときの出力 $y[n_1, n_2]$ を求めよ．

$$h[n_1, n_2] = \begin{bmatrix} \underline{1} & 2 \\ 2 & 4 \end{bmatrix} \tag{13.4}$$

$$x[n_1, n_2] = \begin{bmatrix} \underline{1} & 1 & 1 \\ 1 & 1 & 1 \\ 1 & 1 & 1 \end{bmatrix} \tag{13.5}$$

解答 式 (13.1) から

$$y[n_1, n_2] = \sum_{k_1=0}^{1} \sum_{k_2=0}^{1} h[k_1, k_2]x[n_1 - k_1, n_2 - k_2] \tag{13.6}$$

を得る．上式から，たとえば $y[0, 0]$，$y[1, 0]$，$y[1, 1]$ は，以下のように求められる．

$$y[0, 0] = h[0, 0]x[0, 0] = 1 \cdot 1$$
$$= 1 \tag{13.7}$$
$$y[1, 0] = h[0, 0]x[1, 0] + h[1, 0]x[0, 0] = 1 \cdot 1 + 2 \cdot 1$$
$$= 3 \tag{13.8}$$
$$y[1, 1] = h[0, 0]x[1, 1] + h[1, 0]x[0, 1] + h[0, 1]x[1, 0] + h[1, 1]x[0, 0]$$
$$= 1 \cdot 1 + 2 \cdot 1 + 2 \cdot 1 + 4 \cdot 1$$
$$= 9 \tag{13.9}$$

以下同様にして，次のように出力 $y[n_1, n_2]$ が得られる．

$$y[n_1, n_2] = \begin{bmatrix} \underline{1} & 3 & 3 & 2 \\ 3 & 9 & 9 & 6 \\ 3 & 9 & 9 & 6 \\ 2 & 6 & 6 & 4 \end{bmatrix} \tag{13.10}$$

実行例をプログラム 13.1 に示す．

（別解）$h[n_1, n_2]$ と $x[n_1, n_2]$ は次のように分離可能であることを利用してたたみこみを求める．

$$h[n_1, n_2] = h_1[n_1]h_2[n_2] \tag{13.11}$$

ただし，

$$h_1[n_1] = \begin{bmatrix} \underline{1} \\ 2 \end{bmatrix}, \quad h_2[n_2] = \begin{bmatrix} \underline{1} & 2 \end{bmatrix} \tag{13.12}$$

$$x[n_1, n_2] = x_1[n_1]x_2[n_2] \tag{13.13}$$

$$x_1[n_1] = \begin{bmatrix} \underline{1} \\ 1 \\ 1 \end{bmatrix}, \quad x_2[n_2] = \begin{bmatrix} \underline{1} & 1 & 1 \end{bmatrix} \tag{13.14}$$

である．よって，$y_1[n_1] = h_1[n_1] * x_1[n_1]$ と $y_2[n_2] = h_2[n_2] * x_2[n_2]$ を求めれば，以下のようになる．

$$y_1[n_1] = \begin{bmatrix} \underline{1} \\ 3 \\ 3 \\ 2 \end{bmatrix}, \quad y_2[n_2] = \begin{bmatrix} \underline{1} & 3 & 3 & 2 \end{bmatrix} \tag{13.15}$$

したがって，

$$\begin{aligned} y[n_1, n_2] &= y_1[n_1]y_2[n_2] \\ &= \begin{bmatrix} \underline{1} & 3 & 3 & 2 \\ 3 & 9 & 9 & 6 \\ 3 & 9 & 9 & 6 \\ 2 & 6 & 6 & 4 \end{bmatrix} \end{aligned} \tag{13.16}$$

となる．この結果は直接のたたみこみの結果 (13.10) と同じものである．

プログラム 13.1 2次元ディジタルフィルタ（例題 13.1）

```
h = [1 2;
     2 4];         % 単位インパルス応答
x = [1 1 1;
     1 1 1;
     1 1 1];       % 入力
y = conv2(h, x)  % たたみこみによる出力
```

ディスプレイの表示

```
y =
     1     3     3     2
     3     9     9     6
     3     9     9     6
     2     6     6     4
```

13.2 2次元 z 変換

信号 $x[n_1, n_2]$ の **2次元 z 変換** (two-dimensional z-transform) $X(z_1, z_2)$ は次式で定義される.

$$X(z_1, z_2) = \sum_{n_1=-\infty}^{\infty} \sum_{n_2=-\infty}^{\infty} x[n_1, n_2] z_1^{-n_1} z_2^{-n_2} \tag{13.17}$$

ここで, z_1 と z_2 は複素変数であり, 上式が収束する範囲の値をとるものとする. これに対して, 逆 z 変換は

$$x[n_1, n_2] = \frac{1}{(2\pi j)^2} \oint_{C_1} \oint_{C_2} X(z_1, z_2) z_1^{n_1-1} z_2^{n_2-1} dz_1 dz_2 \tag{13.18}$$

と表せる. ここで, C_1 および C_2 は z_1 平面および z_2 平面の原点を囲む適当な閉曲線である. 簡単な逆 z 変換であれば, 6.3.2 項で与えられた部分分数展開法あるいはべき級数展開法により求められる.

2次元信号 $x[n_1, n_2]$ の z 変換 $X(z_1, z_2)$ において, $z_1 = e^{j\omega_1}$ および $z_2 = e^{j\omega_2}$ とおくと, 複素関数 $X(z_1, z_2)|_{z_1=e^{j\omega_1}, z_2=e^{j\omega_2}}$ は信号 $x[n_1, n_2]$ の周波数スペクトルを表す. このことは式 (12.8) と式 (13.17) の比較から理解される.

例題 13.2 以下の信号の2次元 z 変換を求めよ.

(1) 単位インパルス $\delta[n_1, n_2]$

(2) 単位ステップ $u_0[n_1, n_2]$

(3) 指数関数 $\alpha_1^{n_1} \alpha_2^{n_2} u_0[n_1, n_2]$

解答 (1) 単位インパルス

$$\sum_{n_1=-\infty}^{\infty} \sum_{n_2=-\infty}^{\infty} \delta[n_1, n_2] z_1^{-n_1} z_2^{-n_2} = 1, \quad \text{収束領域：} z_1, z_2 = 0 \text{ を除く任意の } z_1, z_2 \tag{13.19}$$

(2) 単位ステップ

$$\begin{aligned} \sum_{n_1=-\infty}^{\infty} \sum_{n_2=-\infty}^{\infty} u_0[n_1, n_2] z_1^{-n_1} z_2^{-n_2} &= \sum_{n_1=0}^{\infty} z_1^{-n_1} \sum_{n_2=0}^{\infty} z_2^{-n_2} \\ &= \frac{1}{1 - z_1^{-1}} \cdot \frac{1}{1 - z_2^{-1}}, \quad \text{収束領域：} |z_1|, |z_2| > 1 \end{aligned} \tag{13.20}$$

(3) 指数関数

$$\sum_{n_1=-\infty}^{\infty}\sum_{n_2=-\infty}^{\infty}\alpha_1^{n_1}\alpha_2^{n_2}u_0[n_1,n_2]z_1^{-n_1}z_2^{-n_2}=\sum_{n_1=0}^{\infty}(\alpha_1 z_1^{-1})^{n_1}\sum_{n_2=0}^{\infty}(\alpha_2 z_2^{-1})^{n_2}$$
$$=\frac{1}{1-\alpha_1 z_1^{-1}}\cdot\frac{1}{1-\alpha_2 z_2^{-1}},\quad \text{収束領域：}|z_1|>|\alpha_1|,\ |z_2|>|\alpha_2| \tag{13.21}$$

例題 13.3 次の 2 次元 z 変換の逆変換 $x[n_1,n_2]$ を求めよ．ただし，$x[n_1,n_2]$ は $n_1,n_2\geq 0$ の範囲で値をもつものとする．

$$X(z_1,z_2)=\frac{1}{1-az_1^{-1}z_2^{-1}} \tag{13.22}$$

解答 $X(z_1,z_2)$ を以下のように変形する．

$$X(z_1,z_2)=\frac{1}{1-az_1^{-1}z_2^{-1}}$$
$$=\sum_{n=0}^{\infty}a^n z_1^{-n}z_2^{-n} \tag{13.23}$$

よって，次のように求められる．

$$x[n_1,n_2]=\begin{cases} a^n, & n_1=n_2=n\geq 0 \\ 0, & \text{その他}\end{cases} \tag{13.24}$$

z 変換の基礎的性質を以下に示す．

(1) 線形性：

$$a_1x_1[n_1,n_2]+a_2x_2[n_1,n_2]\longleftrightarrow a_1X_1(z_1,z_2)+a_2X_2(z_1,z_2) \tag{13.25}$$

(2) 分離性：

$$x_1[n_1]x_2[n_2]\longleftrightarrow X_1(z_1)X_2(z_2) \tag{13.26}$$

(3) たたみこみ：

$$y[n_1,n_2]=\sum_{k_1=-\infty}^{\infty}\sum_{k_2=-\infty}^{\infty}h[k_1,k_2]x[n_1-k_1,n_2-k_2]$$
$$\longleftrightarrow Y(z_1,z_2)=H(z_1,z_2)X(z_1,z_2) \tag{13.27}$$

(4) 推移：

整数 p_1 と p_2 に対して

$$x[n_1\pm p_1,n_2\pm p_2]\longleftrightarrow z_1^{\pm p_1}z_2^{\pm p_2}X(z_1,z_2)\quad \text{（複号同順）} \tag{13.28}$$

(5) 共役性：

$$x^*[n_1,n_2]\longleftrightarrow X^*(z_1^*,z_2^*) \tag{13.29}$$

(6) 対称性：

実数の信号 $x[n_1,n_2]=x^*[n_1,n_2]$ に対して

$$X(z_1,z_2)=X^*(z_1^*,z_2^*)\quad \text{（共役対称）} \tag{13.30}$$

$$|X(z_1, z_2)| = |X(z_1^*, z_2^*)| \quad (偶対称) \tag{13.31}$$

$$\angle X(z_1, z_2) = -\angle X(z_1^*, z_2^*) \quad (奇対称) \tag{13.32}$$

13.3 2 次元 FIR フィルタ

13.3.1 FIR フィルタのアルゴリズム

2 次元単位インパルス応答 $h[n_1, n_2]$ をもつ 2 次元ディジタルフィルタのたたみこみの表現を，以下のように記述する．

$$y[n_1, n_2] = \sum_{[k_1, k_2]} \sum_{\in S} h[k_1, k_2] x[n_1 - k_1, n_2 - k_2] \tag{13.33}$$

ここで，S はインデックス $[k_1, k_2]$ の範囲であり，この範囲の外では $h[k_1, k_2]$ はすべて 0 となる．S は $h[k_1, k_2]$ の**サポート領域** (region of support) とよばれる．

単位インパルス応答 $h[n_1, n_2]$ が $[n_1, n_2]$ の有限の区間内で継続するとき，すなわちサポート領域 S が $[n_1, n_2]$ の有限の領域であるとき，この単位インパルス応答は有限区間の単位インパルス応答である．有限区間の単位インパルス応答をもつ 2 次元ディジタルフィルタは，**2 次元 FIR フィルタ** (two-dimensional FIR filter) とよばれる．

たとえば，$h[n_1, n_2]$ のサポート領域が次の領域であるとする．

$$S = \{[n_1, n_2] | \ n_1 = 0, 1, \ n_2 = 0, 1\} \tag{13.34}$$

このとき，2 次元 FIR フィルタは以下のたたみこみによって入力から出力を作り出す．

$$\begin{aligned} y[n_1, n_2] = & h[0,0]x[n_1, n_2] + h[1,0]x[n_1 - 1, n_2] \\ & + h[0,1]x[n_1, n_2 - 1] + h[1,1]x[n_1 - 1, n_2 - 1] \end{aligned} \tag{13.35}$$

したがって，この 2 次元 FIR フィルタの入出力関係は図 13.2 のように表される．

単位インパルス応答 $h[n_1, n_2]$ が $[n_1, n_2]$ の無限の区間で継続するとき，すなわちサポート領域 S が $[n_1, n_2]$ の無限の領域に広がっているとき，この単位インパルス応答は無限区間の単位インパルス応答である．無限区間の単位インパルス応答をもつ 2 次元ディジタルフィルタは，**2 次元 IIR フィルタ** (two-dimensional IIR filter) とよばれる．2 次

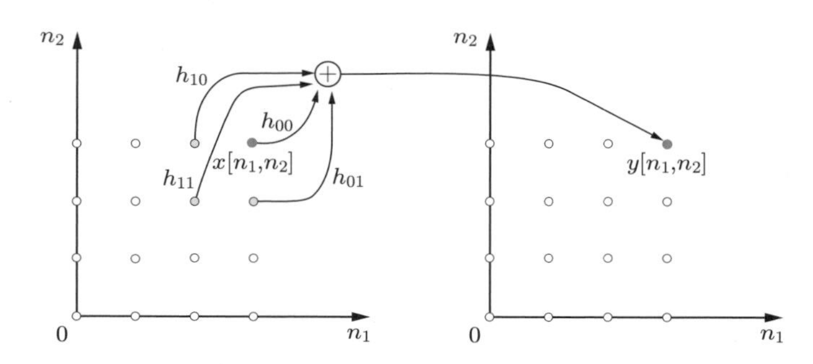

図 13.2 2 次元 FIR フィルタの入出力関係

元 IIR フィルタは 2 次元の差分方程式によって記述され，入力信号から出力信号を再帰的に作り出す．

13.3.2 伝達関数と周波数応答

z 変換のたたみこみの性質を利用し，式 (13.33) の両辺の 2 次元 z 変換を求めると次式が得られる．

$$Y(z_1, z_2) = H(z_1, z_2)X(z_1, z_2) \tag{13.36}$$

上式から，出力の z 変換 $Y(z_1, z_2)$ と入力の z 変換 $X(z_1, z_2)$ の比 $Y(z_1, z_2)/X(z_1, z_2)$ を求めると

$$H(z_1, z_2) = \sum_{[k_1, k_2]} \sum_{\in S} h[k_1, k_2] z_1^{-k_1} z_2^{-k_2} \tag{13.37}$$

となる．この z 変換 $H(z_1, z_2)$ は 2 次元ディジタルフィルタの単位インパルス応答 $h[n_1, n_2]$ の z 変換であり，このディジタルフィルタの伝達関数とよばれる．

たとえば，式 (13.35) で表される 2 次元 FIR フィルタの伝達関数は以下のようになる．

$$H(z_1, z_2) = h[0,0] + h[1,0]z_1^{-1} + h[0,1]z_2^{-1} + h[1,1]z_1^{-1}z_2^{-1} \tag{13.38}$$

2 次元ディジタルフィルタに周波数 ω_1 と ω_2 の複素指数関数 $\exp(j\omega_1 n_1 + j\omega_2 n_2)$ を入力したときの出力は，式 (13.33) から

$$y[n_1, n_2] = H(e^{j\omega_1}, e^{j\omega_2}) \exp(j\omega_1 n_1 + j\omega_2 n_2) \tag{13.39}$$

と表される．ここで，$H(e^{j\omega_1}, e^{j\omega_2})$ は 2 次元ディジタルフィルタの周波数応答であり，次式によって与えられる．

$$H(e^{j\omega_1}, e^{j\omega_2}) = \sum_{[k_1, k_2]} \sum_{\in S} h[k_1, k_2] e^{-j\omega_1 k_1} e^{-j\omega_2 k_2} \tag{13.40}$$

すなわち，2 次元ディジタルフィルタの周波数応答は単位インパルス応答 $h[n_1, n_2]$ の 2 次元離散空間フーリエ変換である．また，式 (13.40) と式 (13.37) の比較から，伝達関数 $H(z_1, z_2)$ に $z_1 = e^{j\omega_1}$ と $z_2 = e^{j\omega_2}$ を代入したものが周波数応答となる．

例題 13.4 次の 2 次元 FIR フィルタ $h[n_1, n_2]$ の伝達関数を求めよ．また，周波数応答を求めて図示することで，この 2 次元 FIR フィルタが低域フィルタであることを示せ．

$$h[n_1, n_2] = \frac{1}{16} \begin{bmatrix} \underline{1} & 2 & 1 \\ 2 & 4 & 2 \\ 1 & 2 & 1 \end{bmatrix} \tag{13.41}$$

解答 単位インパルス応答の z 変換として伝達関数は，以下のように求められる．

$$\begin{aligned} H(z_1, z_2) &= \sum_{[k_1, k_2]} \sum_{\in S} h[k_1, k_2] z_1^{-k_1} z_2^{-k_2} \\ &= \frac{1}{16} \left\{ (1 + 2z_1^{-1} + z_1^{-2}) + 2z_2^{-1} \left(1 + 2z_1^{-1} + z_1^{-2}\right) + z_2^{-2} \left(1 + 2z_1^{-1} + z_1^{-2}\right) \right\} \end{aligned}$$

$$= \frac{1}{16}\left(1+2z_1^{-1}+z_1^{-2}\right)\left(1+2z_2^{-1}+z_2^{-2}\right)$$
$$= \frac{1}{16}\left(1+z_1^{-1}\right)^2\left(1+z_2^{-1}\right)^2 \tag{13.42}$$

周波数応答 $H\left(e^{j\omega_1}, e^{j\omega_2}\right)$ を求めるために

$$1+z^{-1}\big|_{z=e^{j\omega}} = 2\cos\frac{\omega}{2}\cdot e^{-j\omega/2} \tag{13.43}$$

であることを利用すると

$$H\left(e^{j\omega_1}, e^{j\omega_2}\right) = \frac{1}{16}\left(2\cos\frac{\omega_1}{2}\cdot e^{-j\omega_1/2}\right)^2\left(2\cos\frac{\omega_2}{2}\cdot e^{-j\omega_2/2}\right)^2$$
$$= \cos^2\frac{\omega_1}{2}\cos^2\frac{\omega_2}{2}\cdot e^{-j(\omega_1+\omega_2)} \tag{13.44}$$

となる．図 13.3 に振幅特性 $\left|H\left(e^{j\omega_1}, e^{j\omega_2}\right)\right| = \cos^2(\omega_1/2)\cos^2(\omega_2/2)$ を示す．この 2 次元 FIR フィルタでは，低い周波数の領域（$\sqrt{\omega_1^2+\omega_2^2}$ が小さい領域）において振幅特性が 1 に近く，周波数が高くなる（$\sqrt{\omega_1^2+\omega_2^2}$ が大きくなる）に従って振幅特性が 0 に近づいていく．よって，この 2 次元 FIR フィルタは低域フィルタである．実行例をプログラム 13.2 に示す．

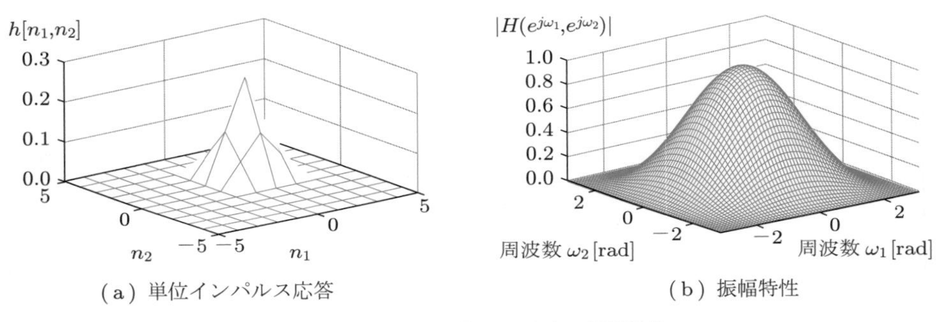

（a）単位インパルス応答　（b）振幅特性

図 13.3 2次元 FIR フィルタの振幅特性

プログラム 13.2 2次元 FIR フィルタの周波数応答（例題 13.4，図 13.3）

```
h = [1 2 1;
     2 4 2;
     1 2 1] / 16;                                        % 単位インパルス応答
hz = zeros(11, 11); hz(6 : 8, 6 : 8) = h(1 : 3, 1 : 3);  % 図示のためのゼロづめ
n1 = -5 : 5; n2 = n1;                                    % 信号の区間
subplot(2, 2, 1);
mesh(n1, n2, hz);                                        % 信号の図示
axis([-5, 5, -5, 5, 0, 0.3]);
xlabel('n_1'); ylabel('n_2'); zlabel('h[n_1,n_2]');
[H, f1, f2] = freqz2(h);                                 % 2次元周波数応答
w1 = pi * f1; w2 = pi * f2;                              % 周波数の変換
subplot(2, 2, 2);
mesh(w1, w2, abs(H));                                    % 振幅特性の図示
axis([-pi, pi, -pi, pi 0, 1]);
xlabel('\omega_1 [rad]'); ylabel('\omega_2 [rad]');
zlabel('|H(e^{j\omega_1},e^{j\omega_2})|');
```

13.4　2 次元 FIR フィルタによる画像処理

本節では，2 次元 FIR フィルタの応用例の一つとして簡単な**画像処理** (image processing) を取り上げる．画像処理の分野では，2 次元 FIR フィルタは**空間フィルタ** (spatial filter) ともよばれている．

13.4.1　平滑化と雑音除去

図 13.4 のように，画像の輝度値の変化を滑らかにすることを**平滑化** (smoothing) という．平滑化フィルタの単位インパルス応答として以下のようなものがある．

$$h_{\rm s}[n_1, n_2] = \frac{1}{9}\begin{bmatrix} 1 & 1 & 1 \\ 1 & \underline{1} & 1 \\ 1 & 1 & 1 \end{bmatrix} \tag{13.45}$$

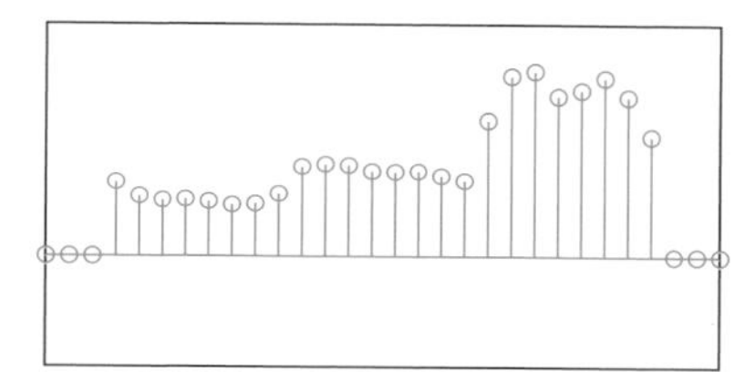

（a）画像の断面

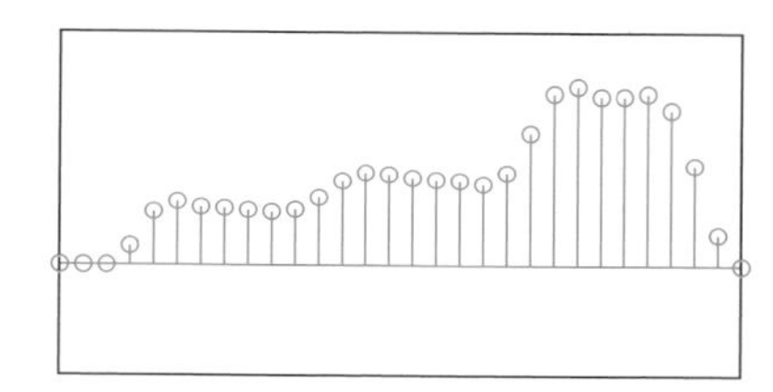

（b）平滑化された画像の断面

図 13.4　**画像の平滑化**

平滑化フィルタによって画像中に加わった雑音を除去することができる．雑音は画像の撮像や伝送の際に加わるランダムな信号であり，画像との相関は小さい．したがって，図 13.5 のように，平滑化（平均化）により画像中に含まれる**雑音除去** (noise reduction) を行うことができる．

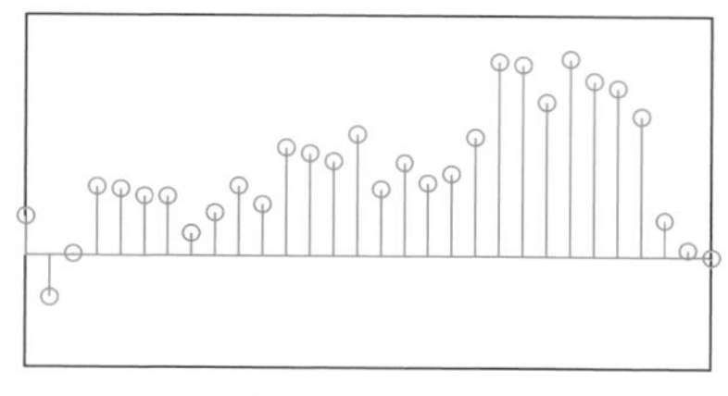

（a）雑音が入った画像の断面

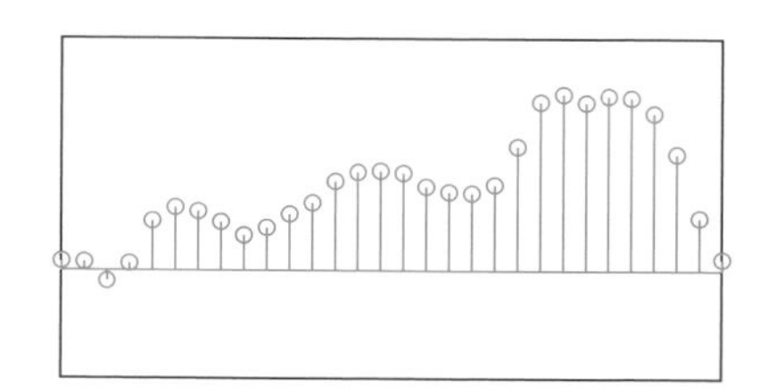

（b）雑音が除去された画像の断面

図 13.5　**画像の雑音除去**

式 (13.45) から，この平滑化フィルタの出力 $y[n_1, n_2]$ は入力 $x[n_1, n_2]$ を中心とする 9 点の信号の平均値となっている．したがって，平滑化は**平均化** (averaging) の処理でもある．平滑化フィルタは，以下のような周波数応答をもつ分離形の低域フィルタであることがわかる．

$$
\begin{aligned}
H_{\mathrm{s}}(e^{j\omega_1}, e^{j\omega_2}) &= \sum_{k_1=-1}^{1} \sum_{k_2=-1}^{1} h[k_1, k_2] e^{-j\omega_1 k_1} e^{-j\omega_2 k_2} \\
&= \sum_{k_1=-1}^{1} \sum_{k_2=-1}^{1} \frac{1}{9} e^{-j\omega_1 k_1} e^{-j\omega_2 k_2} \\
&= \frac{1}{9}(1 + 2\cos\omega_1)(1 + 2\cos\omega_2) \qquad (13.46)
\end{aligned}
$$

振幅特性を図 13.6(a) に示す．平滑化フィルタは $|H_{\mathrm{s}}(e^{j0}, e^{j0})| = 1$ であり，低域通過の特性をもつ．したがって，入力画像の直流成分を変化させずに高周波成分を減少させる．図 13.6(b) の画像 Sumiyagura を平滑化フィルタ $h_{\mathrm{s}}[n_1, n_2]$ に通して得られた結果を，図 13.6(c) に示す．一方，画像 Sumiyagura に**白色ガウス雑音** (white Gaussian noise) が加わった画像を，図 13.6(d) に示す．この画像を平滑化フィルタに通して得られた結果を，図 13.6(e) に示す．これらの処理結果から，画像の平滑化と雑音除去が行われていることがわかる．

実行例をプログラム 13.3 に示す．このプログラムは，後述する鮮鋭化や輪郭抽出も含んでいる．

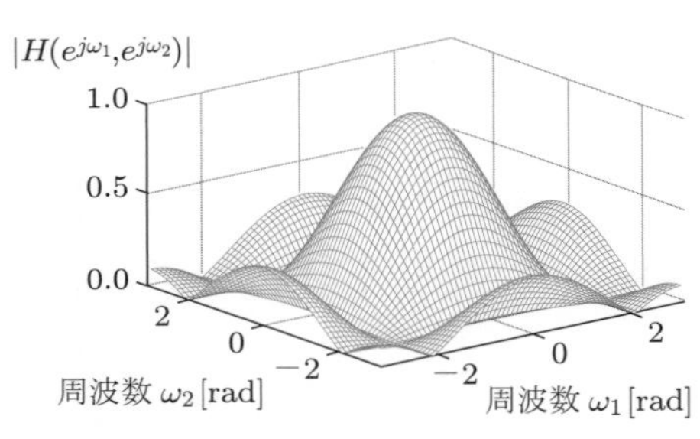

(a) 平滑化フィルタの振幅特性

(b) 入力画像 Sumiyagura

(c) 平滑化された画像

(d) 雑音が入った画像

(e) 雑音除去された画像

図 13.6 平滑化フィルタの振幅特性と処理結果

プログラム 13.3 2 次元 FIR フィルタによる画像処理（図 13.6, 図 13.8, 図 13.10）

```
x = imread('Sumiyagura.bmp');  % 画像の読み込み
figure(1);
imshow(x, [0, 255]);           % 入力画像の図示

% 平滑化と雑音除去
hs = [1 1 1;
      1 1 1;
      1 1 1] / 9;                            % 平滑化フィルタ
ys = filter2(hs, x);                         % 平滑化
figure(2);
imshow(ys, [0, 255]);                        % 平滑化された画像の図示
mu = 0; sigma2 = 0.0025;                     % 白色ガウス雑音の平均と分散
noisy_x = imnoise(x, 'gaussian', mu, sigma2); % 画像に白色ガウス雑音を加える
figure(3);
imshow(noisy_x, [0, 255]);                   % 雑音が入った画像の図示
yn = filter2(hs, noisy_x);                   % 雑音の除去
figure(4);
imshow(yn, [0, 255]);                        % 雑音除去された画像の図示

% 鮮鋭化
he = [ 0 -1  0;
      -1  5 -1;
       0 -1  0];                % 鮮鋭化フィルタ
ye = filter2(he, x);            % 鮮鋭化
figure(5);
imshow(abs(ye), [0, 255]);      % 鮮鋭化された画像の図示，負の値の表示のため絶対値を計算

% 輪郭抽出
hL = [0  1  0;
      1 -4  1;
      0  1  0];                 % ラプラシアンフィルタ
yL = filter2(hL, x);            % 輪郭抽出
figure(6);
imshow(abs(yL), [0, 255]);      % 輪郭抽出された画像の図示，負の値の表示のため絶対値を計算
```

13.4.2 画像の鮮鋭化と輪郭抽出

画像は撮像や伝送，符号化などの操作を経ると，その高周波成分が弱められることがある．このために，図 13.7 のように，画像の**ぼけ** (blur) が生じ，画像の輪郭が不鮮明になる．画像のぼけを減少させ，画像を鮮明にすることを**鮮鋭化** (sharpening) という．画像中の高周波成分が弱まることで画像のぼけは起こることから，高周波成分を強調することによって鮮鋭化を行うことができる．したがって，鮮鋭化のための空間フィルタは，高域において大きい振幅特性をもつこと，つまり**高域強調** (enhancement) の振幅特性をもつことが必要である．

このような鮮鋭化フィルタの単位インパルス応答として次のようなものがある．

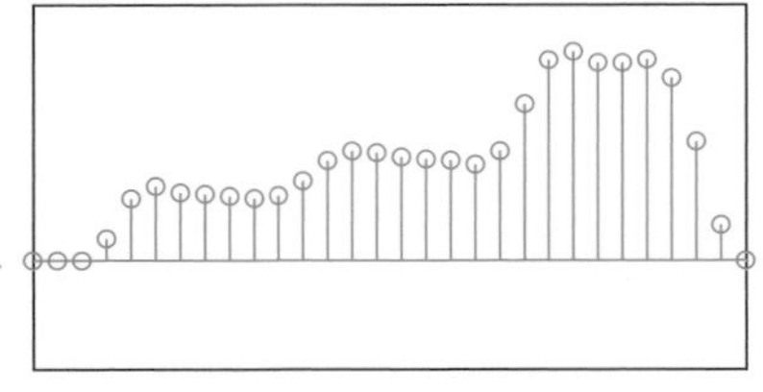

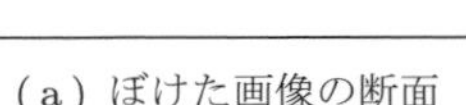

(a) ぼけた画像の断面

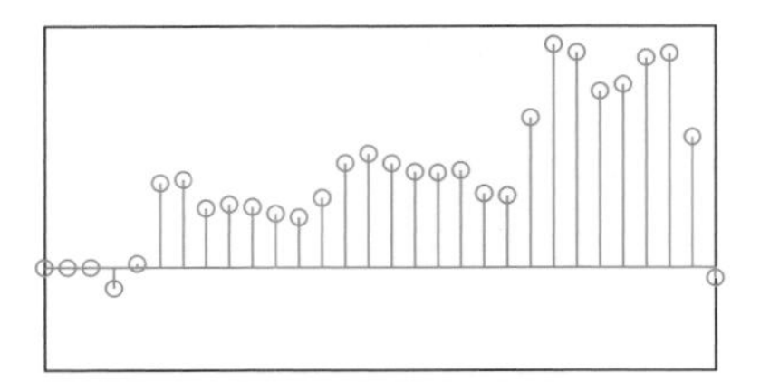

(b) 鮮鋭化された画像の断面

図 13.7 **ぼけた画像の鮮鋭化**

$$h_{\mathrm{e}}[n_1, n_2] = \begin{bmatrix} 0 & -1 & 0 \\ -1 & \underline{5} & -1 \\ 0 & -1 & 0 \end{bmatrix} \tag{13.47}$$

鮮鋭化フィルタの周波数応答は

$$\begin{aligned} H_{\mathrm{e}}(e^{j\omega_1}, e^{j\omega_2}) &= \sum_{k_1=-1}^{1} \sum_{k_2=-1}^{1} h_{\mathrm{e}}[k_1, k_2] e^{-j\omega_1 k_1} e^{-j\omega_2 k_2} \\ &= 5 - 2(\cos\omega_1 + \cos\omega_2) \end{aligned} \tag{13.48}$$

となり，高域強調の周波数特性をもつ．振幅特性を図 13.8(a) に示す．鮮鋭化フィルタは $|H_{\mathrm{e}}(e^{j0}, e^{j0})| = 1$ であるから，直流成分を変化させることなく高域成分を強調する．図 13.6(b) の画像 Sumiyagura に対して，鮮鋭化フィルタ $h_{\mathrm{e}}[n_1, n_2]$ を通して得られた画像を図 13.8(b) に示す．画像の高周波成分が強調され，輪郭が鮮明になっていることがわかる．

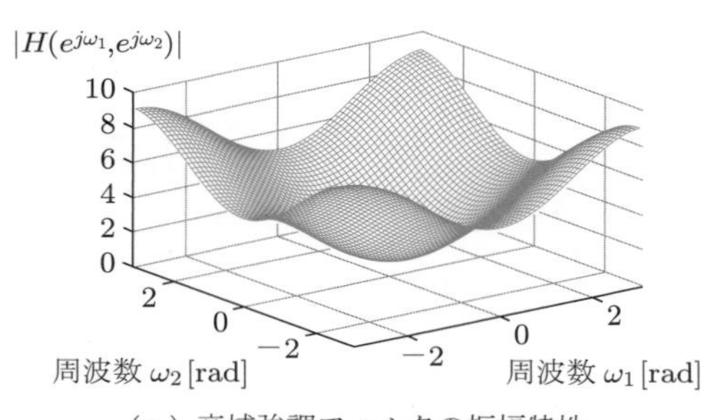

(a) 高域強調フィルタの振幅特性

(b) 輪郭が強調された画像

図 13.8 **鮮鋭化フィルタの振幅特性と処理結果**

画像中の物体や文字，人物の顔などの**輪郭線** (edge) は画像の構造に関する重要な情報であり，画像認識のための重要な情報を含んでいる．輪郭線は画像中の濃淡が急激に変化する部分にあり，ここには高周波成分が多く含まれている．したがって，図 13.9 のように輪郭線を抽出するための空間フィルタは高域フィルタとなる．

次に示す空間フィルタは，**ラプラシアンオペレータ** (Laplacian operator) あるいは**ラプラシアンフィルタ** (Laplacian filter) とよばれ，輪郭線の抽出のために画像処理におい

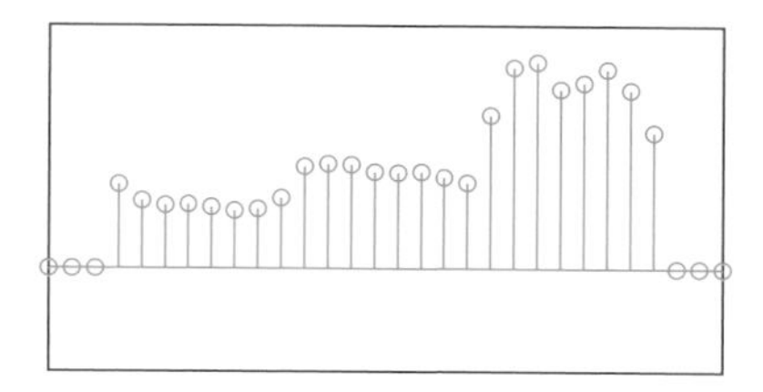

(a) 画像の断面

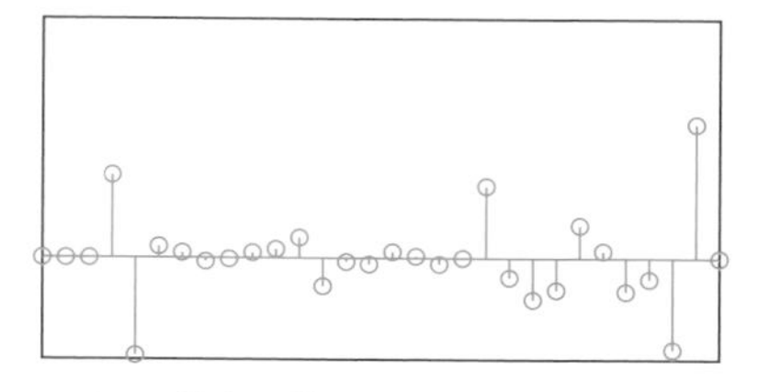

(b) 輪郭が抽出された画像の断面

図 13.9 ラプラシアンフィルタによる輪郭線の抽出

てよく用いられる．

$$h_{\mathrm{L}}[n_1, n_2] = \begin{bmatrix} 0 & 1 & 0 \\ 1 & \underline{-4} & 1 \\ 0 & 1 & 0 \end{bmatrix} \tag{13.49}$$

この単位インパルス応答は，鮮鋭化フィルタの単位インパルス応答 $h_{\mathrm{e}}[n_1, n_2]$ を用いて以下のように表される．

$$h_{\mathrm{L}}[n_1, n_2] = \delta[n_1, n_2] - h_{\mathrm{e}}[n_1, n_2] \tag{13.50}$$

ラプラシアンフィルタの周波数応答は

$$\begin{aligned} H_{\mathrm{L}}(e^{j\omega_1}, e^{j\omega_2}) &= \sum_{k_1=-1}^{1} \sum_{k_2=-1}^{1} h_{\mathrm{L}}[k_1, k_2] e^{-j\omega_1 k_1} e^{-j\omega_2 k_2} \\ &= 2(\cos\omega_1 + \cos\omega_2) - 4 \end{aligned} \tag{13.51}$$

であり，高域フィルタの振幅特性となっている．振幅特性を図 13.10(a) に示す．式 (13.50) から，高域強調フィルタの周波数応答 $H_{\mathrm{e}}(e^{j\omega_1}, e^{j\omega_2})$ を用いて $H_{\mathrm{L}}(e^{j\omega_1}, e^{j\omega_2})$ は以下のように表される．

$$H_{\mathrm{L}}(e^{j\omega_1}, e^{j\omega_2}) = 1 - H_{\mathrm{e}}(e^{j\omega_1}, e^{j\omega_2}) \tag{13.52}$$

したがって，ラプラシアンフィルタの振幅特性は鮮鋭化フィルタの振幅特性を 1 だけ下げ

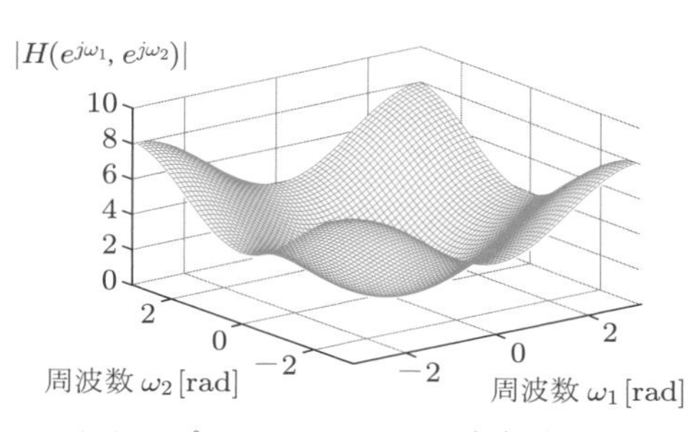

(a) ラプラシアンフィルタの振幅特性

(b) 輪郭が抽出された画像

図 13.10 画像の輪郭抽出

たものである．ラプラシアンフィルタでは $|H_{\mathrm{L}}(e^{j0}, e^{j0})| = 0$ であるから，画像の直流成分が完全に除去され，高周波成分が強調される．図 13.6(b) の画像 Sumiyagura を，ラプラシアンフィルタ $h_{\mathrm{L}}[n_1, n_2]$ に通して得られた結果を図 13.10(b)†に示す．この図から，画像中の輪郭のみが抽出されていることがわかる．

演習問題

13.1 次の 2 次元 FIR フィルタ $h[n_1, n_2]$ について，以下の問いに答えよ．

$$h[n_1, n_2] = \frac{1}{4}\begin{bmatrix} \underline{1} & 1 \\ 1 & 1 \end{bmatrix}$$

(1) 以下の入力に対する出力 $y[n_1, n_2]$ をそれぞれ求めよ．

i) $x[n_1, n_2] = u_0[n_1, n_2]$
ii) $x[n_1, n_2] = (-1)^{n_1+n_2}u_0[n_1, n_2]$

(2) 伝達関数を求めよ．
(3) 周波数応答を求め，振幅特性と位相特性を図示せよ．
(4) 以上の計算例から，2 次元 FIR フィルタ $h[n_1, n_2]$ はどのような信号処理を行うことができるかを考察せよ．

13.2 2 次元 FIR フィルタの単位インパルス応答が次のようなものであるとき，演習問題 13.1 と同様の問いに答えよ．

$$h[n_1, n_2] = \frac{1}{4}\begin{bmatrix} \underline{1} & -1 \\ -1 & 1 \end{bmatrix}$$

13.3 13.2 節の 2 次元 z 変換の性質を証明せよ．

13.4 以下の信号の 2 次元 z 変換をそれぞれ求めよ．

(1) $x[n_1, n_2] = \delta[n_1]$
(2) $x[n_1, n_2] = \delta[n_1 - n_2]$
(3) $x[n_1, n_2] = \begin{cases} 1, & n_1 = 0, 1, 2, \cdots, L_1 - 1, \quad n_2 = 0, 1, 2, \cdots, L_2 - 1 \\ 0, & \text{その他} \end{cases}$
(4) $x[n_1, n_2] = \exp(j\alpha_1 n_1 + j\alpha_2 n_2)u_0[n_1, n_2]$
(5) $x[n_1, n_2] = \cos(\alpha_1 n_1 + \alpha_2 n_2)u_0[n_1, n_2]$

13.5 以下の 2 次元 z 変換の逆変換 $x[n_1, n_2]$ をそれぞれ求めよ．ただし，$x[n_1, n_2]$ は $n_1, n_2 \geq 0$ の範囲で値をもつものとする．

(1) $X(z_1, z_2) = \dfrac{1}{1 - az_1^{-1} - bz_2^{-1}}$
(2) $X(z_1, z_2) = \dfrac{1}{1 - az_1^{-1}z_2^{-2} - bz_1^{-1}}$

13.6 1 次元ディジタルフィルタのブロック図を描くために，記号 “z^{-1}” を用いて時間的な単位

† 図示に際しては，計算結果の絶対値をとっている．

遅延素子を表している．これと同様に，記号 "z_1^{-1}" を用いて n_1 方向の空間的な単位遅延素子を表し，記号 "z_2^{-1}" を用いて n_2 方向の空間的な単位遅延素子を表すものとする．このとき，次の 2 次元 FIR フィルタ $H(z_1, z_2)$ のブロック図を描け．

$$H(z_1, z_2) = h[0,0] + h[1,0]z_1^{-1} + h[0,1]z_2^{-1} + h[1,1]z_1^{-1}z_2^{-1}$$

13.7 単位インパルス応答 $h[n_1, n_2]$ をもつ 2 次元 FIR フィルタ $H(z_1, z_2)$ は低域フィルタであるとする．たとえば，$|H(e^{j\omega_1}, e^{j\omega_2})| = 1$ $(\sqrt{\omega_1^2 + \omega_2^2} \leq \omega_c < \pi)$，$|H(e^{j\omega_1}, e^{j\omega_2})| = 0$ (その他) とせよ．このとき，以下の伝達関数をもつ 2 次元 FIR フィルタの周波数応答と単位インパルス応答をそれぞれ求め，これらの 2 次元 FIR フィルタがどのような信号処理的機能をもつかを検討せよ．

(1) $H(-z_1, -z_2)$

(2) $H(-z_1^2, -z_2^2)$

(3) $H(z_1^2, z_2^2)$

13.8 13.4 節で与えられた平滑化フィルタ $h_s[n_1, n_2]$，鮮鋭化フィルタ $h_e[n_1, n_2]$，ラプラシアンフィルタ $h_L[n_1, n_2]$ によって次の信号を処理し，それぞれのフィルタの効果を確認せよ．

$$x[n_1, n_2] = \begin{cases} 1, & n_1, n_2 = 5, 6, \cdots, 15 \\ 0, & \text{その他} \end{cases}$$

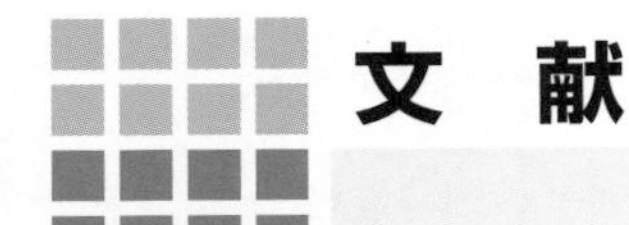

文献

1) B. C. Kuo: Discrete-Data Control System, Prentice-Hall, 1970.
2) B. Gold and C. M. Rader: Digital Processing of Signals, McGraw-Hill, 1969（石田 訳: 電子計算機による信号処理, 共立出版, 1972）.
3) L. R. Rabiner and B. Gold: Theory and Application of Digital Signal Processing, Prentice-Hall, 1975.
4) R. E. Bogner and A. G. Constantinedes: Introduction to Digital Filtering, John Wiley & Sons, 1975.
5) 宮川, 城戸, 辻井ほか: ディジタル信号処理, 電子通信学会, 1975.
6) Digital Signal Processing Committee, IEEE Acoustics, Speech, and Signal Processing Society: Digital Signal Processing, II, IEEE Press, 1976.
7) V. Cappellini, A. G. Constantinides and P. Emiliani: Digital Filters and Their Applications, Academic Press, 1978.
8) A. V. Oppenheim and R. W. Shafer（伊達 訳）: ディジタル信号処理,（上）,（下）コロナ社, 1978.
9) A. S. Willsky: Digital Signal Processing and Control and Estimation Theory, MIT Press, 1979.
10) A. Antoniou: Digital Filters – Analysis and Design –, McGraw-Hill, 1979.
11) 有本: 信号・画像のディジタル処理, 産業図書, 1980.
12) T. J. Terrell: Introduction to Digital Filters, MacMillan Press, 1980.
13) H. J. Nussbaumer: Fast Fourier Transform and Convolution Algorithms, Springer-Verlag, 1981.
14) 辻井, 青山, 大和田ほか: ディジタル信号処理の応用, 電子通信学会, 1981.
15) 木村: ディジタル信号処理と制御, 昭晃堂, 1982.
16) D. E. Dudgeon and R. M. Mersereau: Multidimensional Digital Signal Processing, Prentice-Hall, 1984.
17) S. Y. Kung, H. J. Whitehouse and T. Kailath: VLSI and Modern Signal Processing, Prentice-Hall, 1985.
18) M. E. V. Valkenburg: Analog Filter Design, Holt, Rinehart and Winston, 1982（柳沢 監訳, 金井ほか 訳: アナログフィルタの設計, 産業報知センター, 1985）.
19) N. K. Bose: Digital Filters – Theory and Applications –, North-Holland, 1985.
20) 城戸: ディジタル信号処理入門, 丸善, 1985.
21) 谷萩: ディジタル信号処理の理論, コロナ社, 1985.
22) 武部: ディジタルフィルタの設計, 東海大学出版会, 1986.
23) 樋口: ディジタル信号処理の基礎, 昭晃堂, 1986.
24) 三谷: ディジタルフィルタデザイン, 昭晃堂, 1987.
25) R. A. Roberts and C. T. Mullis: Digital Signal Processing, Addison-Wesley, 1987.
26) A. K. Jain: Fundamentals of Digital Image Processing, Prentice-Hall, 1989.
27) J. S. Lim: Two-Dimensional Signal and Image Processing, Prentice-Hall, 1990.
28) 佐川, 貴家: 高速フーリエ変換とその応用, 昭晃堂, 1992.
29) W.-S. Lu and A. Antoniou: Two-Dimensional Digital Filters, Marcel Decker, 1992.
30) S. K. Mitra and J. F. Kaiser, Ed.: Handbook for Digital Signal Processing, John Wiley & Sons, 1993.
31) 電子情報通信学会 編: ディジタル信号処理ハンドブック, オーム社, 1993.
32) 平野: ディジタル回路網理論 —信号処理回路入門—, 電子情報通信学会, 1993.
33) 川又, 樋口: 多次元ディジタル信号処理, 朝倉書店, 1995.
34) W.-K. Chen, Ed.: The Circuits and Filters Handbook, CRC Press, 1995.
35) 浜田: よくわかる信号処理, オーム社, 1995.

36) J. G. Proakis and D. G. Manolakis: Digital Signal Processing – Principles, Algorithms, and Applications –, Third Edition, Prentice-Hall, 1996.
37) 谷口 編: 画像処理工学, 基礎編, 1996, 応用編, 1999, 共立出版.
38) L. B. Jackson: Digital Filters and Signal Processing, Third Edition, with MATLAB Exercise, Kluwer Academic Publishers, 1996.
39) V. K. Ingle and J. G. Proakis: Digital Signal Processing Using MATLAB V.4, PWS Publishing Company, 1996.
40) 雛元, 浜田, 川又, 田口, 村岡: 2 次元信号と画像処理, 計測自動制御学会, 1996.
41) V. K. Ingle and J. G. Proakis: Digital Signal Processing using MATLAB, Brooks/Cole Pub Co, 1997.
42) 金城, 尾知: 例題で学ぶディジタル信号処理, コロナ社, 1997.
43) 貴家: ディジタル信号処理, 昭晃堂, 1997.
44) 前田: 信号システム理論の基礎, コロナ社, 1997.
45) A. D. Poularikas: The Handbook of Formulas and Tables for Signal Processing, CRC Press, 1998.
46) P. Denbigh: System Analysis & Signal Processing, with Emphasis on the Use of MATLAB, Addison-Wesley, 1998.
47) S. K. Mitra: Digital Signal Processing – A Computer-Based Approach –, McGraw-Hill, 1998.
48) J. H. McClellan, R. W. Shafer and M. A. Yoder: DSP First – A Multimedia Approach –, Prentice-Hall, 1998.
49) 酒井 編著: 信号処理, オーム社, 1998.
50) 長橋: 信号画像処理, 昭晃堂, 1998.
51) A. V. Oppenheim, R. W. Schafer and J. R. Buck: Discrete-Time Signal Processing, Second Edition, Prentice-Hall, 1999.
52) 高橋, 池原: ディジタルフィルタ, 培風館, 1999.
53) J. H. McClellan, R. W. Schafer, and M. A. Yoder: Signal Processing First, Prentice Hall, 2003.
54) 電子情報通信学会: 知識ベース 知識の森, `http://www.ieice-hbkb.org/portal/`, 2011.
55) D. G. Manolakis and V. K. Ingle: Applied Digital Signal Processing, Cambridge University Press, 2011.
56) M. Weeks: Digital Signal Processing Using MATLAB and Wavelets (Second Edition), Johns and Bartlett Publishers, 2011.
57) S. D. Stearns and D. R. Hush: Digital Signal Processing with Examples in Matlab, CRC Press, 2011.
58) 池原, 島村: MATLAB マルチメディア信号処理〈上〉—ディジタル信号処理の基礎—, 培風館, 2004.
59) M. Corinthios: Signals, Systems, and Digital Signal Processing with MATLAB, CRC Press, 2009.
60) 神谷: MATLAB によるディジタル無線通信技術, コロナ社, 2010.
61) R. K. Johnson: The Elements of MATLAB Style, Cambridge University Press, 2011.
62) R. Johnson: MATLAB Style Guidelines 2.0, 2014, MathWorks（川又, 八巻訳: MATLAB スタイルガイドライン 2.0, 2017）
63) R. Gonzalez and R. Woods: Digital Image Processing, Pearson, 2017.
64) 小野: MATLAB で学ぶ生体信号処理, コロナ社, 2018.
65) S. L. Brunton and J. N. Kutz: Data-Driven Science and Engineering — Machine Learning, Dynamical Systems, and Control —, Cambridge University Press, 2019.
66) 小林: 最新 MATLAB ハンドブック 第七版 機械学習・ディープラーニング対応, 秀和システム, 2020.
67) MathWorks サポート: https://jp.mathworks.com/support.html

索　引

S

T

U

V

W

Z

あ 行

か 行

さ　行

た　行

ら 行

わ 行

監修者略歴

樋口　龍雄（ひぐち・たつお）

1980 年　東北大学工学部教授
1993 年　東北大学大学院情報科学研究科教授に配置換え
1994～1998 年　東北大学大学院情報科学研究科長
1995～2001 年　東北大学情報処理教育センター長
2003 年　東北大学名誉教授，東北工業大学教授
2010 年　東北工業大学名誉教授
2016 年　学校法人 東北工業大学理事長
現在に至る
工学博士

著者略歴

川又　政征（かわまた・まさゆき）

1982 年　東北大学大学院博士課程修了
1995 年　東北大学工学部教授
1997 年　東北大学大学院工学研究科教授
2020 年　東北大学名誉教授，東北職業能力開発大学校校長
現在に至る
工学博士

阿部　正英（あべ・まさひで）

1999 年　東北大学大学院博士課程修了
1999 年　東北大学大学院工学研究科助手
2004 年　東北大学大学院工学研究科講師
2006 年　東北大学大学院工学研究科准教授
2021 年　石巻専修大学理工学部教授
現在に至る
博士（工学）

八巻　俊輔（やまき・しゅんすけ）

2008 年　東北大学大学院博士課程修了
2008 年　東北大学国際高等研究教育機構助教
2011 年　東北大学大学院工学研究科助教
2012 年　東北大学国際高等研究教育機構助教
2013 年　東北大学サイバーサイエンスセンター助教
2019 年　東北大学大学院工学研究科助教
2020 年　東北大学サイバーサイエンスセンター助教
現在に至る
博士（工学）

編集担当　富井　晃（森北出版）
編集責任　藤原祐介（森北出版）
組　　版　ウルス
印　　刷　日本制作センター
製　　本　　　同

MATLAB 対応　ディジタル信号処理（第 2 版）

2015 年 1 月 15 日　第 1 版第 1 刷発行
2021 年 3 月 10 日　第 1 版第 6 刷発行
2021 年 11 月 12 日　第 2 版第 1 刷発行
2023 年 5 月 19 日　第 2 版第 2 刷発行

監 修 者　樋口龍雄
著　　者　川又政征・阿部正英・八巻俊輔
発 行 者　森北博巳
発 行 所　**森北出版株式会社**
東京都千代田区富士見 1–4–11（〒102–0071）
電話 03–3265–8341／FAX 03–3264–8709
https://www.morikita.co.jp/
日本書籍出版協会・自然科学書協会　会員

Printed in Japan／ISBN978–4–627–79212–8

MEMO

MEMO

MEMO